住房城乡建设部土建类学科专业"十三五"规划教材

全国住房和城乡建设职业教育教学指导委员会规划推荐教材

工程项目招投标与合同管理

（第三版）

（土建类专业适用）

本教材编审委员会组织编写

林　密　主编

刘　静　廖　涛　主审

中国建筑工业出版社

图书在版编目（CIP）数据

工程项目招投标与合同管理/林密主编. —3版.
北京：中国建筑工业出版社，2012.12
ISBN 978-7-112-14992-6

Ⅰ. ①工… Ⅱ. ①林… Ⅲ. ①建筑工程-招标②
建筑工程-投标③建筑工程-合同-管理 Ⅳ. ①TU723

中国版本图书馆 CIP 数据核字（2012）第 311874 号

本教材分为八章。第一章通过对建筑市场和项目经营管理的介绍，点明了本课程学习的
重要性；第二、第三章详细介绍了施工项目招标投标的程序、操作实务和策略技巧；第四章
介绍了经济法的基本概念和合同法的基本原理；第五、第六章介绍了建设工程施工合同示范
文本和 FIDIC 土木工程施工合同条件的基本内容；第七章阐述了施工合同签订和管理的实务
工作；第八章介绍了施工索赔的程序和技巧。

本教材提供较多的招标投标和合同管理的实用表式及案例，有助于增强学生对项目经营
工作的感性认识，还附有一个招标投标的课程设计指导书，以期通过课程设计，使读者扎实
地掌握招标投标的操作实务。

本教材可供高职高专土建类专业学生使用，亦可供有关工程技术人员学习参考。

如需课件请发邮件到 lm-bj@126.com

* * *

责任编辑：朱首明　李　明
责任设计：陈　旭
责任校对：关　健　王雪竹

住房城乡建设部土建类学科专业"十三五"规划教材
全国住房和城乡建设职业教育教学指导委员会规划推荐教材
工程项目招投标与合同管理（第三版）
（土建类专业适用）
本教材编审委员会组织编写
林　密　主编
刘　静　廖　涛　主审

*

中国建筑工业出版社出版、发行（北京海淀三里河路9号）
各地新华书店、建筑书店经销
霸州市顺浩图文科技发展有限公司制版
北京市密东印刷有限公司印刷

*

开本：787×1092 毫米　1/16　印张：16½　字数：380 千字
2013 年 8 月第三版　　2019 年 2 月第三十六次印刷
定价：**35.00** 元（赠课件）
ISBN 978-7-112-14992-6
（23097）

修订版教材编审委员会名单

本教材编审委员会名单

主　任：杜国城

副主任：杨力彬　张学宏

委　员（按姓氏笔画为序）：

丁天庭　于　英　王武齐　危道军　朱勇年

朱首明　杨太生　林　密　周建郑　季　翔

胡兴福　赵　研　姚谨英　葛若东　潘立本

魏鸿汉

　　本套教材第一版是 2003 年由原土建学科高职教学指导委员会根据"研究、咨询、指导、服务"的工作宗旨，本着为高职土建施工类专业教学提供优质资源、规范办学行为、提高人才培养质量的原则，在对建筑工程技术专业人才培养方案进行深入研究、论证的基础上，组织全国骨干高职高专院校的优秀编者按照系列开发建设的思路编写的，首批编写了《建筑识图与构造》、《建筑材料》、《建筑力学》、《建筑结构》、《地基与基础》、《建筑施工技术》、《高层建筑施工》、《建筑施工组织》、《建筑工程计量与计价》、《建筑工程测量》、《工程项目招投标与合同管理》等 11 门主干课程教材。本套教材自 2004 年面世以来，被全国有关高职高专院校广泛选用，得到了普遍赞誉，在专业建设、课程改革和日常教学中发挥了重要的作用，并于 2006 年全部被评为国家及建设部"十一五"规划教材。在此期间，按照构建理论和实践两个课程体系，根据人才培养需求不断拓展系列教材涵盖面的工作思路，又编写完成了《建筑工程识图实训》、《建筑施工技术管理实训》、《建筑施工组织与造价管理实训》、《建筑工程质量与安全管理实训》、《建筑工程资料管理实训》、《建筑工程技术资料管理》、《建筑法规概论》、《建筑 CAD》、《建筑工程英语》、《建筑工程质量与安全管理》、《现代木结构工程施工与管理》、《混凝土与砌体结构》等 12 门课程教材，使本套教材的总量达到 23 部，进一步完善了教材体系，拓宽了适用领域，突出了适应性和与岗位对接的紧密程度，为各院校根据不同的课程体系选用教材提供了丰厚的教学资源，在 2011 年 2 月又全部被评为住房和城乡建设部"十二五"规划教材。

　　本次修订是在 2006 年第一次修订之后组织的第二次系统性的完善建设工作，主要目的是为了适应专业建设发展的需要，适应课程改革对教材提出的新要求，及时吸取新标准、新技术、新材料和新的管理模式，更好地为提高学校的人才培养质量服务。为了确保本次修订工作的顺利完成，土建施工类专业分指导委员会会同中国建筑工业出版社于 2011 年 9 月在西安市召开了专门的工作会议，就本次教材修订工作进行了深入的研究、论证、协商和部署。本次修订工作是在认真组织前期论证、广泛征集使用院校意见、紧密结合岗位需求、及时跟进专业和课程改革进程的基础上实施的。在整体修订方案的框架内，各位主编均提出了明确和细致的修订方案、切实可行的工作思路和进度计划，为确保修订质量提供了思想和技术方面的保障。

今后，要继续坚持"保持先进、动态发展、强调服务、不断完善"的教材建设思路，不片面追求在教材版次上的整齐划一，根据实际情况及时对具备修订条件的教材进行修订和完善，以保证本套教材的生命和活力，同时还要在行动导向课程教材的开发建设方面积极探索，在专业专门化方向及拓展课程教材编写方面有所作为。使本套教材在适应领域方面不断扩展，在适应课程模式方面不断更新，在课程体系中继续上下延伸，不断为提高高职土建施工类专业人才培养质量做出贡献。

全国高职高专教育土建类专业教学指导委员会

土建施工类专业分指导委员会

2012 年 5 月

高等学校土建学科教学指导委员会高等职业教育专业委员会(以下简称土建学科高等职业教育专业委员会)是受教育部委托并接受其指导,由建设部聘任和管理的专家机构。其主要工作任务是,研究如何适应建设事业发展的需要设置高等职业教育专业,明确建设类高等职业教育人才的培养标准和规格,构建理论与实践紧密结合的教学内容体系,构筑"校企合作、产学结合"的人才培养模式,为我国建设事业的健康发展提供智力支持。在建设部人事教育司的领导下,2002年,土建学科高等职业教育专业委员会的工作取得了多项成果,编制了土建学科高等职业教育指导性专业目录;在"建筑工程技术"、"工程造价""建筑装饰技术"、"建筑电气技术"等重点专业的专业定位、人才培养方案、教学内容体系、主干课程内容等方面取得了共识;制定了建设类高等职业教育专业教材编审原则;启动了建设类高等职业教育人才培养模式的研究工作。

近年来,在我国建设类高等职业教育事业迅猛发展的同时,土建学科高等职业教育的教学改革工作亦在不断深化之中,对教育定位、教育规格的认识逐步提高;对高等职业教育与普通本科教育、传统专科教育和中等专业教育在类型、层次上的区别逐步明晰;对必须背靠行业、背靠企业,走校企合作之路,逐步加深了认识。但由于各地区的发展不尽平衡,既有理论又能实践的"双师型"教师队伍尚在建设之中等原因,高等职业教育的教材建设对于保证教育标准与规格,规范教育行为与过程,突出高等职业教育特色等都有着非常重要的现实意义。

"建筑工程技术"专业(原"工业与民用建筑"专业)是建设行业对高等职业教育人才需求量最大的专业,也是目前建设类高职院校中在校生人数最多的专业。改革开放以来,面对建筑市场的逐步建立和规范,面对建筑产品生产过程科技含量的迅速提高,在建设部人事教育司和中国建设教育协会的领导下,对该专业进行了持续多年的改革。改革的重点集中在实现三个转变,变"工程设计型"为"工程施工型",变"粗坯型"为"成品型",变"知识型"为"岗位职业能力型"。在反复论证人才培养方案的基础上,中国建设教育协会组织全国各有关院校编写了高等职业教育"建筑施工"专业系列教材,于2000年12月由中国建筑工业出版社出版发行,受到全国同行的普遍好评,其中《建筑构造》、《建筑结构》和《建筑施工技术》被教育部评为普通高等教育"十五"国家级规划教材。土建学科高等职业教育专业委员会成立之后,根据当前建设类高职院校对"建筑工程技术"专业教材的迫切需要；根据新材料、新技术、新规范急需进入教学内容的现实需求，积极组织全国建设类高职院校和建筑施工企业的专家，在对该专业课程内容体系充分研讨论证之后，在原高等职业教育"建筑施工"专业系列教材的基础上，组织编写了《建筑识图与构造》、《建筑力学》、《建筑结构》（第二版）、《地基与基础》、《建筑材料》、《建筑施工技术》（第二版）、《建筑施工组织》、《建筑工程计量与计价》、《建筑工程测量》、《高层建筑施工》、《工程项目招投标与合同管理》等 11 门主干课程教材。

教学改革是一个不断深化的过程，教材建设是一个不断推陈出新的过程，希望这套教材能对进一步开展建设类高等职业教育的教学改革发挥积极的推进作用。

土建学科高等职业教育专业委员会
2003 年 7 月

根据高职高专土建施工类专业住房与城乡建设部"十二五"规划教材研讨与编写工作会议精神,本教材编写组,以突出能力主线,适应岗位需求,注重内容实践性和前瞻性为原则,对本教材再次进行了全面修订。

修订内容主要包含以下几方面:

1. 压缩第一章,突出了学习本课程的目的意义。

2. 第二、第三章根据 2011 年 11 月 30 日颁布的《中华人民共和国招标投标法实施条例》和《建设工程工程量清单计价规范 (GB 50500—2008)》进行全面改写,其中选用的表式全部按住房与城乡建设部《房屋建筑和市政工程标准施工招标资格预审文件 (2010 版)》和《房屋建筑和市政工程标准施工招标文件 (2010 版)》进行更新。同时,还对《简明标准施工招标文件 (2012 年版)》和《标准设计施工总承包招标文件 (2012 年版)》作了介绍。

3. 第五章根据《房屋建筑和市政工程标准施工招标文件 (2007 版)》和《房屋建筑和市政工程标准施工招标文件 (2010 版)》中的合同条款及格式进行补充改写,特别是发承包双方权利、义务等内容。

4. 第六章由原来以介绍 FIDIC 合同条件条款为主,改变为以介绍 FIDIC 合同条件体系和应用方式为主,对第一节进行了改写。

5. 对各章节中存在的错讹和语义不够确切的内容进行了订正。

本次修订由林密主编、李涛任副主编。第一、第四和第五章修订工作由四川建筑职业技术学院李涛承担,第二、第三和第六章修订工作由宁波工程学院林密承担,四川建筑职业技术学院刘静和四川建大房地产开发有限公司廖涛担任本教材主编。

限于编者的水平,肯定存在不少不足之处,希望广大的使用者指正。

前 言

  随着建设市场的发育日益成熟和建设法规的日臻完善，作为当代的建设行业的技术管理人员没有招标投标和合同管理方面的知识和技能，就无法面对高风险的建设市场。因此，高职高专院校建筑工程类专业应该开设本课程，并将其作为必修课程。

  本课程试图通过课堂讲授和课程设计，使学生了解建设市场、FIDIC 合同条件；熟悉项目经营管理、建设法规、合同原理、建设工程施工合同；掌握招标投标操作实务、施工合同的签订和管理、施工索赔等方面的知识。

  本教材的课堂讲授时间约为 60 学时，课程设计一至二周。教材在课程内容和课程设计的安排上，都留有一定的余地，使用时可根据各校的实际情况进行取舍。

  本教材根据高等学校土建学科指导委员会高等职业教育专业委员会制定的建筑工程技术专业的教育标准、培养方案和本课程教学基本要求组织编写。宁波高等专科学校林密任主编并编写第二、第三章和课程设计指导书，湖南城建职业技术学院唐健人任副主编并编写第七、第八章，四川建筑职业技术学院李涛编写第一、第四章，黄河水利职业技术学院张振安编写第五、第六章。武汉职业技术学院张定文任主审。

  本书在编写过程中，参考了大量文献资料，在此谨向它们的作者表示衷心的感谢。

  由于编者水平有限，本教材难免存在不足之处，敬请老师和同学们指正。

目 ● 录　CONTENTS

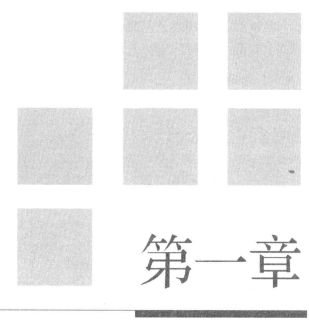

第一章

绪　论

【学习重点】

　　了解工程项目、工程项目管理等概念；了解工程项目管理的内容；了解工程项目招投标及合同管理的意义。

建筑业是国民经济体系中专门从事建筑活动的一个行业。我国现行的国民经济行业分类标准《国民经济行业分类与代码》GB/T 4754—2002 将建筑业完整表述为：建筑业是国民经济的重要物质生产部门，是国民经济体系中从事土木工程以及附属设施的建造，线路、管道和设备的安装以及装饰装修活动的行业。

一、工程项目

(一) 项目

1. 概念

项目是一种一次性的工作，它应当在规定的时间内，由为此专门组织起来的人员来完成；它有一个明确的预期目标；还要有明确的可利用的资源范围，它需要运用多种学科的知识来解决问题；通常没有或很少有以往的经验可以借鉴。项目可以是建造一栋大楼，一座工厂，或一座大水坝，也可以是解决某个研究课题，例如研制一种新药，设计、制造一种新型设备或产品等。这些都是一次性的，都要求在一定的期限内完成，不得超过一定的费用，并有一定的性能要求等。在不同的项目中，项目内容可以千差万别，但项目本身都有其共同的特点。

"项目"一词已越来越广泛地被人们用于社会经济和文化生活的各个方面。人们经常用"项目"来表示一类事物。"项目"定义很多，许多管理专家都用简单通俗的语言对项目进行抽象性概括和描述。但一般地说，所谓项目就是指在一定约束条件下（主要指限定资源、限定时间、限定质量），具有特定目标的一次性任务。

项目已渗入到社会的经济、文化、军事的各个领域，社会的每一层次和每一角落。我们可以通过项目的一些共同特征来理解项目的概念。

2. 特征

(1) 一次性

一次性是项目与活动的最大区别。项目有确定的起点和终点，没有可以完全照搬的先例，也不会有完全相同的过程。项目的其他特征也是从这一主要的特征衍生出来的。

(2) 独特性

每个项目都是独特的，可能是项目提供的成果有自身的特点，可能是项目的时间和地点，内部和外部的环境，自然和社会条件有别于其他项目。总之，每个项目都是独一无二的，绝不可能与其他项目雷同。

(3) 目标的明确性

项目有明确的目标，包括实现项目的时间目标、项目的成果目标、资源目标和其他一些需要满足的目标。

(4) 项目活动的整体性

项目中的一切活动都是相互联系构成一个整体的，不能有多余的活动，也不能缺少某些活动，否则必将损害项目目标的实现。

(5) 组织的临时性和开放性

项目团体在项目进展过程中，其任务、人员、职责都不断地变化，项目终结时，项目组织要解散，人员要转移。参与项目的组织往往有多个，他们通过协议或合同以及其他的社会关系结合在一起，在项目的不同阶段以不同的程度介入项目活动。

（6）开发与实施的渐进性

每个项目都是独特的，因此其项目的开发必然是渐进的，不可能复制通用的模式。即使有可借鉴的模式，也都需要经过逐步的补充、修改和完善。项目的实施同样需要逐步投入资源，持续地累积可交付成果，直至项目的完成。

（二）工程项目

工程项目是最常见、最典型的项目类型，它属于投资项目中最重要的一类，是一种投资行为和建设行为相结合的投资项目。

除具有项目的一般特征外，工程项目具有下列特征：

（1）具有特定的对象

工程项目的对象通常是有着预定要求的工程技术系统，通常可以用一定的功能要求、实物工程量、质量等指标表达，如一定生产能力的车间或工厂；一定长度和等级的公路；一定规模的医院、住宅小区等。

（2）具有一定条件的限制

工程项目目标的实现要受到多方面条件的限制：①时间约束；②资源约束；③质量约束；④空间约束。

（3）具有一次性和不可逆性

工程项目建设地点固定，项目建成后不可移动，设计的单一性，以及产品的单件性决定了工程项目的一次性。而工程项目投资巨大，使用功能相对固定，一旦建成，要想改变非常困难。

（4）影响的长期性

工程项目一般建设周期长，投资回收期长，使用寿命长，工程质量好坏影响面大，作用时间长。

（5）投资的风险性

工程项目的投资巨大、项目建设的一次性和不可逆转性，建设周期长及建设过程中各种不确定因素多，因此建设项目投资的风险很大。

（6）管理的复杂性

工程项目实施过程多，投入的生产要素繁多，使得参与建设项目建设的各单位之间的沟通、协调困难重重，也是工程实施过程中容易出现事故和质量问题的地方。

二、工程项目管理

（一）项目管理

项目管理可以说是在一个确定的时间范围内，为了完成一个既定的目标，并通过特殊形式的临时性组织运行机制，通过有效的计划、组织、领导与控制，充分利用既定有限资源的一种系统管理方法。

项目管理是 20 世纪 60 年代初在西方发达国家发展起来的一种新的管理技术，是现代工程技术、管理理论和项目建设实践结合的产物。它考虑了工程项目的多种界面和复杂环境，强调了项目的总体规划、矩阵组织和动态控制，由此组成的项目管理系统具有计划、组织和控制等职能。此项技术在工程项目的建设中得到广泛的应用和发展。项目管理经过了几十年的发展和完善已日趋成熟，并以经济上的明显效益而在各发达的工业国家得到广泛应用。我国从 20 世纪 70 年代末开始引进和推广应用此技术，经多年实践证明，在现代建设项目的开发和建设中，项目管理起到了越来越重要的作用。

（二）工程项目管理

工程项目管理是以工程项目为对象的项目管理，是在一定的约束条件下，以最优地实现过程项目目标为目的，按照其内在的逻辑规律对工程项目进行有效地计划、组织、协调、指挥、控制的系统管理活动。

工程项目管理贯穿于一个工程项目从拟定规划、确定项目规模、工程设计、工程施工直至建成投产为止的全部过程，涉及建设单位、咨询单位、设计单位、施工单位、行政主管部门、材料设备供应单位等，他们在项目管理工作中密切联系，但随项目管理组织形式的不同，各单位在不同阶段又承担着不同的任务，因此，工程项目管理主要内容包括：

1. 项目组织协调

组织协调是实现项目目标必不可少的方法和手段。在项目实施过程中，各个项目参与单位需要处理和调整众多复杂的业务组织关系，主要包括有：外部环境协调、项目参与单位之间的协调、项目参与单位内部的协调。

2. 合同管理

工程项目的实施过程实质上是项目相关的各个合同订立和履行的过程。要保证项目正常、按计划、高效率地实施，必须正确地执行各个合同。工程总承包合同、勘察设计合同、施工合同、材料设备采购合同、委托项目管理合同、委托监理合同等都是业主和参加项目实施各主体之间明确权利义务关系的具有法律效力的协议文件，也是市场经济体制下组织项目实施的基本手段。合同管理主要是指对各类合同的订立过程和履行过程的管理，包括合同文本的选择，合同条件的协调、谈判，合同书的签署；合同履行的检查，变更和违约、纠纷的处理；总结评价等。

3. 进度控制

进度控制包括方案的科学决策、计划的优化编制和实施有效控制三个方面的任务。

4. 投资控制

投资控制包括编制投资计划、审核投资支出、分析投资变化情况、研究投资减少途径和采取投资控制措施。

5. 质量控制

质量控制包括制定各项工作的质量要求及质量事故预防措施，各个方面的质量监督与验收制度，以及各个阶段的质量处理和控制措施三个方面的任务。

6. 风险管理

随着工程项目规模的不断大型化和技术复杂化，业主和承包商所面临的风险越来越多。要保证工程项目的投资效益，就必须对项目风险进行定量分析和系统评价，以提出风险防范对策，形成一套有效的项目风险管理程序。

7. 信息管理

及时、准确地向项目管理各级领导、各参加单位及各类人员提供所需的综合程度不同的信息，以便在项目进展的全过程中，动态地进行项目规划，迅速正确地进行各种决策，并及时检查决策执行结果，反映工程实施中暴露出来的各类问题，为项目总目标控制服务。

8. 环境保护

在工程项目建设中强化环保意识，切实有效地把保护环境和防止损害自然环境等作为工程项目管理的重要任务之一。

三、工程项目招投标与合同管理

从 1984 年国务院颁布《关于改革建筑业和基本建设管理体制若干问题的暂行规定》，国家计划委员会和城乡建设环境保护部联合颁布《建设工程招标投标暂行规定》开始，我国在建设工程项目的发包方式上就逐步推行了招标投标制度。而随着 1999 年8 月第九届全国人民代表大会常务委员会第十一次会议通过《中华人民共和国招投标法》，招投标在建设工程项目的发包中被全面采用。

施工企业的选择直接关系到工程的质量、安全、进度等重要指标的实现，对项目最终目标的实现起到决定性作用。各个国家都十分重视工程施工和工程材料、设备采购的招标与投标工作，编制了招标投标文件范本，通过招标精心选择承包商，已经成为工程项目管理中的一项重要的国际惯例。相应地，通过投标承揽施工项目也就成为施工企业的主要途径。

项目在施工过程中，对那些价值高、技术复杂、用量大、不确定因素多的设备和材料也往往采用招投标的方式确定供货方。这样可以有效地降低投资，节约项目成本，对实现项目费用目标有十分重要的作用。

实施工程总承包的企业对分包工程的分包方选择也需实施招投标管理。通过招投标管理，总包方可以选择资质满足要求、信誉良好的分包方。

由上述分析可知，现代施工项目管理离不开对招标投标工作的管理，招投标与合同管理是施工项目管理的重要组成部分。

而作为招投标的最终结果的施工承包合同确定了工程项目的价格、工期和质量等目标，规定着发承包双方责权利关系，所以合同管理必然是工程项目管理的核心。

现在人们越来越清楚地认识到，合同管理在现代工程项目管理中有着特殊的地位和作用，已成为与进度管理、质量管理、成本(投资)管理、信息管理等并列的一大管理职能。合同管理是工程项目管理区别于其他类型项目管理的显著标志之一。

广义地说，工程项目的实施和管理全部工作都可以纳入合同管理的范围。合同管理贯穿于工程实施的全过程和工程实施的各个方面。它作为其他工作的指南，对整个项目的实施起总控制和总保证作用。

在现代施工项目管理中，没有对合同的管理，项目管理就没有目标，项目管理就难以形成系统，就难以有高效率。

复习思考题

1. 简述项目、工程项目的概念。
2. 简述项目管理、工程项目管理的概念。
3. 工程项目管理的内容。
4. 工程项目招投标管理的意义。
5. 工程项目合同管理的意义。

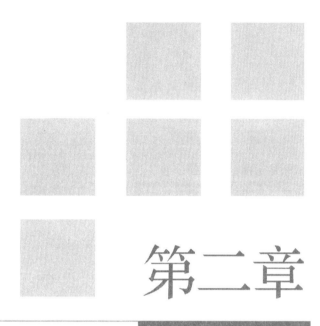

第二章

建设项目招标

【学习重点】

　　了解建立招标制度的意义，熟悉必须进行招标投标的工程项目范围，熟悉招标的形式，掌握招标程序，了解联合体资格预审要求，了解有关招标控制价的规定，掌握废标类型，熟悉常见评标办法。

第一节　建设项目招标概述

一、招标投标的概念

招标是指招标人事前公布工程、货物或服务等发包业务的相关条件和要求，通过发布广告或发出邀请函等形式，召集自愿参加竞争者投标，并根据事前规定的评选办法选定承包商的市场交易活动。在建筑工程施工招标中，招标人要根据投标人的投标报价、施工方案、技术措施、人员素质、工程经验、财务状况及企业信誉等方面进行综合评价，择优选择承包商，并与之签订合同。

投标就是投标人根据招标文件的要求，提出完成发包业务的方法、措施和报价，竞争取得业务承包权的活动。

二、招标投标的意义

招标投标这种交易活动具有以下特征：

（1）平等性。招标投标是独立法人之间的经济交易活动，它按照平等、自愿、互利的原则和规范的程序进行。招标人和投标人均享有规定的权利和义务，受法律的保护和约束。同时，招标人提出的条件和要求对所有潜在的投标人都是同等的。因此，投标人之间的竞争也是平等的。

（2）竞争性。招标投标交易方式的核心就是竞争。投标人为了中标，相互在价格、品质、进度和服务等方面进行竞争，优胜劣汰。为了生存，企业间的竞争往往达到非常激烈的程度。

（3）开放性。为了保证招标投标的竞争性，招标要求打破地方保护、行业垄断的局面，彻底开放市场。因此，公开招标要求在全国性的甚至是国际性的传播媒体上发布招标公告，从而保证最大限度的竞争。

招标投标交易方式的上述特征，表明推行招标投标制度具有重要意义。

（1）推行招标投标制度有利于规范建筑市场主体的行为，促进合格市场主体的形成。

在建设工程市场中，市场主体包括：建设单位、承包商以及各种类型的咨询服务机构。建设单位是指具有资金实力和土地使用权，并取得了政府有关部门的批准，向市场发包建设工程的法人单位。承包商是指有一定生产能力、机械设备、流动资金，具有承包工程建设任务的营业资格，在建筑市场中按照与建设单位签订的合同的规定，执行和完成合同中规定的各项任务，提供不同形态的产品，并最终得到相应的工程价款的企业。咨询服务机构是指具有相应的专业能力，在建筑市场中受建设单位、承包商或政府管理机构的委托，对工程建设进行投资决策研究、勘察设计、造价估算、招标代理、建设监理等高智力服务，并取得服务费用的咨询服务机构和其他建设专业中介服务组织。

推行招标投标制度，为规范建筑市场主体的行为，促进其尽快成为合格的市场主体创造了条件。随着与招标投标制度相关的各项法规的健全与完善，执法力度的加强，投资体制改革的深化，多元化投资方式的发展，建设单位的投资行为将逐渐纳入科学、规范的轨道。真正的公平竞争、优胜劣汰的市场法则，迫使承包商必须通过各种措施提高其竞争能力，在质量、工期、成本等诸多方面创造企业生存与发展的空间。同时，招标投标制度又为咨询服务机构创造了良好的工作环境，促使咨询服务队伍尽快发展壮大，以适应市场日益发展的需求。

（2）通过推行招标投标制度，有利于价格真实反映市场供求状况，真正显示企业的实际消耗和工作效率，使实力强、素质高、经营好的承包商的产品更具竞争力，从而实现资源的优化配置。

（3）推行招标投标制度，有利于促使承包商不断提高企业的管理水平。激烈的市场竞争，迫使承包商努力降低成本，提高质量，缩短工期，这就要求承包商苦练内功，进一步提高市场竞争力。

（4）推行招标投标制度有利于促进市场经济体制的进一步完善。推行招标投标制度，涉及计划、价格、物资供应、劳动工资等各个方面，客观上要求有与其相匹配的体制。对不适应招标投标的内容必须进行配套改革，从而有利于加快市场体制发展的步伐。

（5）推行招标投标制度有利于促进我国建筑业与国际接轨。国际建筑市场的竞争正日趋激烈，建筑业正在逐渐与国际接轨。建筑企业将面临国内、国际两个市场的挑战与竞争。由于招标投标是国际通用做法，通过推行招标投标制度可使建筑企业逐渐掌握国际通行做法，寻找差距，不断提高自身素质与竞争能力，为进入国际市场奠定基础。

三、招标投标活动的原则

建设工程招标投标活动的基本原则，就是建设工程招标投标活动应遵循的普遍的指导思想或准则。根据《中华人民共和国招标投标法》规定，这些原则包括：公开、公平、公正和诚实信用。

（1）公开原则。公开原则就是要求招标投标活动具有高度的透明性，招标信息、招标程序必须公开，即必须做到招标通告公开发布，开标程序公开进行，中标结果公开通知，使每一个投标人获得同等的信息，在信息量相等的条件下进行公平的竞争。

（2）公平原则。公平原则要求给予所有投标人以完全平等的机会，使每一个投标人享有同等的权利并承担同等的义务，招标文件和招标程序不得含有任何对某一方歧视的要求或规定。

（3）公正原则。公正原则就是要求在选定中标人的过程中，评标机构的组成必须避免任何倾向性，评标标准必须完全一致。

（4）诚实信用原则。诚实信用原则也称诚信原则。这条原则要求招标投标当事人应以诚实、守信的态度行使权利，履行义务，以维护双方的利益平衡，双方当事人都必须以尊重自身利益的同等态度尊重对方利益，同时必须保证自己的行为不损害第三方利益和国家、社会的公共利益。招标投标法规定应该实行招标的项目不得规避招标，招标人和投标人不得有串通投标、泄漏标底、骗取中标、非法转包等行为。

四、招标的基本法律规定

随着我国建筑市场的发育成熟以及与国际接轨，我国的招标投标制度也逐步完善，国家和政府通过立法对招标投标活动进行了规范。全国人大通过的建筑法、招标投标法等法律，各部委制定的建设工程质量管理条例、工程建设项目施工招标投标办法、评标委员会和评标方法暂行规定等法规，以及各省市制定的有关政策规定都对招标投标活动进行了原则的和具体的规定。

（一）招标的范围

《招标投标法》规定，在中华人民共和国境内进行下列工程建设项目，包括项目的勘察、设计、施工、监理以及与工程建设有关的重要设备、材料等的采购，必须进行招标。

（1）大型基础设施、公用事业等关系社会公共利益、公众安全的项目；

（2）全部或者部分使用国有资金投资或者国家融资的项目；

（3）使用国际组织或者外国政府投资贷款、援助资金的项目。

2000年5月1日国家计委《工程建设项目招标范围和规模标准规定》具体规定：施工单项合同200万以上；重要设备材料采购100万以上；勘察、设计监理50万以上；项目总投资3000万以上，达到上述规模的必须进行招标。

《招标投标法》第六十六条规定，涉及国家安全、国家秘密、抢险救灾或者属于利用扶贫资金实行以工代赈、需要使用农民工等特殊情况，不适宜进行招标的项目，按照国家有关规定可以不进行招标。

《招标投标法实施条例》第九条进一步明确，有下列情形之一的，可以不进行招标：

（1）需要采用不可替代的专利或者专有技术；

（2）采购人依法能够自行建设、生产或者提供；

（3）已通过招标方式选定的特许经营项目投资人依法能够自行建设、生产或者提供；

（4）需要向原中标人采购工程、货物或者服务，否则将影响施工或者功能配套要求；

（5）国家规定的其他特殊情形。

由于中国幅员辽阔，各地情况千差万别，为了适应当地实际情况，各省、市、自治区都根据《招标投标法》的基本规定，制定了具体的实施细则。其中对招标范围的规定也做法不一。如有的规定，凡属国有和集体所有制企业投资建设的项目或国有和集体经济组织控股的建设项目必须实行招标，其他项目则由建设单位自主决定是否进行招标；有的规定，除抢险救灾等特殊工程外，所有的新建、扩建、改建的建设项目都必须进行招标；有的规定，建筑面积在一定限额以上（如 $500\mathrm{m}^2$ 以上）或投资、造价在一定限额以上（如造价50万以上）的建设项目必须进行招标，限额以下可以不招标等等。

非法律法规规定必须招标的项目，建设单位可自主决定是否进行招标，任何组织或个人不得强制要求招标。同时，若建设单位自愿要求招标，招标投标管理机构应予以支持。

（二）建设项目招标的条件

为了建立和维护正常的建设工程招标投标秩序，建设工程招标必须具备一定的条件，不具备这些条件就不能进行招标。如原国家计委、建设部等部委联合制定的《工程建设项目施工招标投标办法》规定，依法必须招标的工程建设项目，应当具备下列条件才能进行施工招标：

（1）招标人已经依法成立；

（2）初步设计及概算已履行审批手续；

（3）招标范围、招标方式和招标组织形式等已履行核准手续的；

（4）有相应资金或资金来源落实；

（5）有招标所需的设计图纸及技术资料。

当然，对于建设项目不同建设任务的招标，其条件可以有所不同或有所侧重。

建设工程勘察、设计招标的条件：

（1）设计任务书或可行性研究报告已获批准；

（2）具有设计所必需的可靠基础资料。

建设监理招标的条件：

（1）初步设计和概算已获批准；

（2）工程建设的主要技术工艺要求已确定；

（3）项目已纳入国家计划或已向有关部门备案。

建设工程材料、设备供应招标的条件：

（1）建设资金（含自筹资金）已按规定落实；

（2）具有批准的初步设计或施工图设计所附的设备清单，专用、非标设备应有设计图纸、技术资料等。

从实践来看，人们常常希望招标能担当起对工程建设实施把关作用，因而赋予其很多前提性条件，这在一定时期也是必要的。但招标投标的使命只是或主要是解决一个建设项目如何发包的问题。从这个意义上讲，只要建设项目合法有效地确立了，并已具备了实施项目的大条件，就可以进行招标。根据实践经验，对建设项目招标的条件，最基本、最关键的是要把握住两条：一是建设项目已合法成立，按照国家有关规定需要履行项目审批手续的，已履行了审批手续；二是建设资金已基本落实，工程任务承接者确定后能实际开展运作。

（三）招标代理

为了确保招标投标活动的质量，真正达到选拔最优秀的承包商和建设投资最低化的目的，各地的政府招标投标主管部门还对招标人的招标资质进行了规定。

建设工程招标人的招标资质主要由以下两方面标准确定：

（1）招标人是否有与招标项目相适应的数量和级别的技术、经济等专业技术人员；

（2）招标人是否具有编制招标文件和组织招标活动的能力。

若招标人不具备上述条件，无相应的招标资质，就不容许自行组织招标，而必须委托具有相应资质的招标代理机构代理招标。

建设工程招标代理，是指工程建设单位，将建设工程招标事务，委托给具有相应资质的中介服务机构，由该中介服务机构在招标人委托授权的范围内，以招标人的名义，独立组织建设工程招标活动，并由建设单位接受招标活动的法律效果的一种制度。这里，代替他人进行建设工程招标活动的中介服务机构，称为招标代理人。

建设工程招标人委托建设工程中介服务机构作为自己的代理人，必须有委托授权行为。委托授权是建设工程招标人作为被代理人，以委托的意思表示将招标代理权授予代理人的单方行为。被代理人一方一旦授权，代理人就取得了招标代理权。建设工程招标当事人委托授予代理权，应当采用书面形式。授权委托书应当具体载明代理人的姓名或者名称、代理事项、代理的权限范围和代理权的有效期限，并且由委托人签名盖章。授权委托书授权不明，代理人凭借授权不明的授权委托书与善意的第三人（相对人）进行了不符合被代理人本意的招标事务，其效果仍应归属于被代理人，因此致使第三人（相对人）受损害的，被代理人应向受害人负赔偿责任，代理人负连带责任。

招标代理人受招标人委托代理招标，必须签订书面委托代理合同。授权委托书和委托代理合同关系十分密切，但两者不是一回事。授权委托书和委托代理合同的主要区别是：授权委托书体现为单方法律行为，委托合同体现为双方法律行为。所谓委托代理合同，是指招标人委托招标代理机构处理招标事务，招标代理机构接受委托的协议。

政府招标主管部门对招标代理机构实行资质管理。招标代理机构必须按照有关规定，在资质证书容许的范围内展开业务活动。招标代理的资质主要根据以下条件确定：

（1）机构的营业场所和资金情况；

（2）技术、经济专业人员数量、职称和工作经验情况；

（3）机构在招标代理方面的工作业绩。

越级代理属于一种无权代理行为，不受法律保护。

（四）招标投标的管理

建设工程招标投标管理机构，是指经政府或政府编制主管部门批准设立的隶属于同级建设行政主管部门的省、市、县（市）建设工程招标投标办公室。招标人和投标人在建设工程招标投标活动中，负有接受招标投标管理机构的管理和监督的义务。

建设工程招标投标管理机构，在受建设行政主管部门委托对本行政区域招标投标工作行使统一归口管理的职权的同时，对本行政区域内的建设工程招标投标活动行使具体的管理职责。这些职责包括：

（1）办理建设工程项目报建登记；

（2）审查发放招标组织资质证书、招标代理人及标底编制单位的资质证书；

（3）接受招标人申报的招标申请书，对招标工程应当具备的招标条件、招标人的招标资质或招标代理人的招标代理资质、采用的招标方式进行审查认定；

（4）接受招标人申报的招标文件，对招标文件进行审查认定，对招标人要求变更发出后的招标文件进行审批；

（5）对投标人的投标资质进行复查；

（6）对评标定标办法进行审查认定，对招标投标活动进行全过程监督，对开标、评标、定标活动进行现场监督；

（7）核发或者与招标人联合发出中标通知书；

（8）查处建设工程招标投标方面的违法行为，依法受委托实施相应的行政处罚。

第二节　招标方式

一、招标的分类

（一）按建设阶段分类

工程项目建设过程可分为建设决策阶段、勘察设计阶段和施工阶段。因而按工程项目建设程序，招标可分为工程项目开发招标、勘察设计招标和施工招标三种类型。

（1）项目可行性研究招标。这种招标是建设单位为选择科学、合理的投资开发建设方案，为进行项目的可行性研究，通过投标竞争寻找满意的咨询单位的招标。投标人一般为工程咨询单位。中标人最终的工作成果是项目的可行性研究报告。

（2）勘察、设计招标。勘察、设计招标指根据批准的可行性研究报告，择优选定承担项目勘察、方案设计或扩初的勘察设计单位的招标。勘察和设计是两种不同性质的工作，可由勘察单位和设计单位分别完成，也可由具有勘察资质的设计单位独家承担。施工图设计可由方案设计或扩初设计中标单位承担，一般不再进行单独招标。

（3）建设监理招标。工程施工招标前，一般要首先选定建设监理单位。对于依法必须招标的工程建设项目的建设监理单位，必须通过招标确定。

（4）工程施工招标。在工程项目的初步设计或施工图设计完成后，用招标的方式选择施工单位的招标。

（5）材料、设备招标。当项目中包含有专业性强、价值高的材料或设备时，建设单位可能独立进行材料、设备的招标。

（二）按承包范围分类

（1）项目总承包招标，即选择项目总包人的招标。这种招标又可分为两种类型：其一是指工程项目实施阶段的全过程招标；其二是指工程项目建设全过程的招标。前者是在设计任务书完成后，从项目勘察、设计到交付使用进行一次性招标。后者则是从项目的可行性研究到交付使用进行一次性招标。建设单位提出项目投资和使用要求及竣工、交付使用期限，项目的可行性研究、勘察设计、材料和设备采购、施工安装、生产准备和试生产、交付使用，均由一个总承包商负责承包，即所谓的"交钥匙工程"。

（2）施工总包招标。我国由于长期采取设计与施工分开的管理体制，目前具备设计、施工双重能力的施工企业为数较少。因而在国内工程招标中，所谓项目总承包招标往往是指施工过程的总包招标，与国际惯例所指的总承包尚有相当大的差距。

（3）专项工程承包招标，指在工程承包招标中，对其中某项比较复杂、或专业性强、施工和制作要求特殊的单项工程进行单独招标。

（三）按工程专业分类

按照工程专业分类，常见的有房建工程施工招标、市政工程施工招标、交通工程施工招标、水利工程施工招标等等。房建工程施工招标又可以分为土建工程施工招标、安装工程施工招标和装饰工程施工招标等等。除了施工招标，还有勘察、设计招标，建设监理招标和材料、设备采购招标等等。

（四）按是否涉外分类

按照工程是否具有涉外因素，可以将建设工程招标分为国内工程招标和国际工程招标。国际工程招标又可分为在国内建设的外资项目招标，国外设计、施工企业参与竞争的国内建设项目招标，以及国内设计、施工企业参加的国外项目招标等。

二、招标的方式

（一）公开招标

公开招标又称为无限竞争招标，是由招标人通过报刊、广播、电视等方式发布招标广告，有意的承包商接受资格预审、购买招标文件，参加投标的招标方式。

这种招标方式的优点是：投标的承包商多，范围广，竞争激烈，建设单位有较大的选择余地，有利于降低工程造价、提高工程质量、缩短工期。

公开招标是最具竞争性的招标方式，其参与竞争的投标人数量最多，只要符合相应的资质条件，投标人愿意便可参加投标，不受限制。因而竞争程度最为激烈。它可以为招标人选择报价合理、施工工期短、信誉好的承包商创造机会，为招标人提供最大限度的选择范围。

公开招标程序最严密、最规范，有利于招标人防范风险，保证招标的效果；有利于防范招标投标活动操作人员和监督人员的舞弊现象。

公开招标是适用范围最为广泛、最有发展前景的招标方式。在国际上，招标通常都是指公开招标。在某种程度上，公开招标已成为招标的代名词。在我国《招标投标法》规定，凡法律法规要求招标的建设项目必须采用公开招标的方式，若因某些原因需要采用邀请招标，必须经招标投标管理机构批准。

公开招标也有缺点，如由于投标的承包商多，招标工作量大，组织工作复杂，需投入较多的人力、物力，招标过程所需时间较长。因此，各地在实践中采取了不同的变通办法，但都是违背法律规定的招标投标活动原则的。

（二）邀请招标

邀请招标又称为有限竞争性招标。这种方式不发布公告，招标人根据自己的经验和所掌握的各种信息资料，向具备承担该项工程施工能力的三个以上承包商发出招标邀请书，收到邀请书的单位参加投标。

邀请招标方式的优点是：目标集中，招标的组织工作较容易，工作量较小。邀请招标程序上比公开招标简化，招标公告、资格审查等操作环节被省略，因此在时间上比公开招标短得多。邀请招标的投标人往往为三至五家，比公开招标少，因此评标工作量减少，时间也大大缩短。

邀请招标方式的缺点是：由于参加的投标人较少，竞争性较差，使招标人对投标人的选择范围变小。如果招标人在选择邀请单位前所掌握的信息量不足，则会失去发现最适合承担该项目的承包商的机会。

由于邀请招标存在上述缺点，因此有关法规对依法必须招标的建设项目，采用邀请招标的方式招标进行了限制。

工程建设项目施工招标投标法规定，国务院发展计划部门确定的国家重点建设项目和各省、自治区、直辖市人民政府确定的地方重点建设项目，以及全部使用国有资金投资或者国有资金投资占控股或者主导地位的工程建设项目，应当公开招标，有下列情形之一的，经批准可以进行邀请招标：

（1）项目技术复杂或有特殊要求，只有少量几家潜在投标人可供选择的；

（2）受自然地域环境限制的；

（3）涉及国家安全、国家秘密或者抢险救灾，适宜招标但不宜公开招标的；

（4）拟公开招标的费用与项目的价值相比，不值得的；

（5）法律、法规规定不宜公开招标的。

国家重点建设项目的邀请招标，应当经国务院发展计划部门批准；地方重点建设项目的邀请招标，应当经各省、自治区、直辖市人民政府批准。

全部使用国有资金投资或者国有资金投资占控股或者主导地位的并需要审批的工程建设项目的邀请招标，应当经项目审批部门批准，但项目审批部门只审批立项的，由有关行政监督部门审批。

（三）议标

议标又称为非竞争性招标或称指定性招标。这种招标方式是建设单位邀请不少于两家（含两家）的承包商，通过直接协商谈判选择承包商的招标方式。

议标的优点是：可以节省时间，容易达成协议，迅速开展工作，保密性好。

议标的缺点是：竞争力差，无法获得有竞争力的报价。这种招标方式主要适用于不宜公开招标或邀请招标的特殊工程，诸如：工程造价较低的工程、工期紧迫的特殊工程（如抢险工程等）、专业性强的工程、军事保密工程等。

有的意见认为议标不是招标的一种形式，招标投标法也未对这种交易方式进行规范。但有一点是肯定的，议标不同于直接发包。从形式上看，直接发包没有"标"，而议标是有"标"的。议标招标人事先须编制议标招标文件，有时还要有标底，议标投标人也须有议标投标文件。议标在程序上也是有规范做法的。事实上，无论是国内还是国际，议标方式还是在一定范围内存在的，各地的招标投标管理机构还是把议标纳入管理范围的。依法必须招标的建设项目，采用议标方式招标必须经招标投标管理机构审批。议标的文件、程序和中标结果也须经招标投标管理机构审查。

（四）两阶段招标

对技术复杂或者无法精确拟定技术规格的项目，招标人可以分两阶段进行招标。第一阶段，投标人按照招标公告或者投标邀请书的要求提交不带报价的技术建议，招标人根据投标人提交的技术建议确定技术标准和要求，编制招标文件。第二阶段，招标人向在第一阶段提交技术建议的投标人提供招标文件，投标人按照招标文件的要求提交包括最终技术方案和投标报价的投标文件。

两阶段招标不是一种独立的招标方式，两阶段招标既可用在公开招标中，也可用在邀请招标中。

第三节　施工招标程序

一、公开招标程序

公开招标的程序可划分为六个基本环节，即建设项目报建；编制招标文件；投标人的资格预审；发放招标文件；开标、评标与定标；签订合同。但每个基本环节里又包含了几个具体的工作。

（1）建设工程项目报建。为了控制建设项目严格按建设程序进行，强化建筑市场管理，各地均根据《工程建设项目报建管理办法》的规定，实行了报建制度。在建设工程项目的立项批准文件或年度投资计划下达后，建设单位根据《工程建设项目报建管理办法》规定的要求进行报建，并由建设行政主管部门审批。具备招标条件的，可开始办理建设单位资质审查。

建设工程项目报建，是建设单位招标活动的前提，报建范围包括：各类房屋建筑（包括新建、改建、扩建、翻建、大修等）、土木工程（包括道路、桥梁、房屋基础打桩等）、设备安装、管道线路铺设和装饰装修等建设工程。报建的内容主要包括：工程名称、建设地点、投资规模、资金来源、当年投资额、工程规模、发包方式、计划开竣工日期和工程筹建情况等。

但随着形势和环境的变化，各地政府对建设程序的控制方式也发生了一定变化，因此，部分地区的报建制度已被弱化或取消。

（2）审查招标人资质。招标申请前，招标投标管理机构要审查招标人是否具备招标条件，不具备有关条件的招标人，须委托具有相应资质的具有招标代理资质的中介机构代理招标。招标人应与中介机构签订委托代理招标的协议，并报招标投标管理机构备案。

（3）招标申请。"建设工程招标申请表"由招标人填写，并经上级主管部门批准后，连同"工程建设项目报建审查登记表"报招标管理机构审批。

申请表的主要内容包括：工程名称、建设地点、招标建设规模、结构类型、招标范围、招标方式、要求施工企业等级、施工前期准备情况(征地拆迁情况、三通一平情况、勘察设计情况等)、招标机构组织情况等。

(4)资格预审文件、招标文件编制与报审。公开招标时,只有通过资格预审的施工单位才可以报名参加投标。资格预审文件和招标文件须报招标管理机构审查,审查同意后可刊登资格预审(投标报名)通告、招标公告。

(5)刊登资格预审通告、招标公告。公开招标应通过报刊、广播、电视、电脑网络等新闻媒介发布"资格预审(投标报名)通告"或"招标公告"。

(6)资格预审。潜在投标人报名参加投标前,其相关资质应按资格预审条件由招标人或招标代理机构进行审查,审查合格者方可容许其报名。

(7)发售招标文件。将招标文件、图纸和有关技术资料发售给通过资格预审获得投标资格的投标人。投标人收到招标文件、图纸和有关资料后,应认真核对,并以书面形式予以确认。

(8)现场踏勘。对于建设施工项目,招标人应组织投标人进行现场踏勘,以便投标人了解工程场地和周围环境情况。

(9)投标预备会。投标预备会的目的在于澄清招标文件中的疑问,解答投标人对招标文件和勘察现场中所提出的疑问和问题。

(10)投标文件的编制与送交。投标人根据招标文件的要求编制投标文件,并在密封和签章后,于投标截止时间前送达规定的地点。

(11)开标。在投标截止后,按规定时间、地点在投标人法定代表人或授权代理人在场的情况下进行开标,把所有投标者递交的投标文件启封公布,对标书的有效性予以确认。

(12)评标。由招标人及招标人邀请的有关经济、技术专家组成评标委员会,在招标管理机构和公证机构监督下,依据评标原则、评标方法,对投标人的技术标和商务标进行综合评价,确定中标候选单位,并排定优先次序。

(13)定标。中标候选单位确定后,招标人可对其进行必要的询标,然后根据情况最终确定中标单位。但在确定中标人之前,招标人不得与投标人就投标价格、投标方案等实质性内容进行谈判。同时,依法必须招标的项目,招标人应当确定排名第一的中标候选人为中标人。排名第一的中标候选人放弃中标、因不可抗力提出不能履行合同,或者招标文件规定应当提交履约保证金而在规定的期限内未能提交的,招标人可以确定排名第二的中标候选人为中标人。

(14)中标通知。中标单位选定后由招标管理机构审查后,招标人向中标单位发出"中标通知书",并把结果通知其他投标人。未中标单位在接到通知后,把有关图纸资料退还招标人,索回投标保证金。

(15)合同签订。中标单位在接到"中标通知书"后,应在招标文件规定的时间内与建设单位签订承包合同。若招标文件规定必须交纳合同履约保证金的,中标单位应及时交纳。未按招标文件及时交纳履约保证金和签订合同的,将被没收投标保证金,并承担违约的法律责任。

二、邀请招标程序

邀请招标程序与公开招标程序主要差异是邀请招标无需发布资格预审通告和招标公告，无需进行资格预审。因为，邀请招标的投标人是招标人预先通过调查、考察选定的，投标邀请书是由招标人直接发给投标人的。除此之外，邀请招标的程序完全与公开招标相同。

三、议标程序

议标应按下列程序进行：

（1）项目报建（同公开招标）。

（2）审查招标人资质，同公开招标。

（3）招标申请。招标人向招标投标管理机构提出议标申请。申请中应当说明发包工程任务的内容、申请议标的理由、对议标投标人的要求及拟邀请的议标投标人等，并应当同时提交能证明其要求议标的工程符合规定的有关证明文件和材料。招标投标管理机构在调查核实招标人的议标申请、证明文件和材料、议标投标人的条件后，对照有关规定，确定其是否符合议标条件。符合条件的，予以批准。

（4）议标文件的编制与审查。议标申请批准后，招标人编写议标文件或者拟议合同草案，并报招标投标管理机构审查。

议标也应编制标底，作为议标文件或者拟议合同草案的组成部分，并经招标投标管理机构审定。

（5）发议标邀请书及招标文件。

（6）投标文件的编制与递交，同公开招标。

（7）协商谈判。招标人与议标投标人在招标投标管理机构的监督下，就议标文件的要求或者拟议合同草案进行协商谈判。议标工程的中标价格原则上不得高于审定后的标底价格。招标人不得以垫资、垫材料作为议标的条件，也不允许以一个议标投标人的条件要求或者限制另一个议标投标人。

（8）授标。议标双方达成一致后，经招标投标管理机构审查，确认其程序和结果合法后，签发"中标通知书"。未经招标投标管理机构审批，擅自进行议标或者议标双方在议标过程中弄虚作假的，议标结果无效。

第四节 招 标 实 务

一、项目报建

建设工程项目报建，是建设工程招标投标的重要条件之一。它是指工程项目建设单位，在工程开工前一定期限内向建设行政主管部门(或由建设工程招标投标管理机构代管)申报工程项目，办理项目登记手续。凡未报建的工程建设项目，不得办理招标投标手续和发放施工许可证。

建设工程项目报建的范围，为各类房屋建筑、土木工程、设备安装、管道线路敷设、装饰装修等新建、扩建、改建、迁建、恢复建设的基本建设及技改项目。建设工程项目报建的范围，不同于建设工程招标投标的范围。所有的工程项目(包括外国独资、合资合作的工程建设项目)都要报建，但不是所有的工程项目都要招标投标。需要报建的工程项目不一定属于招标投标的范围，而属于招标投标范围的工程项目一定都属于应当报建的范围。

建设工程项目报建，按照分级管理权限，由建设行政主管部门负责。省级建设行政主管部门(建委、建设厅)是本省建设工程项目报建的主管机关，其所属的建设工程招标投标管理机构(办公室或处等)具体组织实施。市、县建设行政主管部门负责本行政区域内其有权管辖的工程建设项目的报建登记工作，招标投标管理机构具体组织实施。

建设工程项目报建的内容，主要包括：

(1) 工程名称；

(2) 建设地点；

(3) 建设内容；

(4) 投资规模；

(5) 资金来源；

(6) 当年投资额；

(7) 工程规模；

(8) 计划开工、竣工日期；

(9) 发包方式；

(10) 基建班子及工程筹建情况；

(11) 项目建议书或可行性研究报告批准书。

工程建设项目的投资和建设规模有变化时，建设单位应当及时到原报建部门进行补充登记，筹建负责人变更时，应重新登记。

工程建设项目立项文件被批准或报送备案后，建设单位应当在30天内按报建分级管理权限向主管部门领取建设工程项目报建登记表，按报建登记表的内容及要求如实填写。在向主管部门报送建设工程项目报建登记表时，应同时交验项目立项的批准或备案文件、银行资信证明和有关部门的批准文件等佐证资料。

二、招标人资质审查和招标申请

各地一般规定，招标人进行招标，要向招标投标管理机构填报招标申请书。招标申请书经批准后，方可以编制招标文件、评标定标办法和标底，并将这些文件报招标投标管理机构批准。招标人或招标代理人也可在申报招标申请书时，一并将已经编制完成的招标文件、评标定标办法和标底，报招标投标管理机构批准。经招标投标管理机构对上述文件进行审查认定后，方可发布招标公告或发出投标邀请书。

招标申请书是招标人向政府主管机构提交的要求开始组织招标的一种文书。其主要内容包括：招标工程具备的条件、招标的工程内容和范围、拟采用的招标方式和对投标人的要求、招标人或者招标代理人的资质等。制作或填写招标申请书，是一项实践性很强的基础工作，要充分考虑不同招标类型的不同特点，按照规范化的要求进行。

招标申请时，招标投标管理机构首先要对招标人的资格进行审查，符合下列条件的方可准许其自行招标，否则将要求其委托招标代理。

（1）招标人是法人或依法成立的其他组织；

（2）有与招标工程相适应的经济、技术、管理人员；

（3）有组织编写招标文件的能力；

（4）有审查投标人资质的能力；

（5）有组织开标、评标、定标的能力。

不具备上述（2）至（5）项条件的，须委托具有相应资质的咨询、监理等单位代理招标。

招标申请时，招标投标管理机构还要对招标项目的所具备的条件进行审查，符合条件的方准许其进行招标。《工程建设项目施工招标投标办法》规定，依法必须招标的工程建设项目，应当具备下列条件才能进行施工招标：

（1）招标人已经依法成立；

（2）初步设计及概算应当履行审批手续的，已经批准；

（3）招标范围、招标方式和招标组织形式等应当履行核准手续的，已经核准；

（4）有相应资金或资金来源已经落实；

（5）有招标所需的设计图纸及技术资料。

上述规定的主要目的在于促使建设单位严格按基本建设程序办事，防止"三边"工程的发生，并确保招标工作的顺利进行。

招标申请时，招标投标管理机构还要对项目的招标方式进行审查，凡依法必须招标的项目，没有特殊情况，必须公开招标。有特殊原因需要采用邀请招标或议标的，必须依据《招标投标法》、《工程建设项目施工招标投标办法》以及其他法律法规的规定进行严格审查。

三、资格预审文件、招标文件的编制和报审

编制依法必须进行招标的项目的资格预审文件和招标文件，应当使用国务院发展改革部门会同有关行政监督部门制定的标准文本。

为进一步规范房屋建筑和市政基础设施工程施工招投标活动，保障招标人和投标人的合法权益。建设部于 1996 年根据招标投标法、建筑法、合同法以及房屋建筑和市政基础设施工程施工招标投标管理办法（建设部令第 89 号）等有关规定，制订了《建筑工

程施工招标文件范本》（建监〔1996〕577号文），2002年改为《房屋建筑和市政基础设施工程施工招标文件范本》。2007年制订的《房屋建筑和市政工程标准施工招标文件》（简称"行业标准施工招标文件"）是《标准施工招标文件》（国家发展和改革委员会、财政部、建设部等九部委56号令发布）的配套文件，现在在执行的是该文件的2010版。本教材引用的招标文件格式和表式均引自该版标准文件。

招标公告应当至少载明下列内容：

（1）招标人的名称和地址；

（2）招标项目的内容、规模、资金来源；

（3）招标项目的实施地点和工期；

（4）获取招标文件或者资格预审文件的地点和时间；

（5）对招标文件或者资格预审文件收取的费用；

（6）对投标人的资质等级的要求。

《房屋建筑和市政工程标准施工招标文件》提供的资格预审公告和招标公告见表2-1、表2-2。

资格预审文件和招标文件编制完成后，要报招标管理机构审查，审查同意后方可刊登资格预审（投标报名）通告、招标公告。

资格预审公告   表2-1

资格预审公告

_____（项目名称）_____ **标段施工招标**

资格预审公告（代招标公告）

1. 招标条件

本招标项目_____（项目名称）已由_____（项目审批、核准或备案机关名称）以_____（批文名称及编号）批准建设，项目业主为_____，建设资金来自_____（资金来源），项目出资比例为_____，招标人为_____，招标代理机构为_____。项目已具备招标条件，现进行公开招标，特邀请有兴趣的潜在投标人（以下简称申请人）提出资格预审申请。

2. 项目概况与招标范围

_____（说明本次招标项目的建设地点、规模、计划工期、合同估算价、招标范围、标段划分（如果有）等）。

3. 申请人资格要求

3.1 本次资格预审要求申请人具备_____资质，_____（类似项目描述）业绩，并在人员、设备、资金等方面具备相应的施工能力，其中，申请人拟派项目经理须具备_____专业_____级注册建造师执业资格和有效的安全生产考核合格证书，且未担任其他在施建设工程项目的项目经理。

3.2 本次资格预审_____（接受或不接受）联合体资格预审申请。联合体申请资格预审的，应满足下列要求：_____。

3.3 各申请人可就本项目上述标段中的_____（具体数量）个标段提出资格预审申请，但最多允许中标_____（具体数量）个标段（适用于分标段的招标项目）。

4. 资格预审方法

本次资格预审采用_____(合格制/有限数量制)。采用有限数量制的,当通过详细审查的申请人多于_____家时,通过资格预审的申请人限定为_____家。

5. 申请报名

凡有意申请资格预审者,请于____年____月____日至____年____月____日(法定公休日、法定节假日除外),每日上午____时至____时,下午____时至____时(北京时间,下同),在_____(有形建筑市场/交易中心名称及地址)报名。

6. 资格预审文件的获取

6.1 凡通过上述报名者,请于____年____月____日至____年____月____日(法定公休日、法定节假日除外),每日上午____时至____时,下午____时至____时,在_____(详细地址)持单位介绍信购买资格预审文件。

6.2 资格预审文件每套售价____元,售后不退。

6.3 邮购资格预审文件的,需另加手续费(含邮费)____元。招标人在收到单位介绍信和邮购款(含手续费)后____日内寄送。

7. 资格预审申请文件的递交

7.1 递交资格预审申请文件截止时间(申请截止时间,下同)为____年____月____日____时____分,地点为__
_____(有形建筑市场/交易中心名称及地址)。

7.2 逾期送达或者未送达指定地点的资格预审申请文件,招件人不予受理。

8. 发布公告的媒介

本次资格预审公告同时在_____(发布公告的媒介名称)上发布。

9. 联系方式

招标人:_____	招标代理机构:_____
地　　址:_____	地　　址:_____
邮　　编:_____	邮　　编:_____
联 系 人:_____	联 系 人:_____
电　　话:_____	电　　话:_____
传　　真:_____	传　　真:_____
电子邮件:_____	电子邮件:_____
网　　址:_____	网　　址:_____
开户银行:_____	开户银行:_____
账　　号:_____	账　　号:_____

____年____月____日

招标公告　　　　　　　　　　　　　　　　　表 2-2

招标公告(未进行资格预审)

_____(项目名称)_____ **标段施工招标公告**

1. 招标条件

本招标项目_____(项目名称)已由_____(项目审批、核准或备案机关名称)以_____(批文名称及编号)批准建设,招标人(项目业主)为_____,建设资金来自_____(资金来源),项目出资比例为_____。项目已具备招标条件,现对该项目的施工进行公开招标。

2. 项目概况与招标范围

_____(说明本招标项目的建设地点、规模、合同估算价、计划工期、招标范围、标段划分(如果有)等)。

3. 投标人资格要求

3.1 本次招标要求投标人须具备_____资质,_____(类似项目描述)业绩,并在人员、设备、资金等方面具有相应的施工能力,其中,投标人拟派项目经理须具备_____专业_____级注册建造师执业资格,具备有效的安全生产考核合格证书,且未担任其他在施建设工程项目的项目经理。

3.2 本次招标_____(接受或不接受)联合体投标。联合体投标的,应满足下列要求:_____

_____。

3.3 各投标人均可就本招标项目上述标段中的_____(具体数量)个标段投标,但最多允许中标_____(具体数量)个标段(适用于分标段的招标项目)。

4. 投标报名

凡有意参加投标者,请于_____年_____月_____日至_____年_____月_____日(法定公休日、法定节假日除外),每日上午_____时至_____时,下午_____时至_____时(北京时间,下同),在_____(有形建筑市场/交易中心名称及地址)报名。

5. 招标文件的获取

5.1 凡通过上述报名者,请于_____年_____月_____日至_____年_____月_____日(法定公休日、法定节假日除外),每日上午_____时至_____时,下午_____时至_____时,在_____(详细地址)持单位介绍信购买招标文件。

5.2 招标文件每套售价____元,售后不退。图纸押金____元,在退还图纸时退还(不计利息)。

5.3 邮购招标文件的,需另加手续费(含邮费)____元。招标人在收到单位介绍信和邮购款(含手续费)后____日内寄送。

6. 投标文件的递交

6.1 投标文件递交的截止时间(投标截止时间,下同)为＿＿年＿＿月＿＿日＿＿时分,地点为＿＿＿＿＿＿＿＿＿＿＿＿＿＿＿＿＿＿＿＿(有形建筑市场交易中心名称及地址)。

6.2 逾期送达的或者未送达指定地点的投标文件,招标人不予受理。

7. 发布公告的媒介

本次招标公告同时在＿＿＿＿＿＿(发布公告的媒介名称)上发布。

8. 联系方式

招标人:＿＿＿＿＿＿＿＿＿＿	招标代理机构:＿＿＿＿＿＿＿＿＿
地　　址:＿＿＿＿＿＿＿＿＿＿	地　　址:＿＿＿＿＿＿＿＿＿
邮　　编:＿＿＿＿＿＿＿＿＿＿	邮　　编:＿＿＿＿＿＿＿＿＿
联 系 人:＿＿＿＿＿＿＿＿＿＿	联 系 人:＿＿＿＿＿＿＿＿＿
电　　话:＿＿＿＿＿＿＿＿＿＿	电　　话:＿＿＿＿＿＿＿＿＿
传　　真:＿＿＿＿＿＿＿＿＿＿	传　　真:＿＿＿＿＿＿＿＿＿
电子邮件:＿＿＿＿＿＿＿＿＿＿	电子邮件:＿＿＿＿＿＿＿＿＿
网　　址:＿＿＿＿＿＿＿＿＿＿	网　　址:＿＿＿＿＿＿＿＿＿
开户银行:＿＿＿＿＿＿＿＿＿＿	开户银行:＿＿＿＿＿＿＿＿＿
账　　号:＿＿＿＿＿＿＿＿＿＿	账　　号:＿＿＿＿＿＿＿＿＿
	＿＿＿年＿＿＿月＿＿＿日

四、资格预审公告和招标公告

采用公开招标方式的,招标人要在报刊、杂志、广播、电视、电脑网络等大众传媒或工程交易中心公告栏上发布资格预审公告、招标公告。信息发布所采用的媒体,应与潜在投标人的分布范围相适应,不相适应的是一种违背公正原则的违规行为。如国际招标的应在国际性媒体上发布信息,全国性招标的就应在全国性媒体上发布信息,否则即被认为是排斥潜在投标人。必须强调,依法必须进行招标的项目的资格预审公告和招标公告,应当在国务院发展改革部门依法指定的媒介发布。在不同媒介发布的同一招标项目的资格预审公告或者招标公告的内容应当一致。

指定媒介发布依法必须进行招标的项目的境内资格预审公告、招标公告,不得收取费用。

依法必须进行招标的项目提交资格预审申请文件的时间,自资格预审文件停止发售之日起不得少于5日。

公开招标发布招标公告有两种做法:一是实行资格预审(即在投标前进行资格审查)

的，用资格预审通告代替招标公告，即只发布资格预审通告。通过发布资格预审通告，招请投标人。二是实行资格后审（即在开标后进行资格审查）的，不发资格审查通告，而只发招标公告。通过发布招标公告，招请投标人。各地的做法，习惯上都是在投标前对投标人进行资格审查。这应属于资格预审，但常常不太注意对资格预审通告和招标公告在使用上的区分。

招标人或其委托的招标代理机构有下列行为之一的，由国家发展计划委员会和有关行政监督部门视情节依照《招标投标法》第四十九条、第五十一条的规定处罚：

(1) 依法必须招标的项目，应当发布招标公告而不发布的；

(2) 不在指定媒介发布依法必须招标项目的招标公告的；

(3) 招标公告中有关获取招标文件的时间和办法的规定明显不合理的；

(4) 招标公告中以不合理的条件限制或排斥潜在投标人的；

(5) 提供虚假的招标公告、证明材料的，或者招标公告含有欺诈内容的；

(6) 在两个以上媒介发布的同一招标项目的招标公告的内容不一致的。

采用邀请招标方式的，招标人要向三个以上具备承担招标项目的能力、资信良好的特定的承包商发出投标邀请书。

采用议标方式的，由招标人向两个以上拟邀请参加议标的承包商发出投标邀请书。

公开招标的招标公告和邀请招标、议标的投标邀请书，在内容要求上稍有差异。议标的投标邀请书常常比邀请招标的投标邀请书要简化一些，而邀请招标的投标邀请书则和招标公告差不多。

五、资格预审

1. 资格预审的概念和目的

资格预审就是招标人通过对投标人按照资格预审通告或招标公告的要求提交或填报的有关资格预审文件和资料的审查，确定合格投标人的活动。

通过资格预审招标人对申请参加投标的潜在投标人进行资质条件、业绩、信誉、技术、资金等多方面情况进行资格审查，只有在资格预审中被认定为合格的潜在投标人（或投标人），才可以参加投标。

资格预审的目的是为了排除那些不合格的投标人，进而降低招标人的采购成本，提高招标工作的效率。

了解投标单位的技术和财务实力及管理经验，限制不符合要求条件的单位盲目参加投标。对业主来说，可以通过资格预审淘汰不合格或资质不符的投标人，减少评审阶段的工作时间，减少评审费用。对施工企业来说，不够资质的企业不必浪费时间与精力，可以节约投标费用。

2. 资格预审的程序与有关规定

招标人应当组建资格审查委员会审查资格预审申请文件，资格审核委员会及其成员应当遵守《招标投标法》和《招标投标法实施条例》有关评标委员会及其成员的规定。

经资格预审后，招标人应当向资格预审合格的潜在投标人发出资格预审合格通知书，告知获取招标文件的时间、地点和方法，并同时向资格预审不合格的潜在投标人告知资格预审结果。资格预审不合格的潜在投标人不得参加投标。合格投标人名单一般要报招标投标管理机构复查。

《招标投标法实施条例》第三十二条规定，招标人不得以不合理的条件限制、排斥潜在投标人或者投标人。招标人有下列行为之一的，属于以不合理条件限制、排斥潜在投标人或者投标人：

（1）就同一招标项目向潜在投标人或者投标人提供有差别的项目信息；

（2）设定的资格、技术、商务条件与招标项目的具体特点和实际需要不相适应或者与合同履行无关；

（3）依法必须进行招标的项目以特定行政区域或者特定行业的业绩、奖项作为加分条件或者中标条件；

（4）对潜在投标人或者投标人采取不同的资格审查或者评标标准；

（5）限定或者指定特定的专利、商标、品牌、原产地或者供应商；

（6）依法必须进行招标的项目非法限定潜在投标人或者投标人的所有制形式或者组织形式；

（7）以其他不合理条件限制、排斥潜在投标人或者投标人。

有上述行为的也要根据《招标投标法》的第五十一条的规定进行处罚。

招标人应当在资格预审通告或招标文件中载明资格预审的条件、标准和方法。招标人不得改变载明的资格条件或者以没有载明的资格条件对潜在投标人或者投标人进行资格审查。

招标人可以对已发出的资格预审文件进行必要的澄清或者修改。澄清或者修改的内容可能影响资格预审申请文件或者投标文件编制的，招标人应当在提交资格预审申请文件截止时间至少3日前，以书面形式通知所有获取资格预审文件或者招标文件的潜在投标人；不足3日的，招标人应当顺延提交资格预审申请文件的截止时间。

当资格预审文件、资格预审文件的澄清或修改等在同一内容的表述上不一致时，以最后发出的书面文件为准。申请人如有疑问，应在规定的时间前以书面形式，要求招标人对文件进行澄清。招标人则应在规定的时间前，以书面形式将澄清内容发给所有购买资格预审文件的申请人，但不指明澄清问题的来源。申请人收到澄清后，应在规定的时间内以书面形式通知招标人，确认已收到该澄清。

在申请人须知前附表（表2-3）规定的时间前，招标人可以书面形式通知申请人修改资格预审文件。在规定的时间后修改资格预审文件的，招标人应相应顺延申请截止时间。申请人收到修改的内容后，应在规定的时间内以书面形式通知招标人，确认已收到该修改。

申请人须知前附表　　　　　　　　　　　　　　　表 2-3

条款号	条款名称	编列内容
1.1.2	招标人	名　　称： 地　　址： 联系人： 电　　话： 电子邮件：
1.1.3	招标代理机构	名　　称： 地　　址： 联系人： 电　　话： 电子邮件：
1.1.4	项目名称	
1.1.5	建设地点	
1.2.1	资金来源	
1.2.2	出资比例	
1.2.3	资金落实情况	
1.3.1	招标范围	
1.3.2	计划工期	计划工期：＿＿＿＿＿＿日历天 计划开工日期：＿＿年＿＿月＿＿日 计划竣工日期：＿＿年＿＿月＿＿日
1.3.3	质量要求	质量标准：
1.4.1	申请人资质条件、能力和信誉	资质条件： 财务要求： 业绩要求：　　（与资格预审公告要求一致） 信誉要求： (1) 诉讼及仲裁情况 (2) 不良行为记录 (3) 合同履约率 项目经理资格：＿＿＿＿＿专业＿＿＿级(含以上级)注册建造师执业资格和有效的安全生产考核合格证书,且未担任其他在施建设工程项目的项目经理。 其他要求： (1) 拟投入主要施工机械设备情况 (2) 拟投入项目管理人员 (3) ……
1.4.2	是否接受联合体资格预审申请	□不接受 □接受,应满足下列要求： 其中：联合体资质按照联合体协议约定的分工认定,其他审查标准按联合体协议中约定的各成员分工所占合同工作量的比例,进行加权折算
2.2.1	申请人要求澄清 资格预审文件的截止时间	
2.2.2	招标人澄清 资格预审文件的截止时间	

条款号	条款名称	编列内容
2.2.3	申请人确认收到资格预审文件澄清的时间	
2.3.1	招标人修改资格预审文件的截止时间	
2.3.2	申请人确认收到资格预审文件修改的时间	
3.1.1	申请人需补充的其他材料	(1) 其他企业信誉情况表 (2) 拟投入主要施工机械设备情况 (3) 拟投入项目管理人员情况 ……
3.2.4	近年财务状况的年份要求	___年,指___年___月___日起至___年___月___日止
3.2.5	近年完成的类似项目的年份要求	___年,指___年___月___日起至___年___月___日止
3.2.7	近年发生的诉讼及仲裁情况的年份要求	___年,指___年___月___日起至___年___月___日止
3.3.1	签字和(或)盖章要求	
3.3.2	资格预审申请文件副本份数	_____份
3.3.3	资格预审申请文件的装订要求	□不分册装订 □分册装订,共分___册,分别为: _____ _____ 每册采用___方式装订,装订应牢固、不易拆散和换页,不得采用活页装订
4.1.2	封套上写明	招标人的地址: 招标人全称: ___(项目名称)_____标段施工招标资格预审申请文件在___年___月___日___时___分前不得开启
4.2.1	申请截止时间	___年___月___日___时___分
4.2.2	递交资格预审申请文件的地点	
4.2.3	是否退还资格预审申请文件	□否 □是,退还安排:
5.1.2	审查委员会人数	审查委员会构成:___人,其中招标人代表___人(限招标人在职人员,且应当具备评标专家的相应的或者类似的条件),专家___人; 审查专家确定方式:_____
5.2	资格审查方法	□合格制 □有限数量制
6.1	资格预审结果的通知时间	
6.3	资格预审结果的确认时间	
9	需要补充的其他内容	
9.1	词语定义	
9.1.1	类似项目	
	类似项目是指:	

续表

条款号	条款名称	编列内容
9.1.2	不良行为记录	
	不良行为记录是指：	
……	……	
9.2	资格预审申请文件编制的补充要求	
9.2.1	"其他企业信誉情况表"应说明企业不良行为记录、履约率等相关情况,并附相关证明材料,年份同第3.2.7 项的年份要求	
9.2.2	"拟投入主要施工机械设备情况"应说明设备来源(包括租赁意向)、目前状况、停放地点等情况,并附相关证明材料	
9.2.3	"拟投入项目管理人员情况"应说明项目管理人员的学历、职称、注册执业资格、拟任岗位等基本情况,项目经理和主要项目管理人员应附简历,并附相关证明材料	
9.3	通过资格预审的申请人(适用于有限数量制)	
9.3.1	通过资格预审申请人分为"正选"和"候补"两类。资格审查委员会应当根据第三章"资格审查办法(有限数量制)"第3.4.2项的排序,对通过详细审查的情况人按得分由高到低顺序,将不超过第三章"资格审查办法(有限数量制)"第1条规定数量的申请人列为通过资格预审申请人(正选),其余的申请人依次列为通过资格预审的申请人(候补)	
9.3.2	根据本章第6.1款的规定,招标人应当首先向通过资格预审申请人(正选)发出投标邀请书	
9.3.3	根据本章第6.3款、通过资格预审申请人项目经理不能到位或者利益冲突等原因导致潜在投标人数量少于第三章"资格审查办法(有限数量制)"第1条规定的数量的,招标人应当按照通过资格预审申请人(候补)的排名次序,由高到低依次递补	
9.4	监督	
	本项目资格预审活动及其相关当事人应当接受有管辖权的建设工程招标投标行政监督部门依法实施的监督	
9.5	解释权	
	本资格预审文件由招标人负责解释	
9.6	招标人补充的内容	
……	……	

3. 资格预审的方法

资格预审有合格制与有限数量制两种办法,适用于不同的条件。

合格制,凡符合资格预审文件规定资格条件标准的投标申请人,即取得相应投标资格。一般情况下,应当采用合格制。其优点是:投标竞争性强,有利于获得更多、更好的投标人和投标方案;对满足资格条件的所有投标申请人公平、公正。缺点是:投标人可能较多,从而加大投标和评标工作量,浪费社会资源。

有限数量制,当潜在投标人过多时,可采用有限数量制。招标人在资格预审文件中既要规定投标资格条件、标准和评审方法,又应明确通过资格预审的投标申请人数量。一般采用综合评估法对投标申请人的资格条件进行量化打分,然后根据分值高低排序,并按规定的限制数量由高到低确定投标申请人。目前除各行业部门规定外,尚未统一规定合格申请人的最少数量,原则上满足 3 家以上。采用有限数量制一般有利于降低招标投标活动的社会综合成本,但在一定程度上可能限制了潜在投标人的范围,降低投标竞争性。

对投标人的资格审查也有采用资格后审和二次审查的。所谓资格后审就是招标人待开标后再对投标人的资格进行审查，经资格审查合格的，方准其进入评标。经资格后审不合格的投标人的投标应作废标处理。一般资格后审由参加开标的公证机构会同招标投标管理机构进行。现在许多地区对投标人的资格审查往往都采用二次审查的方法，即报名时先进行资格预审，开标时再进行资格后审（也称复审）。

4. 资格预审的内容

在获得招标信息后，有意参加投标的单位应根据资格预审通告或招标公告的要求携带有关证明材料到指定地点报名并接受资格预审。资格审查应主要审查潜在投标人是否符合下列条件：

（1）具有独立订立合同的权利；

（2）具有履行合同的能力，包括专业、技术资格和能力，资金、设备和其他物质设施状况，管理能力，经验、信誉和相应的从业人员；

（3）没有处于被责令停业，投标资格被取消，财产被接管、冻结，破产状态；

（4）在最近三年内没有骗取中标和严重违约及重大工程质量问题；

（5）法律、行政法规规定的其他资格条件。

资格预审申请人除必须提供营业执照、资质证书和安全生产许可证等证明企业投标资格的证明文件外，尚应该提供以下资料。

（1）资格预审申请函，格式与内容见表2-4。

（2）法定代表人身份证明，见表2-5。

（3）授权委托书，见表2-6。

（4）联合体协议书，见表2-7。

（5）申请人基本情况表，见表2-8。

（6）近年财务状况表，需是经过会计师事务所或者审计机构的审计的财务会计报表，包括近年资产负债表、近年损益表、近年利润表、近年现金流量表以及财务状况说明书。本表应特别说明企业净资产，招标人也会根据招标项目具体情况要求说明是否拥有有效期内的银行AAA资信证明、本年度银行授信总额度、本年度可使用的银行授信余额等。

（7）近年完成的类似项目情况表，见表2-9。

（8）正在施工的和新承接的项目情况表，见表2-10。

（9）近年发生的诉讼和仲裁情况，见表2-11。

（10）其他材料：

a）近年不良行为记录情况，见表2-12a。

b）在建工程以及近年已竣工工程合同履行情况，见表2-12b。

c）拟投入主要施工机械设备情况表，见表2-13。

d）拟投入项目管理人员情况表，见表2-14、表2-14a、表2-14b、表2-14c。

……

资格预审申请函　　　　　　　　　　　　　　　表 2-4

资格预审申请函

＿＿＿＿＿＿＿＿＿＿（招标人名称）：

1. 按照资格预审文件的要求，我方（申请人）递交的资格预审申请文件及有关资料，用于你方（招标人）审查我方参加＿＿＿＿＿＿＿＿（项目名称）＿＿＿＿＿＿＿＿标段施工招标的投标资格。

2. 我方的资格预审申请文件包含第二章"申请人须知"第 3.1.1 项规定的全部内容。

3. 我方接受你方的授权代表进行调查，以审核我方提交的文件和资料，并通过我方的客户，澄清资格预审申请文件中有关财务和技术方面的情况。

4. 你方授权代表可通过＿＿＿＿＿＿＿＿（联系人及联系方式）得到进一步的资料。

5. 我方在此声明，所递交的资格预审申请文件及有关资料内容完整、真实和准确，且不存在第二章"申请人须知"第 1.4.3 项规定的任何一种情形。

申请人：＿＿＿＿＿＿＿＿＿＿＿＿＿（盖单位章）

法定代表人或其委托代理人：＿＿＿＿＿＿＿＿（签字）

电　　话：＿＿＿＿＿＿＿＿＿＿＿＿＿＿＿

传　　真：＿＿＿＿＿＿＿＿＿＿＿＿＿＿＿

申请人地址：＿＿＿＿＿＿＿＿＿＿＿＿＿＿＿

邮政编码：＿＿＿＿＿＿＿＿＿＿＿＿＿＿＿

＿＿＿＿年＿＿＿＿月＿＿＿＿日

法定代表人身份证明　　　　　　　　　　　　　表 2-5

法定代表人身份证明

投标人名称：＿＿＿＿＿＿＿＿＿＿＿＿＿＿＿

单位性质：＿＿＿＿＿＿＿＿＿＿＿＿＿＿＿＿

地址：＿＿＿＿＿＿＿＿＿＿＿＿＿＿＿＿＿＿

成立时间：＿＿＿年＿＿＿月＿＿＿日

经营期限：＿＿＿＿＿＿＿＿＿＿＿

姓名：＿＿＿性别：＿＿＿年龄：＿＿＿职务：＿＿＿＿

系＿＿＿＿＿＿＿＿＿＿＿＿＿＿＿＿（投标人名称）的法定代表人。

特此证明。

投标人：＿＿＿＿＿＿＿＿＿＿（盖单位章）

＿＿＿＿年＿＿＿＿月＿＿＿＿日

授权委托书　　　　　　　　　　　　　　　　　　　　表 2-6

授权委托书

本人_____(姓名)系_____(投标人名称)的法定代表人,现委托_____(姓名)为我方代理人。代理人根据授权,以我方名义签署、澄清、说明、补正、递交、撤回、修改_____(项目名称)_____标段施工投标文件、签订合同和处理有关事宜,其法律后果由我方承担。

委托期限:_____。

代理人无转委托权。

附:法定代表人身份证明

投标人:_____(盖单位章)

法定代表人:_____(签字)

身份证号码:_____

委托代理人:_____(签字)

身份证号码:_____

_____年_____月_____日

联合体协议书　　　　　　　　　　　　　　　　　　　表 2-7

联合体协议书

_____(所有成员单位名称)自愿组成_____(联合体名称)联合体,共同参加_____(项目名称)_____标段施工投标。现就联合体投标事宜订立如下协议。

1._____(某成员单位名称)为_____(联合体名称)牵头人。

2.联合体牵头人合法代表联合体各成员负责本招标项目投标文件编制和合同谈判活动,并代表联合体提交和接收相关的资料、信息及指示,并处理与之有关的一切事务,负责合同实施阶段的主办、组织和协调工作。

3.联合体将严格按照招标文件的各项要求,递交投标文件,履行合同,并对外承担连带责任。

4.联合体各成员单位内部的职责分工如下:_____。

5.本协议书自签署之日起生效,合同履行完毕后自动失效。

6.本协议书一式____份,联合体成员和招标人各执一份。

注:本协议书由委托代理人签字的,应附法定代表人签字的授权委托书。

牵头人名称:_____(盖单位章)

法定代表人或其委托代理人:_____(签字)

成员一名称:_____(盖单位章)

法定代表人或其委托代理人:_____(签字)

成员二名称:_____(盖单位章)

法定代表人或其委托代理人:_____(签字)

……

_____年_____月_____日

申请人基本情况表 表 2-8

申请人名称						
注册地址			邮政编码			
联系方式	联系人		电 话			
	传 真		网 址			
组织结构						
法定代表人	姓名		技术职称		电话	
技术负责人	姓名		技术职称		电话	
成立时间			员工总人数：			
企业资质等级		其中	项目经理			
营业执照号			高级职称人员			
注册资本金			中级职称人员			
开户银行			初级职称人员			
账号			技 工			
经营范围						
体系认证情况	说明：通过的认证体系、通过时间及运行状况					
备 注						

近年完成的类似项目情况表 表 2-9

项目名称	
项目所在地	
发包人名称	
发包人地址	
发包人电话	
合同价格	
开工日期	
竣工日期	
承包范围	
工程质量	
项目经理	
技术负责人	
总监理工程师及电话	
项目描述	
备 注	

注：类似项目业绩须附合同协议书和竣工验收备案登记表复印件。

正在施工的和新承接的项目情况表　　　　　　　　　　表 2-10

项目名称	
项目所在地	
发包人名称	
发包人地址	
发包人电话	
签约合同价	
开工日期	
计划竣工日期	
承包范围	
工程质量	
项目经理	
技术负责人	
总监理工程师及电话	
项目描述	
备　注	

注：正在施工和新承接项目须附合同协议书或者中标通知书复印件。

近年发生的诉讼和仲裁情况　　　　　　　　　　表 2-11

类别	序号	发生时间	情　况　简　介	证明材料索引
诉讼情况				
仲裁情况				

注：近年发生的诉讼和仲裁情况仅限于申请人败诉的，且与履行施工承包合同有关的案件，不包括调解结案以及未裁决的仲裁或未终审判决的诉讼。

近年不良行为记录情况　　　　　　　　　　表 2-12a

序　号	发 生 时 间	简要情况说明	证明材料索引

注：企业不良行为记录情况主要是近年申请人在工程建设过程中因违反有关工程建设的法律、法规、规章或强制性标准和执业行为规范，经县级以上建设行政主管部门或其委托的执法监督机构查实和行政处罚，形成的不良行为记录。应当结合第二章"申请人须知"前附表第 9.1.2 项定义的范围填写。

年份同诉讼及仲裁情况年份要求。

在建工程以及近年已竣工工程合同履行情况　　　　　表 2-12b

序　号	工 程 名 称	履约情况说明	证明材料索引

注：合同履行情况主要是申请人在施工程和近年已竣工工程是否按合同约定的工期、质量、安全等履行合同义务，对未竣工工程合同履行情况还应重点说明非不可抗力原因解除合同（如果有）的原因等具体情况，等等。

拟投入主要施工机械设备情况表　　　　　　　　表 2-13

机械设备名称	型号规格	数量	目前状况	来源	现停放地点	备注

注："目前状况"应说明已使用年限、是否完好以及目前是否正在使用，"来源"分为"自有"和"市场租赁"两种情况，正在使用中的设备应在"备注"中注明何时能够投入本项目，并提供相关证明材料。

拟投入项目管理人员情况表　　　　　表 2-14

姓名	性别	年龄	职称	专业	资格证书编号	拟在本项目中担任的工作或岗位

附 1　项目经理简历表　　　　　表 2-14a

姓　名		年　龄		学　历	
职　称		职　务		拟在本工程任职	项目经理
注册建造师资格等级		级	建造师专业		
安全生产考核合格证书					
毕业学校		年毕业于		学校	专业

主要工作经历

时　间	参加过的类似项目名称	工程概况说明	发包人及联系电话

注：项目经理应附建造师执业资格证书、注册证书、安全生产考核合格证书、身份证、职称证、学历证、养老保险复印件以及未担任其他在施建设工程项目项目经理的承诺，管理过的项目业绩须附合同协议书和竣工验收备案登记表复印件。类似项目限于以项目经理身份参与的项目。

附2 主要项目管理人员简历表　　　表2-14b

岗位名称			
姓　名		年　龄	
性　别		毕业学校	
学历和专业		毕业时间	
拥有的执业资格		专业职称	
执业资格证书编号		工作年限	
主要工作业绩及担任的主要工作			

注：主要项目管理人员指项目副经理、技术负责人、合同商务负责人、专职安全生产管理人员等岗位人员。应附注册资格证书、身份证、职称证、学历证、养老保险复印件，专职安全生产管理人员应附有效的安全生产考核合格证书，主要业绩须附合同协议书。

附3 承诺书　　　表2-14c

承诺书

_____(招标人名称)：

我方在此声明，我方拟派往_____(项目名称)_____标段(以下简称"本工程")的项目经理_____(项目经理姓名)现阶段没有担任任何在施建设工程项目的项目经理。

我方保证上述信息的真实和准确，并愿意承担因我方就此弄虚作假所引起的一切法律后果。

特此承诺。

申请人：_____(盖单位章)

法定代表人或其委托代理人：_____(签字)

_____年____月____日

5. 联合体投标的资格预审

两个以上法人或者其他组织可以组成一个联合体，以一个投标人的身份共同投标。

投标人可以单独参加资格预审，也可以作为联合体的成员参加资格预审，但不允许投标人参加同一个项目的一个以上的投标，任何违反这一规定的资格预审申请书将被拒绝。

联合体各方应当具备承担招标项目的相应能力，国家有关规定或者招标文件对投标人资格条件有规定的，联合体各方均应当具备规定的相应资格条件。由同一专业的单位组成的联合体，按照资质等级较低的单位确定资质等级。

联合体各方应当签订共同投标协议，明确约定各方拟承担的工作和责任，并将共同投标协议连同投标文件一并提交招标人。联合体中标的，联合体各方应当共同与招标人签订合同，就中标项目向招标人承担连带责任。

联合体参加资格预审的，应符合下列要求：

（1）联合体的每一个成员均须提交与单独参加资格预审的单位要求一样的全套文件。

（2）在资格预审文件中必须规定，资格预审合格后，作为投标人将参加投标并递交合格的投标文件。该投标文件连同后来的合同应共同签署，以便对所有联合体成员作为整体和独立体均具有法律约束力。在提交资格审查有关资料时，应附上联合体协议，该协议中应规定所有联合体成员在合同中共同的和各自的责任。

（3）预审文件须包括一份联合体各方计划承担的合同额和责任的说明。联合体的每一成员须具备执行它所承担的工程的充足经验和能力。

（4）预审文件中应指定一个联合体成员作为主办人(或牵头人)，主办人应被授权代表所有联合体成员接受指令，并且由主办人负责整个合同的全面实施。

联合体如果达不到上述要求，其提交的资格预审申请将被拒绝。资格预审后，任何联合体的组成和资审合格的联合体的任何变化，须在投标截止日之前征得招标人或招标代理人的书面同意。作为联合体提出资格预审申请经审查合格后，不得再分开或加入其他联合体。

6. 邀请招标和议标的资格审查

采用邀请招标方式时，对投标人的资格审查一般都采用资格后审，即招标人在发出招标邀请书后，再要求投标人按照投标邀请书的要求提交或出示的有关文件和资料，并进行验证。招标人通过资格后审以确认自己所掌握的有关投标人的情况是真实的和可靠的。一般通过资格审查的投标人名单，要报招标投标管理机构进行审核。

邀请招标资格审查的主要内容，一般与公开招标相同。

议标的资格审查，与邀请招标相似。

六、招标文件发放

经资格审查合格后，由招标人或招标代理人通知合格者，领取招标文件，参加投标。招标人向经审查合格的投标人分发招标文件及有关资料，并向投标人收取投标保证金。公开招标实行资格后审的，直接向投标报名者分发招标文件和有关资料，收取投标保证金。

招标文件发出后，招标人不得擅自变更其内容。若确需进行必要的澄清、修改或补充的，招标人应当在招标文件要求提交投标文件截止时间至少15天前，书面通知所有获得招标文件的投标人。

投标保证金是招标人为了防止发生投标人不递交投标文件，递交毫无意义或未经充分、慎重考虑的投标文件，投标人中途撤回投标文件或中标后不签署合同等情况的发生而设定的一种担保形式。其目的是为了约束投标人的投标行为，保护招标人的利益，维护招标投标活动的正常秩序，这也是国际上的一种习惯做法。

投标保证金的收取和缴纳办法，应在招标文件中说明。投标保证金可采用现金、支票、银行汇票，也可以是银行出具的银行保函。

投标保证金的额度，根据工程投资大小由建设单位在招标文件中确定。在国际上，投标保证金的数额较高，一般设定在占投资总额的 $1\%\sim5\%$。而我国的投标保证金数额，则普遍较低。七部委令第30号《工程建设项目施工招标投标办法》规定：投标保证金一般不得超过投标总价的 2%，但最高不得超过80万元人民币。投标保证金有效期应当超出投标有效期30天。

投标保证金的直接目的虽是保证投标人对投标活动负责，但其一旦缴纳和接受，对双方都有约束力。如果投标人未按规定的时间要求递交投标文件，在投标有效期内撤回投标文件，经开标、评标获得中标后不与招标人订立合同的，投标保证金就会被没收。而且，投标保证金被没收并不能免除投标人因此而应承担的赔偿和其他责任，招标人有权就此向投标人或投标保函出具者索赔或要求其承担其他相应的责任。对于中标的投标人，在依中标通知书签订合同时，招标人原额退还其投标保证金。对于未中标的投标人，招标人原额退还其投标保证金。

招标人收取投标保证金后，如果不按规定的时间要求接受投标文件，在投标有效期内拒绝投标文件，中标人确定后不与中标人订立合同的，则要双倍返还投标保证金。而且，双倍返还投标保证金并不能免除招标人因此而应承担的赔偿和其他责任，投标人有权就此向招标人索赔或要求其承担其他相应的责任。

投标保证金有效期到签订合同或提供履约保函为止，通常为 $3\sim6$ 个月，一般应超过投标有效期的28天。

七、现场踏勘

招标单位组织投标单位踏勘现场的目的在于了解工程场地和周围环境情况，以获取投标单位认为有必要的信息。踏勘现场一般安排在投标预备会的前 $1\sim2$ 天。

投标单位在踏勘现场中如有疑问，应在投标预备会前以书面形式向招标单位提出，但应给招标单位留有解答时间。

踏勘现场主要应了解以下内容：

（1）施工现场是否达到招标文件规定的条件；

（2）施工现场的地理位置、地形和地貌；

（3）施工现场的地质、土质、地下水位、水文等情况；

（4）施工现场气候条件，如：气温、湿度、风力、年雨雪量等；

（5）现场环境，如交通、饮水、污水排放、生活用电、通信等；

（6）工程在施工现场的位置与布置；

（7）临时用地、临时设施搭建等。

八、投标预备会

投标预备会又称为答疑会议，其目的在于澄清招标文件中的疑问，解答投标单位对招标文件和踏勘现场中所提出的问题。一般安排在发出招标文件一周后举行。

在投标预备会上，招标单位除解答投标单位的问题外，必要时还应对图纸进行交底和解释。会议应形成会议纪要，一般会议纪要应报招标管理机构核准。若允许会后提问的，提问应采用书面形式，解答也应采用书面形式，招标人并应保证所有书面解答都在同一时刻发给各投标人。如需要修改或补充招标文件内容，招标单位可根据情况延长投标截止时间。

投标预备会主要议程如下：

（1）介绍参加会议单位和主要人员；

（2）介绍问题解答人；

（3）解答投标单位提出的问题；

（4）通知有关事项。

九、投标文件的编制、送达和签收

投标书是指投标单位按照招标书的条件和要求，向招标单位提交的报价并填具标单的文书。它要求密封后邮寄或派专人送到招标单位，故又称标函。它是投标单位在充分领会招标文件，进行现场实地考察和调查的基础上所编制的投标文书，是对招标公告提出的要求的响应和承诺，并同时提出具体的标价及有关事项来竞争中标。

《招标投标法》第二十八条规定："投标人应当在招标文件要求提交投标文件的截止时间前，将投标文件送达投标地点。……在招标文件要求提交投标文件的截止时间后送达的投标文件，招标人应当拒收。"

招标投标法还规定，招标人收到投标文件后，应当签收保存，不得开启。《工程建设项目施工招标投标办法》（七部委第30号令）进一步在第三十八条中规定："……招标人收到投标文件后，应当向投标人出具标明签收人和签收时间的凭证，在开标前任何单位和个人不得开启投标文件。"

十、开标

（一）开标会议

开标应当在投标截止时间公开进行，开标地点应当在招标文件中预先确定。开标会议由招标单位组织并主持。开标会议在招标管理机构监督下进行，可以邀请公证部门对开标全过程进行公证。参加开标会议的人员，包括招标人或招标代理人的代表、投标人的法定代表人或其委托代理人、招标投标管理机构的监管人员和公证机构的人员，许多地方规定投标书中指定的项目负责人（如项目经理等）应参加会议。招标文件中规定应出席会议的投标方人员未按时出席，该投标人的标书将被视为废标。评标组织成员不参加开标会议。开标会议由招标人或招标代理人组织和主持，并在招标投标管理机构和公证机构的监督下进行。

（二）开标会议议程

开标会议的议程如下：

（1）参加开标会议的人员签到。

（2）会议主持人宣布开标会议开始，宣布开标纪律。

（3）宣读招标人法定代表人资格证明或招标人代表的授权委托书，公布在投标截止时间前递交投标文件的投标人名称，并点名确认投标人是否派人到场。

（4）宣布开标人、唱标人、记录人和监标人名单。

（5）由招标人代表当众宣布评标定标办法。

（6）由招标人代表、招标投标管理机构的人员和公证员核查投标人提交的与标书评分有关的证明文件原件，确认后加以记录。若需进行资格后审的还需提交与资格后审有关的证明文件原件，后审不合格的，其标书作为废标，请其代表退场。

（7）由招标人代表、招标投标管理机构的人员和公证员核查投标人提交的投标文件检视其密封、标志、签署等情况，经确认无误后，宣布核查检视结果，并当众启封投标文件。凡未按招标文件和有关规定进行密封、标志、签署的投标书将被拒绝。

（8）由唱标人员进行唱标。唱标是指公布投标文件的主要内容，当众宣读投标人名称、投标报价、工期、质量、主要用量、投标保证金、优惠条件等投标书的主要内容。

（9）由招标投标管理机构当众宣布审定后的标底。

（10）由投标人的法定代表人或其委托代理人核对开标会议记录，并签字确认开标结果。开标会议的记录人员应现场起草开标会议记录，将开标会议的全过程和主要情况，特别是投标人参加会议的情况、对投标文件的核查检视结果、开启并宣读的投标文件和标底的主要内容等，当场记录在案，并请投标人的法定代表人或其委托代理人核对无误后签字确认。开标会议记录应存档备查。投标人在开标会议记录上签字后，即退出会场。至此，开标会议结束，转入评标阶段。

（三）开标过程中应确认的废标

招标人在招标文件要求提交投标文件的截止时间前收到的所有投标文件，开标时都应当当众予以开启、宣读。但常常有一个从形式上对投标文件是否有效的确认问题。这是一个对投标人合法权益以致最后中标结果有着重大影响的问题。因此，必须特别注意在招标文件中规范这一行为，以保持开标的公正性、合理性和严肃性。

在开标过程中，遇到投标文件有下列情形之一的，应当确认为废标：

（1）未按招标文件的要求密封、标志的，无投标人公章和投标人的法定代表人或其委托代理人的印鉴或签字的；

（2）投标文件标明的投标人在名称和法律地位上与资格审查时不一致，或资格后审不合格的；

（3）未按招标文件规定的格式、要求填写，内容不全或字迹潦草、模糊，辨认不清的；

（4）投标人在一份投标文件中对同一招标项目报有两个或多个报价，且末书面声明以哪个报价为准的；

（5）逾期送达的；

（6）招标文件规定应出席开标会议的投标人代表未参加开标会议的；

（7）联合体投标未附联合体各方共同投标协议的。

至于涉及投标文件实质性未响应招标文件的，应当留待评标时由评标组织评审、确认投标文件是否有效。对在开标过程中就被确认无效的投标文件，一般不再启封或宣读。在开标时确认无效标，一般应该当着参加开标会议的投标人或其代表的面进行，由参加会议的公证人员监督，经评标委员会或招标投标管理机构认可后宣布。

由于在开标过程中部分投标书被确认为废标，有效投标不足三个使得投标明显缺乏竞争的，评标委员会可以否决全部投标。

十一、评标

（一）评标的组织

评标由依法组建的评标委员会在招标投标管理机构和公证机构监督下进行。评标委员会向招标人推荐中标候选人或者根据招标人的授权直接确定中标人。

评标委员会由招标人负责组建。评标委员会成员名单一般应于开标前确定。评标委员会成员名单在中标结果确定前应当保密。

评标委员会由招标人或其委托的招标代理机构熟悉相关业务的代表，以及有关技术、经济等方面的专家组成，成员人数为五人以上的单数，其中技术、经济等方面的专家不得少于成员总数的三分之二。

评标委员会设负责人的，评标委员会负责人由评标委员会成员推举产生或者由招标人确定。评标委员会负责人与评标委员会的其他成员有同等的表决权。

《招标投标法实施条例》规定，除《招标投标法》第三十七条第三款规定的特殊招标项目外，依法必须进行招标的项目，其评标委员会的专家成员应当从评标专家库内相关专业的专家名单中以随机抽取方式确定。任何单位和个人不得以明示、暗示等任何方式指定或者变相指定参加评标委员会的专家成员。

依法必须进行招标的项目的招标人非因《招标投标法》和本条例规定的事由，不得更换依法确定的评标委员会成员。更换评标委员会的专家成员也应当依照上述规定进行。

评标过程中，评标委员会成员有回避事由、擅离职守或者因健康等原因不能继续评标的，应当及时更换。被更换的评标委员会成员作出的评审结论无效，由更换后的评标委员会成员重新进行评审。

评标专家应符合下列条件：

（1）从事相关专业领域工作满八年并具有高级职称或者同等专业水平；

（2）熟悉有关招标投标的法律法规，并具有与招标项目相关的实践经验；

（3）能够认真、公正、诚实、廉洁地履行职责。

有下列情形之一的，不得担任评标委员会成员：

（1）投标人或者投标人主要负责人的近亲属；

（2）项目主管部门或者行政监督部门的人员；

（3）与投标人有经济利益关系，可能影响对投标公正评审的；

（4）曾因在招标、评标以及其他与招标投标有关活动中从事违法行为而受过行政处罚或刑事处罚的。

评标委员会成员有上述情形之一的，应当主动提出回避。

有关的法律法规规定，招标人应当向评标委员会提供评标所必需的信息，但不得明示或者暗示其倾向或者排斥特定投标人。

评标委员会成员应当依照《招标投标法》和《招标投标法实施条例》的规定，按照招标文件规定的评标标准和方法，客观、公正地对投标文件提出评审意见。招标文件没有规定的评标标准和方法不得作为评标的依据。

评标委员会成员不得私下接触投标人，不得收受投标人给予的财物或者其他好处，不得向招标人征询确定中标人的意向，不得接受任何单位或者个人明示或者暗示提出的倾向或者排斥特定投标人的要求，不得有其他不客观、不公正履行职务的行为。

评标委员会成员和与评标活动有关的工作人员不得透露对投标文件的评审和比较、中标候选人的推荐情况以及与评标有关的其他情况。上述与评标活动有关的工作人员，是指评标委员会成员以外的因参与评标监督工作或者事务性工作而知悉有关评标情况的所有人员。

（二）评标工作内容

评标委员会对投标文件审查、评议的主要内容包括：

1. 投标人资格审查（适用于资格后审项目）

投标人资格审查是按照招标文件约定的合格投标人的资格条件。审查投标人递交的投标文件中关于投标人资格和合格条件部分的相关资料，对投标人的资格进行定性的判断，即合格或不合格。对于投标人资格审查不合格的投标，按废标处理，不再进行任何后续评审。

2. 清标

建设部标准文件规定，在不改变投标人投标文件实质性内容的前提下，评标委员会应当对投标文件进行基础性数据分析和整理（简称为"清标"），从而发现并提取其中可能存在的对招标范围理解的偏差、投标报价的算术性错误、错漏项、投标报价构成不合理、不平衡报价等存在明显异常的问题，并就这些问题整理形成清标成果。评标委员会对清标成果审议后，决定需要投标人进行书面澄清、说明或补正的问题，形成质疑问卷，向投标人发出问题澄清通知(包括质疑问卷)。

在不影响评标委员会成员的法定权利的前提下，评标委员会可委托由招标人专门成立的清标工作小组完成清标工作。在这种情况下，清标工作可以在评标工作开始之前完成，也可以与评标工作平行进行。清标工作小组成员应为具备相应执业资格的专业人员，且应当符合有关法律法规对评标专家的回避规定和要求，不得与任何投标人有利益、上下级等关系，不得代行依法应当由评标委员会及其成员行使的权利。清标成果应当经过评标委员会的审核确认，经过评标委员会审核确认的清标成果视同是评标委员会的工作成果，并由评标委员会以书面方式追加对清标工作小组的授权，书面授权委托书必须由评标委员会全体成员签名。

清标的主要工作内容一般包括：

(1) 偏差审查，对照招标文件，查看投标人的投标文件是否完全响应招标文件；

(2) 符合性审查，对投标文件中是否存在更改招标文件中工程量清单内容进行审查；

(3) 计算错误审查，对投标文件的报价是否存在算术性错误进行审查；

(4) 合理价分析，对工程量大的单价和单价过高或过低的项目进行重点审查；

(5) 对措施费用合价包干的项目单价，要对照施工方案的可行性进行审查；

(6) 对工程总价、各项目单价及要素价格的合理性进行分析、测算；

(7) 对投标人所采用的报价技巧，要辩证地分析判断其合理性；

(8) 在清标过程中要发现清单不严谨的表现所在，妥善处理。

3. 初步评审(适用于未设定清标环节的项目)

即"符合性及完整性评审"在详细评审前，评标委员会应根据招标文件，审查每一投标文件是否对招标文件提出的所有实质性要求和条件作出响应。响应招标文件的实质性要求和条件的投标文件，应该与招标文件中包括的全部条款、条件和规范相符，无重大偏离或保留。

(1) 根据招标文件，审查并逐项列出投标文件的全部投标偏差。

(2) 将投标偏差区分为重大偏差和细微偏差。重大偏差是指对工程的承包范围、工期、质量、实施产生重大影响，或者对招标文件中规定的招标人的权利及投标人的义务等方面造成重大的削弱或限制，而且纠正这种偏差或保留将会对其他递交了响应招标文件要求的投标文件的投标人的竞争地位产生不公正的影响。

(3) 将存在重大偏差的投标文件视为未能对招标文件作出实质性响应，而作废标处理。不允许相关投标人通过修正或撤销其不符合要求的差异或保留而使其成为响应性的投标，且不再参与后续的任何评审。

(4) 书面要求存在细微偏差的投标人在评标结束前予以补正。拒不补正的，在详细评审时可以对细微偏差作不利于该投标人的量化处理。

(5) 审查报价合理性

设置"招标控制价"或"拦标价"的项目，初步评审时，超过"招标控制价"或"拦标价"的投标报价将被招标人拒绝或者由评标委员会判定为无效报价或废标，该投标人的投标文件将不予进行后续评审。

为防止投标人串标、哄抬标价，《建设工程工程量清单计价规范》GB 50500—2008规定，国有资金投资的工程建设项目应实行工程量清单招标，并应编制招标控制价。投标人的投标报价高于招标控制价的，其投标应予以拒绝。

由招标人根据国家或省级、行业建设主管部门发布的有关计价规定，按设计施工图纸计算的工程造价，作为招标人对招标工程发包的最高限价，称为"招标控制价"，又称拦标价、最高报价值、预算控制价、最高限价。招标控制价的编制与核对应由具有资格的工程造价专业人员承担。

《建设工程工程量清单计价规范》GB 50500—2008 规定招标控制价应在招标时公布，不应上调或下浮，招标人应将招标控制价及有关资料报送工程所在地工程造价管理机构备查。

招标控制价的编制特点和作用决定了招标控制价不同于标底，无需保密。为体现招标的公开、公平、公正性，防止招标人有意抬高或压低工程造价，给投标人以错误信息，因此规定招标人应在招标文件中如实公布招标控制价，不得对所编制的招标控制价进行上浮或下调。招标人在招标文件中公布招标控制价时，应公布招标控制价各组成部分的详细内容，不得只公布招标控制价总价。并应将招标控制价报工程所在地工程造价管理机构备查。

投标人经复核认为招标人公布的招标控制价未按照本规范的规定编制的，可在开标前 5 天向招投标监督机构或（和）工程造价管理机构投诉。招投标监督机构将会同工程造价管理机构对投诉进行处理，发现有错误的，应责成招标人修改。

4. 详细评审

因为工程项目的不同，详细评审的内容也不同。而评标的办法《房屋建筑和市政基础设施工程施工招标投标管理办法》规定，也有综合评估法、经评审的最低投标价法等几种（具体在下文评标办法中介绍）。

通过详细评审，除根据招标人授权直接确定中标人外，评标委员会按照经评审的价格由低到高或量化打分由高到低的顺序向招标人推荐中标候选人。

投标文件中有含义不明确的内容、明显文字或者计算错误，评标委员会认为需要投标人作出必要澄清、说明的，应当书面通知该投标人。投标人的澄清、说明应当采用书面形式，并不得超出投标文件的范围或者改变投标文件的实质性内容。评标委员会不得暗示或者诱导投标人作出澄清、说明，不得接受投标人主动提出的澄清、说明。澄清和确认的问题须经法定代表人或授权代理人签字，澄清问题的答复作为投标文件的组成部分。但不允许更改投标报价或投标文件的实质性内容。

评标和定标应当在投标有效期结束日 30 个工作日前完成。不能在投标有效期结束日 30 个工作日前完成评标和定标的，招标人应当通知所有投标人延长投标有效期。拒绝延长投标有效期的投标人有权收回投标保证金。同意延长投标有效期的投标人应当相应延长其投标担保的有效期，但不得修改投标文件的实质性内容。因延长投标有效期造成投标人损失的，招标人应当给予补偿，但因不可抗力需延长投标有效期的除外。

招标文件应当载明投标有效期。投标有效期从提交投标文件截止日起计算。

（三）评标办法

作为强制性条文，《建设工程工程量清单计价规范》GB 50500—2008 规定全部使用国有资金投资或国有资金投资为主的工程建设项目，必须采用工程量清单计价。

《房屋建筑和市政基础设施工程施工招标投标管理办法》规定，评标可以采用综合评估法，经评审的最低投标价法或者法律法规允许的其他评标办法。

在上述法规、规范的约束下，各地方、行业制定了结合当地或行业实际同时符合上述法规、规范要求的评标办法。

综合评估法适用于大型建设工程或是部分技术非常复杂、施工难度很大的工程；而最低投标报价法适用于简单的或标准化的采购，经评审的最低价法一般适用于具有通用技术、性能标准或对其技术、性能无特殊要求的施工招标和设备材料采购类招标项目。

《标准施工招标文件》第三章"评标办法"分别规定经评审的最低投标价法和综合评估法两种评标方法，供招标人根据招标项目具体特点和实际需要选择适用。招标人选择适用综合评估法的，各评审因素的评审标准、分值和权重等由招标人自主确定。国务院有关部门对各评审因素的评审标准、分值和权重等有规定的，从其规定。

"评标办法"前附表应列明全部评审因素和评审标准，并在前附表及正文标明投标人不满足其要求即导致废标的全部条款。

1. 经评审的最低投标价法

经评审的最低投标价法是指对符合招标文件规定的技术标准，满足招标文件实质性要求的投标，按招标文件规定的评标价格调整方法，将投标报价以及相关商务部分的偏差作必要的价格调整和评审，即价格以外的有关因素折成货币或给予相应的加权计算，以确定最低评标价或最佳的投标。经评审的最低投标价的投标应当推荐为中标候选人，但是投标价格低于成本的除外。

那如何来确定投标报价是否低于成本呢？目前常见的方法如下：

首先，要对总价合理性进行评审。

开标后，计算机辅助系统对各投标人的投标报价是否存在漏项或擅自修改招标人发出的工程量清单等进行检查，对不可竞争费用及税金进行核实。经检查和核实，发现投标人的投标报价存在漏项或擅自修改招标人发出的工程量清单，未按规定的费率、税率标准计取不可竞争费用和税金的，该投标人的投标将被拒绝，其投标报价不参与合理投标报价下限的计算。

计算机辅助系统完成检查核实工作后，计算合理投标报价的下限，确定具有评标资格的投标人。合理投标报价下限的计算方法为：对所有已接受的投标人的投标报价，去掉一个最低投标报价后，计算算术平均值，再对其中低于或等于该算术平均值的投标人的投标报价(不含已去掉的最低投标报价)，计算第二次算术平均值，并以第二次算术平均值作为合理投标报价的下限。投标报价在第一次算术平均值以上和第二次算术平均值以下的投标人取消评标资格，不再参与后续评审(但仍计入有效标总数)。

其二，需要对分部分项工程量清单综合单价的评审。

将投标报价的总价在第一次算术平均值以下和第二次算术平均值以上的投标人的分部分项工程量清单综合单价，进行算术平均所得出的算术平均值，作为评审分部分项工程量清单项目综合单价是否低于成本的参照依据。

根据招标人工程招标控制价中的分部分项工程量清单综合单价合价，取价值高的评审子项，对投标文件相对应的分部分项工程量清单综合单价报价进行评审。当投标人的某项经评审的分部分项工程量清单综合单价，低于各投标人相对应的分部分项工程量清单综合单价算术平均值的一定百分比(不含)时，即判定该评审子项低于成本价。

纳入评审的分部分项工程量清单综合单价合价的价值总和，应当占所有分部分项工程量清单总价的70%。对投标人纳入评审的分部分项工程量清单综合单价报价中，低于各投标人相对应的综合单价算术平均值一定百分比的综合单价项数，占一定比例以上的，应当按投标报价低于成本处理。

其三，采用上述类似方法对措施项目清单报价和主要材料单价进行评审，不符要求的作投标报价低于成本处理。

评标委员会判定投标人的投标报价低于成本的，其投标人不得推荐为中标候选人；评标委员会成员在判定投标报价是否低于成本发生分歧时，以超过三分之二的多数评标专家的意见作为判断依据。

对于经评审的最低投标价法的含义理解，我们必须抓住对两个关键词"经评审"与"最低"的理解。招标人招标的目的，是在完成该合同任务的条件下，获得一个最经济的投标，经评审的投标价格最低才是最经济的投标。

"投标价格"最低不一定是最经济的投标，所以采用"评标价"最低投标是科学的。评标价是一个以货币形式表现的衡量投标竞争力的定量指标。它除了考虑投标价格因素外，还综合考虑质量、工期、施工组织设计、企业信誉、业绩等因素，并将这些因素应尽可能加以量化折算为一定的货币额，加权计算得到。所以就"经过评审的投标价格"在实际操作中可以理解为：指评审过程中以该标书的报价为基数，将报价之外需要评定的要素按预先规定的折算方法换算为货币价值，按照招标书对招标人有利或不利的原则，在其报价上增加或减少一定金额，最终构成评标价格。经评审的最低投标价法评标办法前附表格式见表2-15。

《评标委员会和评标方法暂行规定》规定，根据经评审的最低投标价法完成详细评审后，评标委员会应当拟定一份"标价比较表"，连同书面评标报告提交招标人。"标价比较表"应当载明投标人的投标报价、对商务偏差的价格调整和说明以及经评审的最终投标价。评审价格最低的投标书为最优的标书。

经评审的投标价格是评标时使用的，不是给承包人的实际支付价，在与中标人签订合同时，还是以中标人的投标报价作为合同价，实际支付价也仍为承包人的投标报价。

经评审的最低投标价法评标办法前附表   表 2-15

条款号		评审因素	评审标准
2.1.1	形式评审标准	投标人名称	与营业执照、资质证书、安全生产许可证一致
		投标函签字盖章	有法定代表人或其委托代理人签字或加盖单位章
		投标文件格式	符合第八章"投标文件格式"的要求
		联合体投标人	提交联合体协议书,并明确联合体牵头人(如有)
		报价唯一	只能有一个有效报价
		……	……
2.1.2	资格评审标准	营业执照	具备有效的营业执照
		安全生产许可证	具备有效的安全生产许可证
		资质等级	符合"投标人须知"第1.4.1项规定
		财务状况	符合"投标人须知"第1.4.1项规定
		类似项目业绩	符合"投标人须知"第1.4.1项规定
		信誉	符合"投标人须知"第1.4.1项规定
		项目经理	符合"投标人须知"第1.4.1项规定
		其他要求	符合"投标人须知"第1.4.1项规定
		联合体投标人	符合"投标人须知"第1.4.2项规定(如有)
		……	……
2.1.3	响应性评审标准	投标内容	符合"投标人须知"第1.3.1项规定
		工期	符合"投标人须知"第1.3.2项规定
		工程质量	符合"投标人须知"第1.3.3项规定
		投标有效期	符合"投标人须知"第3.3.1项规定
		投标保证金	符合"投标人须知"第3.4.1项规定
		权利义务	符合"合同条款及格式"规定
		已标价工程量清单	符合"工程量清单"给出的范围及数量
		技术标准和要求	符合"技术标准和要求"规定
		……	……
2.1.4	施工组织设计和项目管理机构评审标准	施工方案与技术措施	……
		质量管理体系与措施	……
		安全管理体系与措施	……
		环境保护管理体系与措施	……
		工程进度计划与措施	……
		资源配备计划	……
		技术负责人	……
		其他主要人员	……
		施工设备	……
		试验、检测仪器设备	……
		……	……
条款号		量化因素	量化标准
2.2	详细评审标准	单价遗漏	……
		付款条件	……
		……	……

　　某建设工程项目合同的专用条款约定计划工期 500 日，预付款为签约合同价的 20%，月工程进度款为月应付款的 85%，保修期为 18 个月。招标文件许可的偏离项目和偏离范围见表 2-16，评标价的折算标准见表 2-17。

许可偏离项目及范围一览表　　　　　　　　　　　　　　表 2-16

序号	许可偏离项目	许可偏离范围
1	工期	450 日≤投标工期≤540 日
2	预付款额度	15%≤投标额度≤25%
3	工程进度款	75%≤投标额度≤90%
4	综合单价遗漏	单价遗漏项数不多于 3 项
5	综合单价	在有效投标人该子目综合单价平均值的 10% 内
6	保修期	18 个月≤投标保修期≤24 个月

评标价折算标准　　　　　　　　　　　　　　表 2-17

序号	折算因素	折　算　标　准
1	工期	在计划工期 500 天基础上，每提前或推后 10 日调增或调减投标报价 6 万元
2	预付款额度	在预付款 20% 额度基础上，每少 1% 调减投标报价 5 万元，每多 1% 调增 10 万元
3	工程进度款	在进度付款 85% 基础上，每少 1% 调减投标报价 2 万元，每多 1% 调增 4 万元
4	综合单价遗漏	调增其他投标人该遗漏项最高报价
5	综合单价	每偏离有效投标人该子目综合单价平均值的 1%，调增该子目价格的 0.2%
6	保修期	在 18 个月的基础上每延长一个月调减 3 万元

　　如某投标人投标报价为 5800 万元，不存在算术性错误，其工期为 450 日历天，预付款额度为投标价的 24%，进度款为 80%，其综合单价均在该子目其他投标人综合单价 10% 内，无单价遗漏项，且保修期为 24 个月，则该投标人的评标价为：

　　5800 万元－6 万元/10 日×(500－450)日＋10 万元/1%×(24%－20%)－2×(85%－80%)－3 万元/月×6 月＝5782 万元。

　　2. 综合评估法

　　不宜采用经评审的最低投标价法的招标项目，一般应当采取综合评估法进行评审。根据综合评估法，推荐最大限度地满足招标文件中规定的各项综合评价标准的投标人为中标候选人。

　　衡量投标文件是否最大限度地满足招标文件中规定的各项评价标准，一般采取量化打分的方法。需量化的因素及其权重在招标文件中明确规定。对技术部分和商务部分进行量化后，评标委员会对这两部分的量化结果进行加权，计算出每一投标的综合评估分。评标委员会据此拟定一份"综合评估比较表"，连同书面评标报告提交招标人。"综合评估比较表"载明投标人的投标报价、所作的任何修正、对商务偏差的调整、对技术偏差的调整、对各评审因素的评估以及对每一投标的最终评审结果。然后按照总分的高低进行排序，推荐出中标候选人。综合评估法评标办法前附表格式见表 2-18。

《招标投标法实施条例》第五十条规定，招标项目设有标底的，招标人应当在开标时公布。标底只能作为评标的参考，不得以投标报价是否接近标底作为中标条件，也不得以投标报价超过标底上下浮动范围作为否决投标的条件。

标底只能作为评标的参考，不得以投标报价是否接近标底作为中标条件，那如何来确定商务标量化打分的评标基准价呢？常见的做法如下：

评标基准价的计算方式：以各有效投标中去掉一个最高报价和一个最低报价以后的各投标人的投标报价的算术平均值乘以一定百分比为评标基准价。但最高报价和最低报价仍为有效报价。

各有效投标报价得分，以基准价为标准进行比较：①每高于基准价一定百分比扣若干分(a)，以此类推。计算公式为：商务标得分$=100-[($投标报价$-$基准价$)/$基准价$]\times100\times a$；②每低于基准价一定百分比的扣若干分(b)，以此类推。计算公式为：商务标得分$=100-[($基准价$-$投标报价$)/$基准价$]\times100\times b$。一般$a>b$。

综合评估法评标办法前附表　　　　　　　　　　　　　表 2-18

条款号		评审因素	评审标准
2.1.1	形式评审标准	投标人名称	与营业执照、资质证书、安全生产许可证一致
		投标函签字盖章	有法定代表人或其委托代理人签字或加盖单位章
		投标文件格式	符合第八章"投标文件格式"的要求
		联合体投标人	提交联合体协议书，并明确联合体牵头人
		报价唯一	只能有一个有效报价
		……	……
2.1.2	资格评审标准	营业执照	具备有效的营业执照
		安全生产许可证	具备有效的安全生产许可证
		资质等级	符合"投标人须知"第 1.4.1 项规定
		财务状况	符合"投标人须知"第 1.4.1 项规定
		类似项目业绩	符合"投标人须知"第 1.4.1 项规定
		信誉	符合"投标人须知"第 1.4.1 项规定
		项目经理	符合"投标人须知"第 1.4.1 项规定
		其他要求	符合"投标人须知"第 1.4.1 项规定
		联合体投标人	符合"投标人须知"第 1.4.2 项规定
		……	……
2.1.3	响应性评审标准	投标内容	符合"投标人须知"第 1.3.1 项规定
		工期	符合"投标人须知"第 1.3.2 项规定
		工程质量	符合"投标人须知"第 1.3.3 项规定
		投标有效期	符合"投标人须知"第 3.3.1 项规定
		投标保证金	符合"投标人须知"第 3.4.1 项规定
		权利义务	符合"合同条款及格式"规定
		已标价工程量清单	符合"工程量清单"给出的范围及数量
		技术标准和要求	符合"技术标准和要求"规定
		……	……

条款号	条款内容	编列内容
2.2.1	分值构成 （总分100分）	施工组织设计：＿＿＿＿分 项目管理机构：＿＿＿＿分 投标报价：＿＿＿＿分 其他评分因素：＿＿＿＿分
2.2.2	评标基准价计算方法	
2.2.3	投标报价的偏差率计算公式	偏差率＝100％×（投标人报价－评标基准价）/评标基准价
2.2.4(1)	施工组织设计评分标准	内容完整性和编制水平 ……
		施工方案与技术措施 ……
		质量管理体系与措施 ……
		安全管理体系与措施 ……
		环境保护管理体系与措施 ……
		工程进度计划与措施 ……
		资源配备计划 ……
		……
2.2.4(2)	项目管理机构评分标准	项目经理任职资格与业绩 ……
		技术负责人任职资格与业绩 ……
		其他主要人员 ……
		……
2.2.4(3)	投标报价评分标准	偏差率 ……
		…… ……
2.2.4(4)	其他因素评分标准	…… ……

051

下面以某地的一个案例来具体说明综合评估的做法。

（1）权重：技术标20％，商务标70％，资信标10％（通常，资信标不独立存在，该部分内容或并入技术标，或并入商务标）。

（2）技术标量化评分标准（表2-19），总分100分。

评标委员会成员对技术标的评审应独立记名评分。若要将某一单项评审内容评定为差，必须经三分之二成员确认，并在评分标的备注栏内写明理由。平均分计算时，应去掉一个最高分和一个最低分，保留两位小数。

技术标量化评分标准　　　　　　　　　　　　表2-19

评审内容		评审等级			
		优	良	一般	差
招标文件响应性(工期、质量、合同条款)		8～7	7～5	5～3	3～0
施工方案	施工技术方案	15～14	14～12	12～9	9～0
	施工总平面布置	5～4	4～3	3～2	2～0
质量保证措施	施工质量保证措施	20～18	18～16	16～13	13～0
	材料、设备质量保证措施	10～8	8～6	6～4	4～0

续表

评审内容		评审等级			
		优	良	一般	差
施工进度保证措施	进度计划科学性	10～8	8～6	6～4	4～0
	劳动力、机械设备供应计划	10～8	8～6	6～4	4～0
	其他保证措施	6～5	5～4	4～3	3～0
安全生产和文明施工措施	安全生产措施	6～5	5～4	4～3	3～0
	文明施工措施	5～4	4～3	3～2	2～0
	环境保护措施	5～4	4～3	3～2	2～0
合计		100～85	85～68	68～49	49～0

（3）资信标量化评分标准（表2-20、表2-21），总分100分，其中投标人综合信誉分为60分，项目经理业绩分为40分。

投标人综合信誉评分标准　　　　　　　　　　表2-20

评审内容	得分标准
上三年在当地优质工程获奖情况	国家级每个得10分，省级得8分，地市级得5分，县级得2分，最高累计得分15分
上年因质量或安全问题受处罚情况	通报批评每次扣3分，行政处罚每次扣5分，未发生的得15分
上年金融资信等级	AAA级得15分，AA级得10分，A级得5分
上年在当地市场行为处罚情况	投标人由于市场行为不良而受到当地政府部门处罚的，每一次扣5分，未处罚的得15分

项目经理业绩评分标准　　　　　　　　　　表2-21

评审内容	得分标准
项目经理资质	一级得5分，二级得2分
项目经理技术职称	高级职称得5分，中级职称得2分
上三年在当地优质工程获奖情况	国家级每个得8分，省级得5分，地市级得3分，县级得2分，最高累计得分10分
上三年获优秀项目经理称号情况	国家级得8分，省级得5分，地市级得3分，县级得2分，最高累计得分10分
上年在当地市场行为处罚情况	投标人由于市场行为不良而受到当地政府部门处罚的，每一次扣5分，未处罚的得10分

（4）商务标量化评分标准，总分100分。

投标人报价超出招标控制价的，将作为废标而被拒绝。

投标报价每高于评标基本价1%，扣6分；投标报价每低于评标基本价1%，扣4分。报价偏差率计算公式如下：

$$报价偏差率=\frac{投标报价-标底}{标底}\times100\%$$

扣分按中间插入法计算，保留两位小数。

（5）评审总得分按下列公式计算：

评审总得分＝技术标得分×0.20＋资信标得分×0.1＋商务标得分×0.70

评审总得分应从高到低进行排序，得分相同时，商务标得分高的排在前。

根据综合评估法完成评标后，评标委员会应当拟定一份"综合评估比较表"，连同书面评标报告提交招标人。"综合评估比较表"应当载明投标人的投标报价、所作的任何修正、对商务偏差的调整、对技术偏差的调整、对各评审因素的评估以及对每一投标的最终评审结果。

根据招标文件的规定，允许投标人投备选标的，评标委员会可以对排名中标人所投的备选标进行评审，以决定是否采纳备选标。不符合中标条件的投标人的备选标不予考虑。

对于划分有多个单项合同的招标项目，招标文件允许投标人为获得整个项目合同而提出优惠的，评标委员会可以对投标人提出的优惠进行审查，以决定是否将招标项目作为一个整体合同授予中标人。将招标项目作为一个整体合同授予的，整体合同中标人的投标应当最有利于招标人。

作为评标的结果，评标委员会应最终确定一至三位中标候选人，并标明排列顺序。但当招标人有要求时评标委员会也可直接确定最终中标人。

（四）评标报告

评标委员会在评标过程中发现的问题，应当及时作出处理或者向招标人提出处理建议，并作书面记录。

评标委员会完成评标后，应当向招标人提出书面评标报告，并抄送有关行政监督部门。评标报告应当如实记载以下内容：

（1）基本情况和数据表；

（2）评标委员会成员名单；

（3）开标记录；

（4）符合要求的投标一览表；

（5）废标情况说明；

（6）评标标准、评标方法或者评标因素一览表；

（7）经评审的价格或者评分比较一览表；

（8）经评审的投标人排序；

（9）推荐的中标候选人名单与签订合同前要处理的事宜；

（10）澄清、说明、补正事项纪要。

评标报告由评标委员会全体成员签字。对评标结论持有异议的评标委员可以书面方式阐述其不同意见和理由。评标委员会成员拒绝在评标报告上签字且不陈述其不同意见和理由的，视为同意评标结论。评标委员会应当对此作出书面说明并记录在案。

向招标人提交书面评标报告后，评标委员会即告解散。评标过程中使用的文件、表格以及其他资料应当及时归还招标人。

十二、定标

中标人的投标应当符合下列条件之一：

（1）能够最大限度满足招标文件中规定的各项综合评价标准；

（2）能够满足招标文件的实质性要求，并且经评审的投标价格最低；但是投标价格低于成本的除外。

在确定中标人之前，招标人不得与投标人就投标价格、投标方案等实质性内容进行谈判。

使用国有资金投资或者国家融资的项目，招标人应当确定排名第一的中标候选人为中标人。排名第一的中标候选人因不可抗力提出不能履行合同，或者招标文件规定应当提交履约保证金而在规定的期限内未能提交的，可以放弃中标，招标人可以确定排名第二的中标候选人为中标人。

排名第二的中标候选人因前款规定的同样原因不能签订合同的，招标人可以确定排名第三的中标候选人为中标人。

中标候选人的经营、财务状况发生较大变化或者存在违法行为，招标人认为可能影响其履约能力的，应当在发出中标通知书前由原评标委员会按照招标文件规定的标准和方法审查确认。

当下述情况发生时，经招标管理机构同意可以拒绝所有投标，宣布招标失败：

（1）最低投标报价超过标底的 20％以上；

（2）所有投标单位的投标文件均实质上不符合招标文件要求。

《招标投标法实施条例》的第五十四条规定，依法必须进行招标的项目，招标人应当自收到评标报告之日起 3 日内公示中标候选人，公示期不得少于 3 日。投标人或者其他利害关系人对依法必须进行招标的项目的评标结果有异议的，应当在中标候选人公示期间提出。招标人应当自收到异议之日起 3 日内作出答复；作出答复前，应当暂停招标投标活动。

《条例》第六十条规定，投标人或者其他利害关系人认为招标投标活动不符合法律、行政法规规定的，可以自知道或者应当知道之日起 10 日内向有关行政监督部门投诉。投诉应当有明确的请求和必要的证明材料。

十三、中标通知和合同签订

中标人确定后，招标人应当向中标人发出中标通知书（表 2-22），同时通知未中标人，并与中标人在 30 个工作日之内签订合同。

中标通知书对招标人和中标人具有法律约束力。中标通知书发出后，招标人改变中标结果或者中标人放弃中标的，应当承担法律责任。中标人不在规定时间内，及时与招标人签订合同，招标人有权没收投标保证金。当招标文件规定有履约保证金或履约保函（表 2-23）时，中标人应在规定期限内及时提交，否则也将被视为放弃中标而被没收投标保证金。

招标人应当与中标人按照招标文件和中标人的投标文件订立书面合同。招标人不得向中标人提出压低报价、增加工作量、缩短工期或其他违背中标人意愿的要求，以此作为发出中标通知书和签订合同的条件。招标人与中标人不得再行订立背离合同实质性内容的其他协议。

招标人与中标人签订合同后5个工作日内，应当向中标人和未中标的投标人退还投标保证金。

中标通知书 表 2-22

中标通知书

_____(中标人名称)：

你方于_____(投标日期)所递交的_____(项目名称)_____标段施工投标文件已被我方接受，被确定为中标人。

中标价：_____元。

工期：_____日历天。

工程质量：符合_____标准。

项目经理：_____(姓名)。

请你方在接到本通知书后的___日内到_____(指定地点)与我方_____签订施工承包合同，在此之前按招标文件第二章"投标人须知"第7.3款规定向我方提交履约担保。

特此通知。

招标人：_____(盖单位章)

法定代表人：_____(签字)

_____年_____月_____日

履约保函 表 2-23

履约担保

_____(发包人名称)：

鉴于_____(发包人名称，以下简称"发包人")接受_____(承包人名称)(以下称"承包人")于___年___月___日参加_____(项目名称)_____标段施工的投标。我方愿意无条件地、不可撤销地就承包人履行与你方订立的合同，向你方提供担保。

1. 担保金额人民币(大写)_____元(￥_____)。

2. 担保有效期自发包人与承包人签订的合同生效之日起至发包人签发工程接收证书之日止。

3. 在本担保有效期内，因承包人违反合同约定的义务给你方造成经济损失时，我方在收到你方以书面形式提出的在担保金额内的赔偿要求后，在7天内无条件支付。

4. 发包人和承包人按《通用合同条款》第15条变更合同时，我方承担本担保规定的义务不变。

担 保 人：_____(盖单位章)

法定代表人或其委托代理人：_____(签字)

地　　址：_____

邮政编码：_____

电　　话：_____

传　　真：_____

_____年_____月_____日

第五节　施工招标文件

一、招标文件的内容

根据《标准施工招标文件》规定，招标文件一般包括下列内容：

（1）招标公告（或投标邀请书）；

（2）投标人须知（包括前附表和正文）；

（3）评标办法；

（4）合同条款及格式；

（5）工程量清单；

（6）图纸；

（7）技术标准和要求；

（8）投标文件格式；

（9）投标人须知前附表规定的其他材料。

投标人须知的前附表见表 2-24。

投标人须知前附表

表 2-24

条款号	条 款 名 称	编 列 内 容
1.1.2	招标人	名称： 地址： 联系人： 电话：
1.1.3	招标代理机构	名称： 地址： 联系人： 电话：
1.1.4	项目名称	
1.1.5	建设地点	
1.2.1	资金来源	
1.2.2	出资比例	
1.2.3	资金落实情况	
1.3.1	招标范围	
1.3.2	计划工期	计划工期：_____ 日历天 计划开工日期：___ 年 ___ 月 ___ 日 计划竣工日期：___ 年 ___ 月 ___ 日
1.3.3	质量要求	

条款号	条 款 名 称	编 列 内 容
1.4.1	投标人资质条件、能力和信誉	资质条件： 财务要求： 业绩要求： 信誉要求： 项目经理(建造师,下同)资格： 其他要求：
1.4.2	是否接受联合体投标	□不接受 □接受,应满足下列要求：
1.9.1	踏勘现场	□不组织 □组织,踏勘时间： 　　　　踏勘集中地点：
1.10.1	投标预备会	□不召开 □召开,召开时间： 　　　　召开地点：
1.10.2	投标人提出问题的截止时间	
1.10.3	招标人书面澄清的时间	
1.11	分包	□不允许 □允许,分包内容要求： 　　　　分包金额要求： 　　　　接受分包的第三人资质要求：
1.12	偏离	□不允许 □允许
2.1	构成招标文件的其他材料	
2.2.1	投标人要求澄清招标文件的截止时间	___年___月___日___时___分
2.2.2	投标截止时间	___年___月___日___时___分
2.2.3	投标人确认收到招标文件澄清的时间	___年___月___日___时___分
2.3.2	投标人确认收到招标文件修改的时间	___年___月___日___时___分
3.1.1	构成投标文件的其他材料	
3.3.1	投标有效期	
3.4.1	投标保证金	投标保证金的形式： 投标保证金的金额：
3.5.2	近年财务状况的年份要求	_____年
3.5.3	近年完成的类似项目的年份要求	_____年
3.5.5	近年发生的诉讼及仲裁情况的年份要求	_____年
3.6	是否允许递交备选投标方案	□不允许 □允许
3.7.3	签字或盖章要求	
3.7.4	投标文件副本份数	_____份
3.7.5	装订要求	

条款号	条 款 名 称	编 列 内 容
4.1.2	封套上写明	招标人的地址： 招标人名称： _____（项目名称）_____标段投标文件 在___年___月___日___时___分前不得开启
4.2.2	递交投标文件地点	
4.2.3	是否退还投标文件	□否 □是
5.1	开标时间和地点	开标时间：同投标截止时间 开标地点：
5.2	开标程序	(1)密封情况检查： (2)开标顺序：
6.1.1	评标委员会的组建	评标委员会构成：___人,其中招标人代表___人,专家___人； 评标专家确定方式：
7.1	是否授权评标委员会确定中标人	□是 □否,推荐的中标候选人数：
7.3.1	履约担保	履约担保的形式： 履约担保的金额：
10		需要补充的其他内容
……		……
……		……

投标人须知的正文包括以下内容：

1）项目概况；

2）资金来源和落实情况；

3）招标范围、计划工期和质量要求；

4）投标人资格要求（适用于未进行资格预审的）：

包括投标人应具备承担本标段施工的资质条件、能力和信誉，如：资质条件、财务要求、业绩要求（见投标人须知前附表）、信誉要求、项目经理资格及其他要求。

投标人须知前附表规定接受联合体投标的，除应符合上述要求外，还应满足以下要求：

a. 联合体各方应按招标文件提供的格式签订联合体协议书，明确联合体牵头人和各方权利义务；

b. 由同一专业的单位组成的联合体，按照资质等级较低的单位确定资质等级；

c. 联合体各方不得再以自己名义单独或参加其他联合体在同一标段中投标。

投标人不得存在下列情形之一：

a. 为招标人不具有独立法人资格的附属机构（单位）；

b. 为本标段前期准备提供设计或咨询服务的，但设计施工总承包的除外；

c. 为本标段的监理人；

d. 为本标段的代建人；

e. 为本标段提供招标代理服务的；

f. 与本标段的监理人或代建人或招标代理机构同为一个法定代表人的；

g. 与本标段的监理人或代建人或招标代理机构相互控股或参股的；

h. 与本标段的监理人或代建人或招标代理机构相互任职或工作的；

i. 被责令停业的；

j. 被暂停或取消投标资格的；

k. 财产被接管或冻结的；

l. 在最近三年内有骗取中标或严重违约或重大工程质量问题的。

5）投标人准备和参加投标活动发生的费用承担规定；

6）保密要求；

7）语言文字规定；

8）计量单位规定；

9）踏勘现场安排；

10）投标预备会安排；

11）工程分包限制；

12）允许投标文件偏离招标文件某些要求的范围和幅度。

二、《简明标准施工招标文件》(2012年版)和《标准设计施工总承包招标文件》

由于《标准施工招标文件》比较适用于一定规模以上，且设计和施工不是由同一承包商承担的工程施工招标，不能满足小型项目以及工程总承包项目招标的需要。为此，国家发展改革委等九部委于二〇一一年十二月二十日又颁布了《简明标准施工招标文件》(2012 年版)和《标准设计施工总承包招标文件》。

《简明标准施工招标文件》在原有的施工招标标准文件基础上进行简化，取消了分卷，但文件构成不变。取消资格预审选项，鼓励资格后审。取消标段、联合体和有关分包的规定，简化施工组织设计要求，简化评标办法中的评审因素。根据工期在 12 个月以内的工程特点，对通用合同条款进行了相应的简化。《简明标准施工招标文件》为《标准施工招标文件》简化本，对于《简明标准施工招标文件》没有规定的内容，招标人可根据实际需要，参照《标准施工招标文件》作适当补充。考虑到实际情况的多样性，《简明标准施工招标文件》既适用于总价合同，又适用于单价合同。

《标准设计施工总承包招标文件》原则上不改变标准文件体例，但在具体内容上，主要根据工程总承包的特点，对通用合同条款作相应调整，并增加发包人要求、发包人提供的资料和条件、承包人建议书、承包人实施计划等内容。考虑到设计施工总承包的投资主体的不同、对工程总承包实施阶段要求的不同、工作内容不同，《标准设计施工总承包招标文件》根据我国目前进行工程总承包的实际情况，借鉴 FIDIC 经验，在通用合同条款中设置了不同的条款号，用(A)、(B)表示，供招标人根据实际需要选择使用。招标人将工程建设项目的多数工作进行发包时，可选择（A）条款；招标人将工程建设项目的全部工作进行发包时，可选择（B）条款。

《简明标准施工招标文件》和《标准设计施工总承包招标文件》没有对资格预审作出规定，招标人需要编制资格预审文件，可参照《标准施工招标资格预审文件》体例，结合招标项目具体特点和实际需要编制。

复习思考题

1. 简述推行招标投标制度的意义。
2. 法律规定哪些项目发包必须进行招标？
3. 项目进行招标必须满足哪些条件？
4. 简单介绍招标代理制度。
5. 简述招标投标管理机构的职责。
6. 哪些项目可以实行邀请招标？需履行什么手续？
7. 简述公开招标的程序。
8. 法律法规对招标公告要什么规定？
9. 投标资格审查的目的是什么？有哪几种方式？
10. 对投标联合体的资格审查应满足哪些要求？
11. 简述现场踏勘的意义。
12. 简述开标程序。
13. 开标过程中应确认的废标有哪些？
14. 投标文件中的重大偏差有哪些？
15. 什么是招标控制价？它的编制有什么规定？
16. 简述常见的评标方法。
17. 简述招标文件的内容。

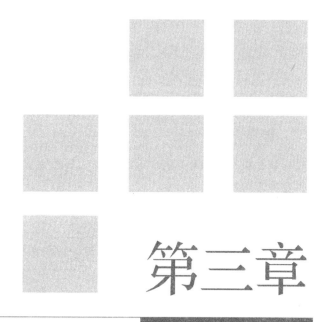

第三章

施工项目投标

【学习重点】

了解投标活动的一般程序，掌握投标文件的组成，熟悉技术标编制要求，熟悉投标报价的费用组成，熟悉影响投标决策的因素，掌握不平衡报价的意义和做法。

第一节 施工项目投标概述

一、投标的概念

投标就是投标人根据招标文件的要求，提出完成发包业务的方法、措施和报价，竞争取得业务承包权的活动。

招标与投标是一个有机整体，招标是建设单位在招标投标活动中的工作内容；投标则是承包商在招标投标活动中的工作内容。

《招标投标法实施条例》的三十四条规定，与招标人存在利害关系可能影响招标公正性的法人、其他组织或者个人，不得参加投标。单位负责人为同一人或者存在控股、管理关系的不同单位，不得参加同一标段投标或者未划分标段的同一招标项目投标。违反规定的，投标无效。

《招标投标法实施条例》的三十九至四十二条还对投标人的各类违法行为进行了定义。

首先，条例对投标人相互串通投标的行为进行了具体化的明确。有下列情形之一的，将被认定为投标人相互串通投标：

（1）投标人之间协商投标报价等投标文件的实质性内容；

（2）投标人之间约定中标人；

（3）投标人之间约定部分投标人放弃投标或者中标；

（4）属于同一集团、协会、商会等组织成员的投标人按照该组织要求协同投标；

（5）投标人之间为谋取中标或者排斥特定投标人而采取的其他联合行动。

有下列情形之一的，也将被视为投标人相互串通投标：

（1）不同投标人的投标文件由同一单位或者个人编制；

（2）不同投标人委托同一单位或者个人办理投标事宜；

（3）不同投标人的投标文件载明的项目管理成员为同一人；

（4）不同投标人的投标文件异常一致或者投标报价呈规律性差异；

（5）不同投标人的投标文件相互混装；

（6）不同投标人的投标保证金从同一单位或者个人的账户转出。

条例对招标人与投标人串通投标的行为也进行了定义。有下列情形之一的，属于招标人与投标人串通投标：

（1）招标人在开标前开启投标文件并将有关信息泄露给其他投标人；

（2）招标人直接或者间接向投标人泄露标底、评标委员会成员等信息；

（3）招标人明示或者暗示投标人压低或者抬高投标报价；

（4）招标人授意投标人撤换、修改投标文件；

（5）招标人明示或者暗示投标人为特定投标人中标提供方便；

（6）招标人与投标人为谋求特定投标人中标而采取的其他串通行为。

条例指出，使用通过受让或者租借等方式获取的资格、资质证书投标的，属于招标投标法第三十三条规定的以他人名义投标。

投标人有下列情形之一的，属于招标投标法第三十三条规定的以其他方式弄虚作假的行为：

（1）使用伪造、变造的许可证件；

（2）提供虚假的财务状况或者业绩；

（3）提供虚假的项目负责人或者主要技术人员简历、劳动关系证明；

（4）提供虚假的信用状况；

（5）其他弄虚作假的行为。

上述行为都是违法行为，是法律和法规明令禁止的。违反规定将被行政处罚甚至被追究法律责任。

二、投标的组织

投标过程竞争十分激烈，需要有专门的机构和人员对投标全过程加以组织与管理，以提高工作效率和中标的可能性。建立一个强有力的、内行的投标班子是投标获得成功的根本保证。

不同的工程项目，由于其规模、性质等不同，建设单位在择优时可能各有侧重，但一般来说建设单位主要考虑如下方面：较低的价格、优良的质量和较短的工期，因而在确定投标班子人选及制订投标方案时必须充分考虑。

投标班子应由三类人才组成：

（1）经营管理类人才。指专门从事工程业务承揽工作的公司经营部门管理人员和拟定的项目经理。经营部人员应具备一定的法律知识，掌握大量的调查和统计资料，具备分析和预测等科学手段，有较强的社会活动与公共关系能力，而项目经理应熟悉项目运行的内在规律，具有丰富的实践经验和大量的市场信息。这类人才在投标班子中起核心作用，制定和贯彻经营方针与规划，负责工作的全面筹划和安排。

（2）专业技术人才。主要指工程施工中的各类技术人才，诸如土木工程师、水暖电工程师、专业设备工程师等各类专业技术人员。他们具有较高的学历和技术职称，掌握本学科最新的专业知识，具备较强的实际操作能力，在投标时能从本公司的实际技术水平出发，确定各项专业实施方案。

（3）商务金融类人才。指从事预算、财务和商务等方面人才。他们具有概、预算、材料设备采购、财务会计、金融、保险和税务等方面的专业知识。投标报价主要由这类人才进行具体编制。

另外，在参加涉外工程投标时，还应配备懂得专业和合同管理的翻译人员。

三、投标的程序

投标活动的一般程序如下：

（1）成立投标组织；

（2）投标初步决策；

（3）参加资格预审，并购买标书；

（4）参加现场踏勘和招标预备会；

（5）进行技术环境和市场环境调查；

（6）编制施工组织设计；

（7）编制并审核施工图预算；

（8）投标最终决策；

（9）标书成稿；

（10）标书装订和封包；

（11）递交标书参加开标会议；

（12）接到中标通知书后，与建设单位签订合同。

第二节　投标文件编制

一、投标文件的组成

建设工程投标文件，是建设工程投标人单方面阐述自己响应招标文件要求，旨在向招标人提出愿意订立合同的意思表示，是投标人确定和解释有关投标事项的各种书面表达形式的统称。从合同订立过程来分析，建设工程投标文件在性质上属于一种要约，其目的在于向招标人提出订立合同的意愿。

建设工程投标文件是由一系列有关投标方面的书面资料组成的。一般来说，投标文件由以下几个部分组成：

（1）投标函及投标函附录。其内容与格式见表3-1、表3-2a、表3-2b。

（2）法定代表人身份证明或附有法定代表人身份证明的授权委托书。格式见表3-3、表3-4。

（3）联合体协议书。格式见表3-5。

（4）投标保证金。格式见表3-6。

（5）已标价工程量清单。

（6）施工组织设计。

（7）项目管理机构。格式见表3-7a、表3-7b。

（8）拟分包项目情况表。格式见表3-8。

（9）资格审查资料。

（10）投标人须知前附表规定的其他材料。

投标函　　　　　　　　　　　　　　　　　　　　　表 3-1

投标函

_____（招标人名称）：

　　1. 我方已仔细研究了_____（项目名称）_____标段施工招标文件的全部内容,愿意以人民币（大写）_____元（￥_____）的投标总报价,工期_____日历天,按合同约定实施和完成承包工程,修补工程中的任何缺陷,工程质量达到_____。

　　2. 我方承诺在投标有效期内不修改、撤销投标文件。

　　3. 随同本投标函提交投标保证金一份,金额为人民币（大写）_____元（￥_____）。

　　4. 如我方中标：

　　　　(1)我方承诺在收到中标通知书后,在中标通知书规定的期限内与你方签订合同；

　　　　(2)随同本投标函递交的投标函附录属于合同文件的组成部分；

　　　　(3)我方承诺按照招标文件规定向你方递交履约担保；

　　　　(4)我方承诺在合同约定的期限内完成并移交全部合同工程。

　　5. 我方在此声明,所递交的投标文件及有关资料内容完整、真实和准确,且不存在第二章"投标人须知"第1.4.3项规定的任何一种情形。

　　6. _____（其他补充说明）

　　　　　　　　　　投 标 人：_____（盖单位章）

　　　　　　　　　　法定代表人或其委托代理人：_____（签字）

　　　　　　　　　　地址：_____

　　　　　　　　　　网址：_____

　　　　　　　　　　电话：_____

　　　　　　　　　　传真：_____

　　　　　　　　　　邮政编码：_____

　　　　　　　　　　　　____年____月____日

投标函附录　　　　　　　　　　　　　　　　　　　表 3-2a

序号	条款名称	合同条款号	约定内容	备　注
1	项目经理	1.1.2.4	姓名：	
2	工期	1.1.4.3	天数：_____日历天	
3	缺陷责任期	1.1.4.5		
4	分包	4.3.4		
5	价格调整的差额计算	16.1.1	见价格指数权重表（表3-2a）	

价格指数权重表　　　　　　　　　　　表 3-2*b*

名　　称		基本价格指数		权　　重			价格指数来源
		代号	指数值	代号	允许范围	投标人建议值	
定值部分				A			
变值部分	人工费	F_{01}		B_1	___至___		
	钢材	F_{02}		B_2	___至___		
	水泥	F_{03}		B_3	___至___		
合　　　　计						1.00	

法定代表人身份证明　　　　　　　　　表 3-3

法定代表人身份证明

投　标　人：_____

单位性质：_____

地　　址：_____

成立时间：_____年_____月_____日

经营期限：_____

姓　　名：_____ 性　　别：_____

年　　龄：_____ 职　　务：_____

系_____(投标人名称)的法定代表人。

特此证明。

投标人：_____(盖单位章)

_____年_____月_____日

授权委托书 表3-4

授权委托书

　　本人_____(姓名)系_____(投标人名称)的法定代表人,现委托_____(姓名)为我方代理人。代理人根据授权,以我方名义签署、澄清、说明、补正、递交、撤回、修改_____(项目名称)_____标段施工投标文件、签订合同和处理有关事宜,其法律后果由我方承担。

　　委托期限:_____

_____。

　　代理人无转委托权。

　　附:法定代表人身份证明

　　　　　　　　　投　标　人:_____(盖单位章)

　　　　　　　　　法定代表人:_____(签字)

　　　　　　　　　身份证号码:_____

　　　　　　　　　委托代理人:_____(签字)

　　　　　　　　　身份证号码:_____

　　　　　　　　　　　　　　　_____年_____月_____日

联合体协议书 表3-5

联合体协议书

牵头人名称:_____

法定代表人:_____

法定住所:_____

成员二名称:_____

法定代表人:_____

法定住所:_____

　　　……

　　鉴于上述各成员单位经过友好协商,自愿组成_____(联合体名称)联合体,共同参加_____(招标人名称)(以下简称招标人)_____(项目名称)_____标段(以下简称本工程)的施工投标并争取赢得本工程施工承包合同(以下简称合同)。现就联合体投标事宜订立如下协议:

　　1._____(某成员单位名称)为_____(联合体名称)牵头人。

　　2.在本工程投标阶段,联合体牵头人合法代表联合体各成员负责本工程投标文件编制活动,代表联合体提交和接收相关的资料、信息及指示,并处理与投标和中标有关的一切事务;联合体中标后,联合体牵头人负责合同订立和合同实施阶段的主办、组织和协调工作。

　　3.联合体将严格按照招标文件的各项要求,递交投标文件,履行投标义务和中标后的合同,共同承担合同规定的一切义务和责任,联合体各成员单位按照内部职责的部分,承担各自所负的责任和风险,并向招标人承担连带责任。

　　4.联合体各成员单位内部的职责分工如下:_____。按照本条上述分工,联合体成员单位各自所承担的合同工作量比例如下:_____。

　　5.投标工作和联合体在中标后工程实施过程中的有关费用按各自承担的工作量分摊。

　　6.联合体中标后,本联合体协议是合同的附件,对联合体各成员单位有合同约束力。

　　7.本协议书自签署之日起生效,联合体未中标或者中标时合同履行完毕后自动失效。

　　8.本协议书一式_____份,联合体成员和招标人各执一份。

　　　　　　　　　牵头人名称:_____(盖单位章)

　　　　　　　　　法定代表人或其委托代理人:_____(签字)

　　　　　　　　　成员二名称:_____(盖单位章)

　　　　　　　　　法定代表人或其委托代理人:_____(签字)

　　　　　　　　　……

　　　　　　　　　　　　　　　_____年_____月_____日

备注:本协议书由委托代理人签字的,应附法定代表人签字的授权委托书。

投标保证金 表 3-6

投标保证金

_____（招标人名称）：

鉴于_____（投标人名称）（以下称"投标人"）于___年___月___日参加_____（项目名称）_____
___标段施工的投标，_____（担保人名称，以下简称"我方"）无条件地、不可撤销地保证：投标人在规定的投标
文件有效期内撤销或修改其投标文件的，或者投标人在收到中标通知书后无正当理由拒签合同或拒交规定履约担
保的，我方承担保证责任。收到你方书面通知后，在 7 日内无条件向你方支付人民币（大写）_____元。

本保函在投标有效期内保持有效。要求我方承担保证责任的通知应在投标有效期内送达我方。

担保人名称：_____（盖单位章）

法定代表人或其委托代理人：_____（签字）

地　　址：_____

邮政编码：_____

电　　话：_____

传　　真：_____

_____年_____月_____日

项目管理机构组成表 表 3-7a

职务	姓名	职称	执业或职业资格证明					备注
			证书名称	级别	证号	专业	养老保险	

主要人员简历表　　　　　　　　　　　　　　　表 3-7b

姓名		年龄		学　历	
职称		职务		拟在本合同任职	
毕业学校		年毕业于	学校	专业	
主要工作经历					
时间	参加过的类似项目		担任职务	发包人及联系电话	

　　"主要人员简历表"中的项目经理应附项目经理证、身份证、职称证、学历证、养老保险复印件，管理过的项目业绩须附合同协议书复印件；技术负责人应附身份证、职称证、学历证、养老保险复印件，管理过的项目业绩须附证明其所任技术职务的企业文件或用户证明；其他主要人员应附职称证（执业证或上岗证书）、养老保险复印件。

拟分包项目情况表　　　　　　　　　　　　　　　表 3-8

分包人名称		地址		
法定代表人		电话		
营业执照号码		资质等级		
拟分包的工程项目	主　要　内　容	预计造价（万元）	已经做过的类似工程	

二、投标文件的编制要求

(一) 投标文件编制的一般要求

投标文件编制的一般要求有：

(1) 投标人编制投标文件时必须使用招标文件提供的投标文件表格格式，但表格可以按同样格式扩展。投标保证金、履约保证金的方式，按招标文件有关条款的规定可以选择。投标人根据招标文件的要求和条件填写投标文件的空格时，凡要求填写的空格都必须填写，不得空着不填，否则，即被视为放弃意见。实质性的项目或数字如工期、质量等级、价格等未填写的，将被作为无效或作废的投标文件处理。将投标文件按规定的日期送交招标人，等待开标、决标。

(2) 应当编制的投标文件"正本"仅一份，"副本"则按招标文件前附表所述的份数提供，同时要在标书封面标明"投标文件正本"和"投标文件副本"字样。投标文件正本和副本如有不一致之处，以正本为准。

(3) 投标文件正本和副本均应使用不能擦去的墨水打印或书写，各种投标文件的填写都要字迹清晰、端正，补充设计图纸要整洁、美观。

(4) 所有投标文件均由投标人的法定代表人签署、加盖印鉴，并加盖法人单位公章。

(5) 填报投标文件应反复校核，保证分项和汇总计算均无错误。全套投标文件均应无涂改和行间插字，除非这些删改是根据招标人的要求进行的，或者是投标人造成的必须修改的错误。修改处应由投标文件签字人签字证明并加盖印鉴。

(6) 如招标文件规定投标保证金为合同总价的某百分比时，开投标保函不要太早，以防泄漏己方报价。但有的投标商提前开出并故意加大保函金额，以麻痹竞争对手的情况也是存在的。

(7) 投标人应将投标文件的技术标和商务标分别密封在内层包封，再密封在一个外层包封中，并在内封上标明"技术标"和"商务标"。标书包封的封口处都必须加贴封条，封条贴缝应全部加盖密封章或法人章。内层和外层包封都应由投标人的法定代表人签署、加盖印鉴，并加盖法人单位公章。内层和外层包封都应写明投标人名称和地址、工程名称、招标编号，并注明开标时间以前不得开封。在内层和外层包封上还应写明投标人的名称与地址、邮政编码，以便投标出现逾期送达时能原封退回。如果内外层包封没有按上述规定密封并加写标志，投标文件将被拒绝，并退还给投标人。投标文件应按时递交至招标文件前附表所述的单位和地址。

(8) 投标文件的打印应力求整洁、悦目，避免评标专家产生反感。投标文件的装订也要力求精美，使评标专家从侧面产生对投标人企业实力的认可。

(二) 技术标编制的要求

技术标与施工组织设计虽然在内容上是一致的，但在编制要求上却有一定差别。施工组织设计的编制一般注重管理人员和操作人员对规定和要求的理解和掌握。而技术标则要求能让评标委员会的专家们在较短的时间内，发现标书的价值和独到之处，从而给予较高的评价。因此，技术标编制应注意以下问题：

（1）针对性。在评标过程中，我们常常发现为了使标书比较"上规模"，以体现投标人的水平，投标人往往把技术标做得很厚。而其中的内容往往都是对规范标准的成篇引用，或对其他项目标书的成篇抄袭，因而使标书毫无针对性。该有的内容没有，无需有的内容却充斥标书。这样的标书常常引起评标专家的反感，因而导致技术标严重失分。

（2）全面性。如前面评标办法介绍的，对技术标的评分标准一般都分为许多项目，这些项目都分别被赋予一定的评分分值。这就意味着，这些项目不能发生缺项，一旦发生缺项，该项目就可能被评为零分，这样中标概率将会大大降低。

另外，对一般项目而言，评标的时间往往有限，评标专家没有时间对技术标进行深入的分析。因此，只要有关内容齐全，且无明显的低级错误或理论上的错误，技术标一般不会扣很多分。所以，对一般工程来说，技术标内容的全面比内容的深入细致更重要。

（3）先进性。技术标得分要高，一般来说也不容易。没有技术亮点，没有特别吸引招标人的技术方案，是不大可能得高分的。因此，标书编制时，投标人应仔细分析招标人的热衷点，在这些点上采用先进的技术、设备、材料或工艺，使标书对招标人和评标专家产生更强的吸引力。

（4）可行性。技术标的内容最终都要付诸实施的，因此，技术标应有较强的可行性。为了凸现技术标的先进性，盲目提出不切实际的施工方案、设备计划，都会给今后的具体实施带来困难，甚至导致建设单位或监理工程师提出违约指控。

（5）经济性。投标人参加投标承揽业务的最终目的都是为了获取最大的经济利益，而施工方案的经济性，直接关系到投标人的效益，因此必须十分慎重。另外，施工方案也是投标报价的一个重要影响因素，经济合理的施工方案，能降低投标报价，使报价更具竞争力。

三、投标文件的递交

投标人应在招标文件前附表规定的日期内将投标文件递交给招标人。当招标人按招标文件中投标须知规定，延长递交投标文件的截止日期时，投标人仔细记住新的截止时间，避免因标书的逾期送达而导致废标。

投标人可以在递交投标文件以后，在规定的投标截止时间之前，采用书面形式向招标人递交补充、修改或撤回其投标文件的通知。在投标截止日期以后，不能更改投标文件。投标人的补充、修改或撤回通知，应按招标文件中投标须知的规定编制、密封、签章、标识和递交，并在包封上标明"补充"、"修改"或"撤回"字样。补充、修改的内容为投标文件的组成部分。之间的这段时间内，投标人不能再撤回投标文件，否则其投标保证金将不予退还。《招标投标法实施条件》第三十五条规定，投标人撤回已提交的投标文件，应当在投标截止时间前书面通知招标人。招标人已收取投标保证金的，应当自收到投标人书面撤回通知之日起5日内退还。投标截止后投标人撤销投标文件的，招标人可以不退还投标保证金。

投标人递交投标文件不宜太早，一般在招标文件规定的截止日期前一两天内密封送交指定地点比较好。

第三节 投标报价

一、投标报价及其依据

投标报价前，投标人首先应根据有关法规、取费标准、市场价格、施工方案等，并考虑到上级企业管理费、风险费用、预计利润和税金等所确定的承揽该项工程的企业水平的价格，即进行投标估价。投标估价是承包商生产力水平的真实体现，是确定最终报价的基础。

投标估价的主要依据有：

（1）招标文件，包括招标答疑文件；

（2）建设工程工程量清单计价规范、预算定额、费用定额以及地方的有关工程造价的文件，有条件的企业应尽量采用企业施工定额；

（3）劳动力、材料价格信息，包括由地方造价管理部门编制的造价信息；

（4）地质报告、施工图，包括施工图指明的标准图；

（5）施工规范、标准；

（6）施工方案和施工进度计划；

（7）现场踏勘和环境调查所获得的信息；

（8）当采用工程量清单招标时应包括工程量清单。

二、投标报价的程序

承包工程有总价合同、单价合同、成本加酬金合同等合同形式，不同的合同形式的计算报价是有差别的。报价计算主要步骤如下：

1. 研究招标文件

招标文件是投标的主要依据，承包商在计算标价之前和整个投标报价期间，均应组织参加投标报价的人员认真细致地阅读招标文件，仔细分析研究，弄清招标文件的要求和报价内容。一般主要应弄清报价范围，取费标准，采用定额、工料机定价方法、技术要求，特殊材料和设备，有效报价区间等。同时，在招标文件研究过程中要注意发现互相矛盾和表述不清的问题等。对这些问题，应及时通过招标预备会或采用书面提问形式，请招标人给予解答。

在投标实践中，报价发生较大偏差甚至造成废标的原因，常见的有两个。其一是造价估算误差太大，其二是没弄清招标文件中有关报价的规定。因此，标书编制以前，全体与投标报价有关的人员都必须反复认真研读招标文件。

2. 现场调查

现场条件是投标人投标报价的重要依据之一。现场调查不全面不细致，很容易造成与现场条件有关的工作内容遗漏或者工程量计算错误。由这种错误所导致的损失，一般是无法在合同的履行中得到补偿的。现场调查一般主要包括如下方面：

（1）自然地理条件，包括：施工现场的地理位置；地形、地貌；用地范围；气象、水文情况；地质情况；地震及设防烈度；洪水、台风及其他自然灾害情况等。

这些条件有的直接涉及风险费用的估算，有的则涉及施工方案的选择，从而涉及到工程直接费的估算。

（2）市场情况，包括：建筑材料和设备、施工机械设备、燃料、动力和生活用品的供应状况、价格水平与变动趋势；劳务市场状况；银行利率和外汇汇率等情况。

对于不同建设地点，由于地理环境和交通条件的差异，价格变化会很大。因此，要准确估算工程造价就必须对这些情况进行详细调查。

（3）施工条件，包括：临时设施、生活用地位置和大小；供排水、供电、进场道路、通信设施现状；引接供排水线路、电源、通信线路和道路的条件和距离；附近现有建(构)筑物、地下和空中管线情况；环境对施工的限制等。

这些条件，有的直接关系到临时设施费的支出的多少，有的则或因与施工工期有关，或因与施工方案有关，或因涉及技术措施费，从而直接或间接影响工程造价。

（4）其他条件，包括：交通运输条件；工地现场附近的治安情况等。

交通条件直接关系到材料和设备的到场价格，对工程造价影响十分显著。治安状况则关系到材料的非生产性损耗，因而也会影响工程成本。

3. 编制施工组织设计

施工组织设计包括进度计划和施工方案等内容，是技术标的主要组成部分。施工组织设计的水平反映了承包商的技术实力，不但是决定承包商能否中标的主要因素。而且由于施工进度安排是否合理，施工方案选择是否恰当，对工程成本与报价有密切关系。一个好的施工组织设计可大大降低标价。因此，在估算工程造价之前，工程技术人员应认真编制好施工组织设计，为准确估算工程造价提供依据。

4. 计算或复核工程量

要确定工程造价，首先要根据施工图和施工组织设计计算工程量，并列出工程量表。而当采用工程量清单招标时，这项工作可以省略。

工程量的大小是投标报价的最直接依据。为确保复核工程量准确，在计算中应注意以下方面：

（1）正确划分分项工程，做到与当地定额或单位估价表项目一致；

（2）按一定顺序进行，避免漏算或重算；

（3）以施工图为依据；

（4）结合已定的施工方案或施工方法；

（5）进行认真复核与检查。

5. 确定工、料、机单价

工、料、机的单价应通过市场调查或参考当地造价管理部门发布的造价信息确定。而工、料、机的用量尽量采用企业定额确定，无企业定额时，可依据国家或地方颁布的预算定额确定。

6. 计算工程直接费

根据分项工程中工、料、机等生产要素的需用量和其单价，计算分项工程的直接成本的单价和合价，进而计算出整个工程的直接费。

7. 计算间接费

根据当地的费用定额或根据企业的实际情况，以直接费为基础，计算出工程间接费。

8. 估算上级企业管理费、预计利润、税金及风险费用

9. 计算工程总报价

综合工程直接费、间接费、上级企业管理费、风险费用、预计利润和税金形成工程总报价。

10. 审核工程报价

在确定最终的投标报价前，还需进行报价的宏观审核。宏观审核的目的在于通过变换角度的方式对报价进行审查，以提高报价的准确性，提高竞争能力。

宏观审核通常所采取的观察角度主要有以下方面：

（1）单位工程造价。将投标报价折合成单位工程造价，例如房屋工程按平方米造价，铁路、公路按公里造价，铁路桥梁、隧道按每延米造价，公路桥梁按桥面平方米造价等等，并将该项目的单位工程造价与类似工程的单位工程造价进行比较，以判定报价水平的高低。

（2）全员劳动生产率。所谓全员劳动生产率是指全体人员每工日的生产价值。一定时期内，由于受企业一定的生产力水平所决定，具有相对稳定的全员劳动生产率水平。因而企业在承揽同类工程或机械化水平相近的项目时应具有相近的全员劳动生产率水平。因此，可以此为尺度，将投标工程造价与类似工程造价进行比较，从而判断造价的正确性。

（3）单位工程消耗指标。各类建筑工程每平方米建筑面积所需的劳动力和各种材料的数量均有一个合理的指标。因而将投标项目的单位工程用工、用料水平与经验指标相比，也能判断其造价是否处于合理的水平。

（4）分项工程造价比例。一个单位工程是由基础、墙体、楼板、屋面、装饰、水电、各种附属设备等分项工程构成的，它们在工程造价中都有一个合理的大体比例，承包商可通过投标项目的各分项工程造价的比例与同类工程的统计数据相比较，从而判断造价估算的准确性。

（5）各类费用的比例。任何一个工程的费用都是由人工费、材料设备费、施工机械费、间接费等各类费用组成的，它们之间都应有一个合理的比例。将投标工程造价中的

各类费用比例与同类工程的统计数据进行比较，也能判断估算造价的正确性和合理性。

（6）预测成本比较。若承包商曾对企业在同一地区的同类工程报价进行积累和统计，则还可以采用线性规划、概率统计等预测方法进行计算，计算出投标项目造价的预测值。将造价估算值与预测值进行比较，也是衡量造价估算正确性和合理性的一种有效方法。

（7）扩大系数估算法。根据企业以往的施工实际成本统计资料，采用扩大系数估算工程的投标工程的造价，是在掌握工程实施经验和资料的基础上的一种估价方法。其结果比较接近实际，尤其是在采用其他宏观指标对工程报价难以校准的情况下，本方法更具优势。扩大系数估算法，属宏观审核工程报价的一种手段。不能以此代替详细的报价资料，报价时仍应按招标文件的要求详细计算。

（8）企业内部定额估价法。根据企业的施工经验，确定企业在不同类型的工程项目施工中的工、料、机等的消耗水平，形成企业内部定额，并以此为基础计算工程估价。此方法不但是核查报价准确性的重要手段，也是企业内部承包管理、提高经营管理水平的重要方法。

综合运用上述方法与指标，就可以减少报价中的失误，不断提高报价水平。

11. 确定报价策略和投标技巧

根据投标目标、项目特点、竞争形势等，在采用前述的报价决策的基础上，具体确定报价策略和投标技巧。

12. 最终确定投标报价

根据已确定的报价策略和投标技巧对估算造价进行调整，最终确定投标报价。

三、工程量清单报价规定

如前所述，目前建设工程投标报价已普遍采用工程量清单计价，因此投标人应在报价中严格遵守《建设工程工程量清单计价规范》50500—2008的有关规定。

投标价应由投标人或受其委托具有相应资质的工程造价咨询人编制。

投标价应由投标人自主确定，但不得低于成本。

投标人应按招标人提供的工程量清单填报价格。填写的项目编码、项目名称、项目特征、计量单位、工程量必须与招标人提供的一致。

投标报价应根据下列依据编制：

（1）《建设工程工程量清单计价规范》50500—2008；

（2）国家或省级、行业建设主管部门颁发的计价办法；

（3）企业定额，国家或省级、行业建设主管部门颁发的计价定额；

（4）招标文件、工程量清单及其补充通知、答疑纪要；

（5）建设工程设计文件及相关资料；

（6）施工现场情况、工程特点及拟定的投标施工组织设计或施工方案；

（7）与建设项目相关的标准、规范等技术资料；

（8）市场价格信息或工程造价管理机构发布的工程造价信息；

（9）其他的相关资料。

应高度重视对招标文件中分部分项工程量清单项目的特征描述的研究，严格按特征描述计算综合单价。

综合单价中应考虑招标文件中要求投标人承担的风险费用。

措施项目清单计价应根据拟建工程的施工组织设计，可以计算工程量的措施项目，应按分部分项工程量清单的方式采用综合单价计价；其余的措施项目可以"项"为单位的方式计价，应包括除规费、税金外的全部费用。措施项目费应根据招标文件中的措施项目清单及投标时拟定的施工组织设计或施工方案按规定自主确定。投标人可根据工程实际情况结合施工组织设计，对招标人所列的措施项目进行增补。

措施项目清单中的安全文明施工费应按照国家或省级、行业建设主管部门的规定计价，不得作为竞争性费用。

暂列金额应按招标人在其他项目清单中列出的金额填写；材料暂估价应按招标人在其他项目清单中列出的单价计入综合单价；专业工程暂估价应按招标人在其他项目清单中列出的金额填写；计日工按招标人在其他项目清单中列出的项目和数量，自主确定综合单价并计算计日工费用；总承包服务费根据招标文件中列出的内容和提出的要求自主确定。

规费和税金应按国家或省级、行业建设主管部门的规定计算，不得作为竞争性费用。

投标总价应当与分部分项工程费、措施项目费、其他项目费和规费、税金的合计金额一致。

工程量清单与计价应采用《建设工程工程量清单计价规范》50500—2008规定的统一格式。封面应按规定的内容填写、签字、盖章。总说明应按下列内容填写：

（1）工程概况：建设规模、工程特征、投标工期、施工现场及变化情况、施工组织设计的特点、自然地理条件、环境保护要求等。

（2）编制依据等。

投标人应按照招标文件的要求，附工程量清单综合单价分析表。

工程量清单与计价表中列明的所有需要填写的单价和合价，投标人均应填写，未填写单价和合价，视为此项费用已包含在工程量清单的其他单价和合价中。

第四节　投标决策

一、投标决策的原则

投标决策十分复杂，为保证投标决策的科学性，必须遵守一定的原则。

（1）目标性。投标的目的是实现投标人的某种目的，因此投标前投标人应首先明确投标目标，如：获取盈利、占领市场、创造信誉等，只有这样投标才能有的放矢。

（2）系统化。决策中应从系统的角度出发，采用系统分析的方法，以实现整体目标最优化。

建设单位所追求的投资目标，不光是质量、进度或费用之中的某一方面的最优化，而是由这三者的组合而成的整体目标的最优化。因此，决策时，投标人应根据建设单位的具体情况，采用系统分析的方法，综合平衡三者关系，以便实现整体目标的最优化。

同时，投标人所追求的目标往往也不是单一的，在追求利润最大化的同时，他们往往还有追求信誉、抢占市场等目的。对于这些目标也要采用系统的方法进行分析、平衡，以便实现企业的整体目标最优化。

（3）信息化。决策应在充分占有信息基础上进行，只有最大限度地掌握了诸如项目特点、材料价格、人工费水平、建设单位信誉、可能参与竞争的对手情况等信息，才能保证决策的科学性。

（4）预见性。预测是从历史和现状出发，运用科学的方法，通过对已占有的信息的分析，推断事物发展趋向的活动。投标决策的正确性取决于对投标竞争环境和未来的市场环境预测的正确性。因此预测是决策的基础和前提，没有科学的预测就没有科学的决策。在投标决策中，必须首先对未来的市场状况及各影响要素的可能变化作出推测，这是进行科学的投标决策所必须的。

（5）针对性。要取得投标胜利，投标人不但要保证报价符合建设单位目标，而且还要保证竞争的策略有较强的针对性。一味拼命压价，并不能保证一定中标，往往会因为没有扬长避短而被对手击败。同时，技术标的针对性也是取得投标胜利所必需的。

二、投标决策的影响因素

影响投标决策的因素很多，但归纳起来主要来源于两个方面，即投标人的企业内部与企业外部。

（一）影响投标决策的内部因素

影响投标决策的企业内部因素主要包括如下方面：

（1）技术实力。包括：是否有精通本行业的估价师、工程师、会计师和管理专家组成的组织机构；是否有工程项目施工专业特长，能解决技术难度大的问题和各类工程施工中的技术难题的能力；是否具有同类工程的施工经验；是否有一定技术实力的合作伙伴，如实力强大的分包商、合营伙伴和代理人等。

技术实力不但决定了承包商能承揽的工程的技术难度和规模，而且是实现较低的价格、较短的工期、优良的工程质量的保证，直接关系到承包商在投标中的竞争能力。

（2）经济实力。包括：是否具有较为充裕的流动资金；是否具有一定数量的固定资产和机具设备；是否具有一定的办公、仓储、加工场所；承揽涉外工程时，须筹集承包工程所需的外汇；是否具有支付各种保证金的能力；是否有承担不可抗力带来风险的财力。经济实力决定了承包商承揽工程规模的大小，因此对投标决策时应充分考虑这一因素。

（3）管理实力。具有高素质的项目管理人员，特别是懂技术、会经营、善管理的项目经理人选。管理实力决定着承包商承揽的项目的复杂性，也决定着承包商是否能够根据合同的要求，高效率地完成项目管理的各项目标，通过项目管理活动为企业创造较好的经济效益和社会效益。因此在投标决策时不能疏忽这一因素。

（4）信誉实力。承包商的信誉是其无形的资产，这是企业竞争力的一项重要内容。企业的履约情况、获奖情况、资信情况和经营作风都是建设单位选择承包商的条件。因此投标决策时应正确评价自身的信誉实力。

（二）影响投标决策的企业外部因素

（1）招标人情况。主要包括招标人的合法地位、支付能力和履约信誉等。招标人的支付能力差、履约信誉不好都将损害承包商的利益，因此是投标决策时应予以充分重视的因素。

（2）竞争对手情况。包括：竞争对手的数量、实力、优势等情况。因为这些情况直接决定了竞争的激烈程度。竞争越激烈，中标概率越小，投标的费用风险越大；竞争越激烈，一般来说中标价越低，对承包商的经济效益影响越大。因此，竞争对手情况是对投标决策影响最大的因素之一。

（3）监理工程师情况。监理工程师立场是否公正，直接关系到承包商是否能顺利实现索赔以及合同争议是否能顺利得到解决，从而关系到承包商的利益是否能得到合理的维护。因此，监理工程师的情况对投标决策也是有很大影响的。

（4）法制环境情况。对于国内工程承包，自然适用本国的法律、法规。我国的法律、法规具有统一或基本统一的特点，但投标所涉及的地方性法规在具体内容上仍有所不同。因而对外地项目的投标决策，除研究国家颁布的相关法律、法规外，还应研究地方性法规。进行国际工程承包时，则必须考虑法律适用的原则，包括：强制适用工程所在地法的原则；意思自制原则；最密切联系原则；适用国际惯例原则；国际法效力优于国内法效力的原则。

（5）地理环境情况，其中包括项目所在地的交通环境。地质、地貌、水文、气象情况部分决定了项目实施的难度，从而会影响项目建设成本。而交通环境不但对项目实施方案有影响，而且对项目的建设成本也有一定影响。因此地理环境也是投标决策的影响因素。

（6）市场环境情况。在工程造价中劳动力、建筑材料、设备以及施工机械等直接成本要占70%以上，因此项目所在地的工、料、机的市场价格对承包商的效益影响很大，从而对投标决策的影响也必定较大。

（7）项目自身情况。项目自身特征决定了项目的建设难度，也部分决定了项目获利的丰厚程度，因此是投标决策的影响因素。

三、投标决策的内容

投标决策，是指承包商为实现其一定利益目标，针对招标项目的实际情况，对投标可行性和具体策略进行论证和抉择的活动。

建设工程投标决策的内容，一般说来，主要包括三个层次：一是投标项目选择的决策；二是造价估算的决策；三是投标报价的决策。

1. 投标项目选择决策

建设工程投标决策的首要任务，是在获取招标信息后，对是否参加投标竞争进行分析、论证，并作出抉择。

若项目对投标人来说基本上不存在什么技术、设备、资金和其他方面问题，或虽有技术、设备、资金和其他方面问题但可预见并已有了解决办法，就属于低风险标。低风险标实际上就是不存在什么未解决或解决不了的重大问题，没有什么大的风险的标。如果企业经济实力不强，经不起折腾，投低风险标是比较恰当的选择。

若项目对投标人来说存在技术、设备、资金或其他方面未解决的问题，承包难度比较大，就属于高风险标。投高风险标，关键是要能想出办法解决好工程中存在的问题。如果问题解决好了，可获得丰厚的利润，开拓出新的技术领域，锻炼出一支好的队伍，使企业素质和实力上一个台阶；如果问题解决得不好，企业的效益、声誉等都会受损，严重的可能会使企业出现亏损甚至破产。因此，投标人对投标进行决策时，应充分估计项目的风险度。

承包商决定是否参加投标，通常要综合考虑各方面的情况，如承包商当前的经营状况和长远目标，参加投标的目的，影响中标机会的内部、外部因素等。一般说来，有下列情形之一的招标项目，承包商不宜选择投标：

（1）工程规模超过企业资质等级的项目；

（2）超越企业业务范围和经营能力之外的项目；

（3）企业当前任务比较饱满，而招标工程是风险较大或盈利水平较低的项目；

（4）企业劳动力、机械设备和周转材料等资源不能保证的项目；

（5）竞争对手在技术、经济、信誉和社会关系等方面具有明显优势的项目。

2. 造价估算的决策

投标项目的造价估算有两大特点：一是，在投标项目的造价估算中应包括一定的风险费用；二是，投标项目的造价估算应具体针对特定投标人的特定施工方案和施工进度计划。

因此，在投标项目的造价估算编制时，有一个风险费用确定和施工方案选择的决策工作。

（1）风险费用估算。在工程项目造价估算编制中要特别注意风险费用的决策。风险费用是指工程施工中难以事先预见的费用，当风险费用在实际施工中发生时，则构成工程成本的组成部分，但如果在施工中没有发生，这部分风险费用就转化为企业的利润。因此，在实际工程施工中应尽量减少风险费用的支出，力争转化为企业的利润。

由于风险费用是事先无法具体确定的费用，如果估计太大就会降低中标概率；估计太小，一旦风险发生就会减少企业利润，甚至亏损。因此，确定风险费用多少是一个复杂的决策，是工程项目造价估算决策的重要内容。

从大量的工程实践中统计获得的数据表明，工程施工风险主要来自于以下因素：

1）工程量计算的准确程度。工程量计算准确程度低，施工成本的风险就大。

2）单价估计的精确程度。直接成本是分项分部工程量与单价乘积的总和，单价估计不精确，风险就相应加大。

3）施工中自然环境的不可预测因素。如气候、地震和其他自然灾害，以及地质情况往往是不能完全在事前准确预见的，因此施工就存在着一定风险。

4）市场材料、人工、机械价格的波动因素。这些因素在不同的合同价格中风险虽不一样，但都存在用风险费用来补偿的问题。

5）国家宏观经济政策的调整。国家宏观经济政策的调整不是一个企业能完全估价得到的，而且这种调整一旦发生企业往往是不能抗拒的，因此投标项目的造价估算中也应考虑这部分风险。

6）其他社会风险，虽然发生概率很低，但有时也应作一定防范。

要精确估计风险费用，要做大量工作。首先要识别风险，即找出对于某个特定的项目可能产生的风险有哪些，进而对这些风险发生的概率进行评估，然后制定出规避这些风险的具体措施(风险规避措施详见第七章)。这些措施有的是只要加强管理就能实现的，有的则必须在事前或事后发生一定的费用。因此，要预先确定风险费用的数额必须经过详细的分析和计算。同时，风险发生的概率和规避风险的具体措施选择都必须进行认真的决策。

（2）施工方案决策。施工方案的选择不但关系到质量好坏、进度快慢，而且最终都会直接或间接地影响到工程造价。因此，施工方案的决策，不是纯粹的技术问题，而且也是造价决策的重要内容。

有的施工方案能提高工程质量，虽然成本要增加，但返工率能降低，又会减少返工损失。反之，在满足招标文件要求的前提下，选择适当的施工方案，控制质量标准不要过高，虽然有可能降低成本，但返工率也可能因此而提高，从而费用也可能增加。增加的成本多还是减少的返工损失多，这需要进行详细的分析和决策。

有的施工方案能加快工程进度，虽然需要增加抢工费，但进度加快，施工的固定成本能节约，增加的支出多还是节约的成本多？反之，在满足招标文件要求的前提下，适当放慢进度，工人的劳动效率会提高，抢工费用也不会发生，直接费会节约，但工期延长，固定成本增加，总成本又会增加。因此也要进行详细的分析和决策。

3．投标报价的决策

投标报价的决策分为宏观决策和微观决策，先应进行宏观决策，后要进行微观决策。

（1）报价的宏观决策。所谓投标报价的宏观决策，就是根据竞争环境，宏观上是采取报高价还是报低价的决策。

一般来说，项目有下列情形之一的，投标人可以考虑投标以追求效益为主，可报高价：

1）招投人对投标人特别满意，希望发包给本承包商的；

2）竞争对手较弱，而投标人与之相比有明显的技术、管理优势的；

3）投标人在建任务虽饱满，但招标项目利润丰厚，值得且能实际承受超负荷运转的。

一般来说，有下列情形之一的，投标人可以考虑投标以保本为主，可报保本价：

1）招标工程竞争对手较多，而投标人无明显优势的，而投标人又有一定的市场或信誉上的目的；

2）投标人在建任务少，无后继工程，可能出现或已经出现部分窝工的。

一般来说，有下列情形之一的，投标人可以决定承担一定额度的亏损，报亏损价：

1）招标项目的强劲竞争对手众多，但投标人出于发展的目的志在必得的；

2）投标人企业已出现大量窝工，严重亏损，急需寻求支撑的；

3）招标项目属于投标人的新市场领域，本承包商渴望打入的；

4）招标工程属于投标人垄断的领域，而其他竞争对手强烈希望插足的。

但必须注意，我国的有关建设法规都对低于成本价的恶意竞争进行了限制，因此对于国内工程来说，目前阶段是不能报亏损价的。

（2）报价的微观决策。所谓报价的微观决策，就是根据报价的技巧具体确定每个分项工程是报高价还是报低价，以及报价的高低幅度。在同一工程造价估算中，单价高低一般根据以下具体情况确定：

1）估计工程量将来增加的分项工程，单价可提高一些，否则报低一些。

2）能先获得付款的项目（如土方、基础工程等），单价可报高一些，否则报低一些。

3）对做法说明明确的分项工程，单价应报高一些。反之，图纸不明确或有错误，估计将来要修改的分项工程，单价可报低一些，一旦图纸修改可以重新定价。

4）没有工程量，只填报单价的项目（如土方工程中的水下挖土、挖湿土等备用单价），其单价要高一些，这样做也不影响投标总价。

5）暂定施工内容要具体分析，将来肯定要做的单价可适当提高，如果工程分标，该施工内容可能由其他承包商施工时，则不宜报高价。

在进行上述调整时，若同时保持投标报价总量不变，则这种报价方法称为不平衡报价法。这种报价方法的意义在于，在不影响报价的竞争力的前提下，谋取更大的经济效益。但各项目价格的调整需掌握在合理的幅度内，以免引起招标人的反感，甚至被确定为废标，遭受不应有的损失。

复习思考题

1. 简述投标活动的一般程序。

2. 投标文件一般应由哪几部分组成?

3. 简述投标文件编制的一般要求。

4. 简述技术标编制的要求。

5. 投标书的修改、补充和撤回的操作程序。

6. 工程估价的依据有哪些?

7. 简述投标报价的程序。

8. 简述工程估价的审核的意义和方法。

9. 投标报价的方式有哪几种？

10. 按概、预算方法编制的投标报价由哪几大部分费用组成？

11. 工程量清单报价的单价由哪几大部分费用组成？

12. 影响投标决策的因素有哪些？

13. 什么时候投标人应考虑低于成本价报价？我国为什么要限制这种做法？

14. 简述不平衡报价的意义和具体做法。

第四章

合同法原理

【学习重点】

熟悉建设工程合同的概念、合同订立的原则、订立的程序和合同主要条款，掌握合同履行、担保、合同变更、转让和终止的相关知识，掌握合同违约责任承担方式和合同争议处理方式。

第一节　合同的法律基础

一、经济法概述

（一）经济法的产生和发展

法是人类社会的特有现象，是统治阶级意志的体现。人类社会的发展史，实际上是围绕经济发展这一中心而展开的历史。作为调整经济关系的法律规范随着法的产生就已经出现了，只不过在人类社会进入资本主义阶段之前还没有独立的"经济法"这一名称，更没有"经济法"这一门独立的法律学科。

无论是中国还是外国，从奴隶社会到封建社会就已经出现了调整经济关系的法律规范。被奉为资本主义法律"先驱之作"的罗马法，虽然带有"公法"性质，但许多内容都与经济有关；古巴比伦的《汉穆拉比法典》、《十二铜表法》中也有不少关于所有权、农田水利、畜业、借贷等方面的规定。我国的《秦律》、《汉律》、《唐律》、《大明律》、《大清律》中对人们在买卖、借贷、典当、市场管理等经济活动也作了大量的规定，只不过这些法律规定并没有以"经济法"的名称冠名，因为早期的法律没有细致的分类，是多种法律并存的。

随着生产力水平不断提高，人类社会进入了资本主义时期。新兴的资产阶级为了将封建主义生产方式迅速过渡到资本主义生产方式，并确立其统治地位，原有的诸法合体、刑民不分的法律制约了资本主义的自由竞争。于是民法就逐渐从综合法典中分离出来，成为独立的法律部门。随着资本主义的发展，经济矛盾日趋激化，经济危机的不断出现，资本主义自由竞争的阶段进入垄断阶段。这时所谓的"公平竞争"被各种垄断集团的垄断行为所否定，竞争也被垄断行为所代替，经济的发展已不可能完全依靠市场自发调节。同时，过分的自由放任最终还将危及资产阶级的统治。随着第一次世界大战的爆发，国家急需将国家经济引向为战争服务的轨道。在这种情况下，"经济法"作为一门独立的法律学科便应运而生了。

"经济法"这一概念，最早是由法国空想社会主义者摩莱里在1755年出版的《自然法典》中提出来的，以后另一名空想社会主义者德萨尔在其《公有法典》一书中也使用了"经济法"一词。1906年，德国《世界经济年鉴》中又一次提及"经济法"，但它没有严格的科学意义。第一次世界大战开始时，为了战争的需要，各主要参战国都制定了一些对重要物资的价格、分配实行国家强制的经济法令。世界大战结束后，德国为振兴经济，挽救危机，制定了内容更加广泛的经济法律。这些经济法规的突出特点是摆脱了资产阶级私有权不可侵犯和契约自由的原则，进一步确定了国家权力对社会经济生活的干预，它与"私法"中的民法和"公法"中的行政法具有明显的区别。因此，德国的法学家便称这类法规为经济法。

第二次世界大战以后，整个资本主义世界面临着一个重拯经济的问题。日本为拯救业已崩溃的国民经济，加强了经济立法，并注重运用经济法规管理、规范经济。随着经济立法的加强，20 世纪 50 年代日本经济得到了振兴，60 年代出现了高速度增长，制定和形成了一整套完备的经济法规。

美国至今未使用"经济法"这一名词，但是美国政府通过经济立法干预经济。美国是制定反垄断法规最早的国家之一，先后颁布了《谢尔曼反托拉斯法令》、《克莱顿法令》、《联邦贸易委员会法》三位一体的反垄断法，制定了完整的《美国合同法》，把一系列商业事业单位法规汇编成《美国统一商法典》。美国经济立法主要对银行、工业、农业三个基本经济部门实行广泛的国家干预，全面控制生产、分配和消费。

（二）我国经济立法概况

我国民主革命时期，人民民主政权所进行的经济立法工作，为新中国成立后制定经济法提供了有益经验。在第二次国内革命战争时期、抗日战争时期、解放战争时期，人民政府为了保障和发展革命根据地的经济、支援革命战争，先后颁布了一系列法规。这些经济法规体现了我们党在新民主主义革命时期的经济纲领和经济政策，为解放全中国发挥了重要作用。

新中国成立以来，经济法制建设工作大致可分四个阶段：

第一阶段(1949 年 10 月～1956 年)。这是新中国成立以后基本完成对农业、手工业和资本主义工商业社会主义改造的七年。在这一阶段，国家先后颁布了《中华人民共和国土地改革法》、《中华人民共和国矿业暂行条例》、《国民经济计划编制暂行办法》、《公私合营工业企业暂行条例》等经济法规。这些法规在社会主义建设中发挥了显著作用。

第二阶段(1957 年～1966 年 4 月)。这是开始全面建设社会主义的十年。在这一阶段，我国经济立法工作虽然继续向前发展，制定了一些新的经济法规，但进展缓慢。特别是 1960 年以后，法律虚无主义抬头，整个法制建设停滞不前，许多已制定的经济法规未执行便被迫取消，经济法制工作受到挫折。

第三阶段(1966 年～1976 年 10 月)。"文化大革命"的十年中，我国社会主义建设事业遭到严重破坏，社会主义法制受到肆意践踏，社会主义法制荡然无存，经济法制工作也停滞不前。

第四阶段(1976 年 10 月以后)。党的十一届三中全会以来，经济立法工作进入了一个新的阶段，加强经济立法工作，健全社会主义经济法制，建立起科学的经济法律体系，提到了党和国家的重要议事日程上。经过短短几十年的建设，在我国初步建立起具有中国特色的社会主义经济法律体系。与其他法律部门相比，在经济立法、经济司法和经济法教学、研究等方面，都取得了长足的进步和发展，这对巩固和发展我国社会主义市场经济起着重要的作用。

综上所述，不论是中国还是外国，不断加强经济立法，日益完善经济法规是社会经济发展变化的客观要求。它是生产力和生产关系、经济基础和上层建筑矛盾运动的必然产物。

（三）经济法的概念

法是统治者意志的体现，是调整一定范围内各种关系的法律规范的总和。经济法是调整一定范围经济关系的法律规范的总称。这一概念的含义可以从以下几个方面理解：

（1）经济法是各种经济法律规范的总称，它所涉及的范围包含各种经济法律规范，是由一系列经济法律、法规按一定的特征构成的一个整体，是市场经济法律体系中的一个部门。

（2）经济法是调整经济关系的法律规范的总称。在纷繁复杂的社会中，存在各种社会关系，经济法所调整的只是经济活动的权利与义务关系。

（3）经济法所调整的是一定范围的经济关系。在市场经济中，经济主体和经济活动众多，经济关系复杂多样，这就需要整个市场经济法律体系的各个部门法共同来调整，经济法只能调整其中的一部分。

综上所述，经济法是调整一定范围的经济关系的法律规范的总称。

二、经济法律关系

（一）经济法律关系的概念

1. 法律关系

法律关系是指法律规范在调整人们行为的过程中形成的权利与义务关系，是由法律关系主体、法律关系客体和法律关系内容三个要素构成，缺少其中一个要素就不能构成法律关系。在法律关系中，由于反映的物质社会关系的不同，从而会形成不同的如民事法律关系、行政法律关系、刑事法律关系、经济法律关系等等。

2. 经济法律关系

经济法律关系是法律关系的一种表现形式，是指由经济法律规范规定而形成的权利与义务关系。经济法律关系主要表现在以下几方面：

（1）经济法律关系是在经济领域中发生的意志关系。经济法律关系中的当事者意志必须以国家意志为依据，不能违背国家意志的基本内容。同时，国家意志最终是靠当事人意志来体现的，通过调整当事者意志达到调整经济关系的目的。

（2）经济法律关系是经济法规定和调整的法律关系。经济法律关系是根据经济法规的具体规定而产生的，没有经济法规就不可能产生经济法律关系，其内容也无法实现。经济法规是经济法律关系产生和内容能够实现的前提。

（3）经济法律关系中包含着经济内容。经济法律关系体现的权利与义务具有经济内容，即围绕着完成一定的经济任务和实现一定的经济目的建立的。这是经济法律关系有别于其他法律关系的地方。

（4）经济法律关系具有强制性。经济法律关系中的经济权利与义务一旦形成，即受国家强制力保护，任何一方当事人不得违背。经济法律关系中的经济权利与义务是通过国家强制力得以保护和实现的。

（二）经济法律关系的构成要素

经济法律关系具有三个基本构成要素，即经济法律关系主体、经济法律关系客体和经济法律关系内容。这三个要素缺一不可，任何一项内容发生变更，都可能引起经济法律关系的变更。

1. 经济法律关系的主体

经济法律关系的主体也称经济法的主体，是指在经济活动管理协调过程中依法独立享有经济权利和承担经济义务的当事人。享有经济权利的当事人称为权利主体，承担经济义务的当事人则称为义务主体。

经济法律关系主体的成立必须具备一定的资格，这是指当事人具有的在经济法律关系中享有经济权利和承担经济义务的资格或能力。只有具有主体资格的当事人，才能参与经济法律关系，享有相应的经济权利和承担相应的经济义务。

经济法律关系主体资格由经济法规确定。一般采用法律规定一定条件或规定一定程序成立的方式予以确认。这种确认包括：依照宪法和相关法律由国家各级权力机关批准成立；依照法律和法规由国家各级行政机关批准成立；依照相关法律、法规或经济组织章程由经济组织自身批准成立；依照法律、法规由经济法律关系主体自己向国家有关机关申请并经核准登记而成立；由法律、法规直接赋予一定身份而成立等各种情形。未取得经济法律关系主体资格的组织不能参与经济法律关系，不能从中享有权利和承担义务，不受法律保护。但是，依法成立的经济法律关系主体也只能在法律规定或认可的范围内参加经济法律关系。超越法律规定或认可的范围的经济法律关系不再具有经济法律关系主体资格，不受国家强制力保护。

经济法律关系主体范围是由经济法调整的对象范围决定的。由于经济法调整对象范围的广泛性，经济法主体范围也十分广泛，主要包括：

（1）国家机关。主要是指国家行政机关中的经济管理机关，这是经济法律关系最重要的主体。国家经济管理机关的法律地位极为重要，它们都在职权范围内代表国家行使经济管理的权利。国家机关在经济法律关系中既可以以自己的名义成为经济法律关系的主体，参加经济活动；另一方面又代表国家对经济活动行使指导、协调、监督和检查的职能。

（2）经济组织。经济组织是指独立从事经济活动的拥有独立资产，以营利为目的，自主经营、自负盈亏、独立核算，具备一定组织机构，从事生产、流通和服务性活动的经济实体。经济组织主要包括各类企业及其他经济组织，其可以是法人，也可以是非法人组织。

（3）事业单位。这是指由国家财政或其他单位拨款，不以营利为目的的文化、教育、卫生等组织。它们往往是以法人资格参加经济法律关系。

（4）社会团体。这是指由公民或法人组织依照自愿原则组织的进行社会活动的社会组织，包括群众团体、公益组织、文化团体、学术研究团体、协会等。

（5）经济组织的内部机构。指隶属于企业，担负企业一定生产经营职能的分支机构、职能部门和基层业务活动的组织。

（6）农村承包经营户、个体工商户。农村承包经营户是指农村集体经济组织的成员，在法律允许的范围内，按照承包合同规定从事商品经营的形式。个体工商户是指公民个人不雇佣或少雇佣他人，以营利为目的，从事生产经营的个体经济。他们以"户"的名义参与经济法律关系，其一般承担连带无限责任。

（7）公民。指具有我国国籍，依据我国《宪法》和法律享有权利和承担义务的人。

2. 经济法律关系的内容

经济法律关系的内容是指经济法律关系的主体享有的经济权利和承担的经济义务。这是经济法律关系的核心，直接体现了经济法律关系主体的利益和要求。没有经济权利和经济义务的经济法律关系是不存在的。

经济权利和义务依法律性质的不同而有所不同。在具体的经济法律关系中，由于经济法律规范的不同规定和当事人参与经济法律关系的目的不同，经济权利与义务可能有所区别。经济法律关系的经济权利义务一旦确定后，即受国家强制力的保护。

（1）经济权利。经济权利是指经济法律关系主体在经济管理和经济协调关系中依法具有的为满足自己的利益而采取的一定行为和要求他人的法律义务所保证的行为资格，它包括以下几个方面的含义：

1）经济法律关系主体在法定范围内满足自己的利益需要，根据自己的意志实施一定的经济行为。

2）经济法律关系主体有权依法要求负有法律义务的人作出或不作出一定的行为，以实现权利人的利益。

3）经济法律关系主体因他人行为使其合法权利受到侵害或不能实现时，有权依法请求国家机关给予强制力保护。

经济权利的本质在于满足经济法律关系主体的经济利益。因此，满足经济利益是经济权利的实质和核心内容。经济法赋予经济法律关系主体一定的经济权利，就意味着经济主体获得了实现经济利益的自由。

（2）经济义务。经济义务是指经济法律关系主体为了满足特定的权利主体的权利，在法律规定的范围内必须实施或不实施某种经济行为。经济义务是相对经济权利而存在的，是法律对经济主体行为的限制和约束，是为了更好地保证经济权利的实现。

经济义务包括以下几个方面的含义：

1）义务主体必须进行或不进行一定行为，以保证经济法律关系中另一方的经济权利的实现或不影响对方的权利的实现。

2）义务主体实施的经济行为是在法律规定的范围内进行的，不是无限度的。超越法律规定的限度，义务主体则不受限制和约束。

3）履行义务是国家强制力下的一种约束，义务主体不依法履行经济义务或不适当履行经济义务，必须承担相应的法律责任，受到法律的制裁。

经济权利和经济义务是相互依存、相互适应和相互制约的。一方的经济权利依赖于另一方的经济义务来实现，另一方的经济义务则是为了满足一方的经济权利。

此外，经济权利和经济义务总是与一定的经济主体相联系，权利的实现和义务的履行都要通过经济主体的活动来实现。因此，经济权利和经济义务相互适应存在于经济法律关系中，不能离开经济法律关系主体而抽象的存在。

3. 经济法律关系的客体

（1）经济法律关系客体的概念。经济法律关系的客体是指经济法律关系主体享有经济权利和承担经济义务所共同指向的对象，是经济权利和经济义务所要实现的要求和目的所在，是确定权利行使与否和义务是否履行的客观标准。如果没有客体，经济权利与义务就失去了依附的目标和载体，经济权利和经济义务无法体现，经济法律关系就不能成立。因此，客体是经济法律关系不可缺少的要素之一。

（2）经济法律关系客体的类型。经济法律关系的客体十分广泛，概括起来可以分为四大类：

1）物。这是指经济法律关系主体能够控制和支配，有一定经济价值并以物质形态表现出来的物体。

2）经济行为。这是指经济法律关系主体为达到一定经济目的所进行的行为，包括经济管理行为、完成一定工作的行为和提供一定劳务的行为。

3）智力成果。这是指人们创造的能够具有一定经济价值的创造性脑力劳动成果。如专利成果、发明等。

4）财。这是货币和有价证券的统称。

此外，在现实经济生活中，经济权利也可能成为经济法律关系的客体。经济权利本身是经济法律关系的内容，但是，当某种经济权利成为另一经济权利对象时，该经济权利就成为客体的组成部分，如：土地使用权的客体是土地，但是，当土地使用权在土地出让和转让的法律关系中则称为这一法律关系指向的对象，那么，土地使用权就构成该法律关系的客体。

（三）法律关系的产生、变更与终止

1. 法律关系的产生

法律关系的产生是指法律关系的主体之间形成了一定的权利和义务关系，如某单位与其他单位签订了合同，主体双方就产生了相应的权利和义务，此时，受法律规范调整的法律关系即告成立。

2. 法律关系的变更

法律关系的变更是指法律关系的三个要素变化。

（1）主体变更

主体变更是指法律关系主体数目增多或减少，也可以是主体改变。

（2）客体变更

客体变更是指法律关系中权利和义务所指向的事物发生变化。

（3）法律关系终止

法律关系终止是指法律关系主体之间的权利和义务不复存在，彼此丧失了约束力。

法律关系终止根据原因不同分为自然终止、协议终止、违约终止。

（四）经济法律关系的保护

经济法律关系的保护是指依照经济法律、法规的有关规定，采取一定的措施，保证经济法律关系全面实现的行为。经济法律关系保护的目的在于保证经济法律关系主体正确行使经济权利和切实履行经济义务。在一般情况下，经济权利的实现和经济义务的履行是通过当事人的自觉行为实现的，经济法律关系的保护是通过经济立法和司法活动确定经济权利与义务的具体内容来实现经济权利和义务的。但是，当义务主体不履行经济义务和违反经济法规时，经济法规对经济法律关系的保护就表现为对正常的经济法律关系破坏行为依法追究法律关系。法律责任通常有经济制裁、行政制裁、刑事制裁几种形式。

1. 经济制裁

经济制裁包括下列几种方法：

（1）赔偿损失。这是指有过错的一方用自己的资产来弥补给对方造成的经济损失，并以此来消除其破坏经济秩序法律关系造成的损害后果。目的在于：对经济违约行为进行制裁，对受害人的损失进行赔偿。

（2）支付违约金。这是指按照当事人的约定或者法律规定一方当事人不履行或未完全履行合同而支付给对方一定数量的货币或其他财物。由法律直接规定的违约金称为法定违约金，由当事人约定的称为约定违约金。约定违约金优先于法定违约金。

约定的违约金低于造成的损失的，当事人可以请求法院或仲裁机构予以增加；约定的违约金高于造成的损失的，当事人可以请求法院或仲裁机构予以适当减少。

（3）罚款。这是指国家经济管理机关在法定职权范围内，对违反经济法律法规的经济组织或个人依法强制缴付一定数量货币或财物的处罚形式，如税务机关要求缴纳的滞纳金等。

（4）强制收购。这是指对违反国家法律和政策的行为，其情节较轻，由国家行政管理机关依照国家牌价对交易的标的强制收购，必要时也可以降价收购，以示制裁。

（5）没收财产。这是指对违法行为人的财物实行强制无偿收归国有的一种经济制裁方式。这一制裁方式既可作为刑罚的一种附加刑，也可作为一种单独的处罚方式。

2. 行政制裁

行政制裁是由有关管理机关对违反经济法律、法规的单位和个人依法采取的行政制裁措施。对企业和经济组织可采取警告、限期停业整顿、吊销营业执照、勒令关闭等方法；对有关个人可采取警告、记过、记大过、降级、降职、留用察看、开除等处分方法。

3. 刑事制裁

刑事制裁是指对违反经济法律、法规，造成严重后果，已触犯国家刑律的经济犯罪分子，依法给予的刑事处罚措施。

上述制裁既可同时处罚，也可分别实施。对违反经济法律、法规的行为实施制裁的根本目的在于维护经济法律关系秩序，保护经济法律关系当事人的合法权益。

三、代理

（一）代理的概念

代理是一种法律关系，在代理关系中，代替他人进行一定法律行为的人称为代理人；由代理人代为行使法律行为的人称为被代理人；与代理人进行法律行为的人称为第三人。《中华人民共和国民法通则》中关于代理的定义是"代理人在代理权限内，以被代理人的名义实施的民事法律行为。"被代理人对代理人的代理行为，承担民事责任。依照法律规定或者按照双方当事人约定，应当由本人实施的民事法律行为，不得代理。

代理关系中的三方当事人之间构成三种法律关系：代理人与被代理人之间的委托关系；代理人与第三人之间的关系；被代理人与第三人之间的权利义务关系。

（二）代理的特征

代理人只能在被代理人授权范围内以被代理人的名义实施经济法律行为，被代理人对代理人的法律行为，承担民事责任。根据这一规定，代理具有以下法律特征：

（1）代理行为必须是有法律意义的行为。代理进行的活动本身必须是法律行为，是能够产生某种法律后果的行为，如履行债务、租赁、借贷、法人登记等。如代整理资料、校译文稿，则不属于法律上的代理，因为这些行为不是通过别人实现权利义务的范围。

（2）代理行为是代理人以被代理人的名义实施的法律行为。代理人的任务仅仅是代替被代理人进行法律行为，维护被代理人的合法权益。代理人在与第三人实施法律行为时，应始终以被代理人的名义进行活动。代理行为所产生的法律后果只能由被代理人承担。

（3）代理人在授权范围内可以根据自己的意志独立地进行活动。代理人与传达人和中间人有所区别。代理要独立表达自己的意思，所以代理人必须有行为能力。

（4）代理人的行为所产生的法律后果直接由被代理人承担。代理行为的法律后果，既包括代理人行为所产生的经济权利义务，也包括经济民事责任的承担。只要代理没有无权代理行为或违法行为，代理行为引起的法律后果，不论对被代理人是否有利，都要由被代理人承担。但是，代理人与第三人串通损害被代理人利益，所产生的经济责任不能由被代理人承担。

（三）代理的种类

根据代理权发生的依据不同，代理的种类有：

（1）委托代理。又称授权代理，是委托代理人按照被代理人的委托行使代理权，与第三人实施法律行为而产生的代理关系。授权委托是委托代理关系产生的前提。委托代理关系中，代理人以被代理人的单方委托范围和权限作为实施代理法律行为的依据。因此，委托代理是一种单方的法律行为，仅凭被代理人的授权意思表示，即可产生代理授权的法律行为。

委托代理关系需要通过委托合同明确代理人与被代理人的权利义务关系。授权委托书中应载明代理人的姓名、代理事项、权限和时间，并且由委托人签名。由于委托书授权内容不明确而产生的法律后果，由被代理人向第三人承担经济民事责任。

（2）法定代理。法定代理是指代理人依照法律的直接规定实施法律行为而产生的代理关系。法定代理与被代理人主观意愿没有关系，不需要被代理人的委托，是以一定的社会关系的存在作为根据而产生的。这种社会关系如婚姻关系、血缘关系、组织关系等。

（3）指定代理。指定代理是指代理人按照人民法院或指定单位的指定，实施法律行为而产生的代理关系。指定代理主要针对无行为能力人、限制行为能力人，在他们没有法定代理人或法定代理人担任代理有争议的情况下，由指定单位指定而产生的。被指定的人，无正当理由一般不得拒绝担任代理人。

（四）代理权的终止

（1）委托代理权终止的情况

1）代理期限届满或代理事务完成，代理关系依照委托合同或委托书自然终止；

2）被代理人取消委托或代理人辞去委托；

3）代理人死亡，代理关系具有严格的人身属性，代理人一旦死亡，代理权和代理关系随之消灭，不能继承和转让。被代理人可以另行委托，产生新的委托代理关系；

4）代理人丧失民事行为能力；

5）作为被代理人或者代理人的法人终止。

（2）法定代理关系终止的情况

1）被代理人取得或恢复民事行为能力；

2）被代理人死亡或代理人死亡；

3）代理人丧失民事行为能力；

4）指定代理的人民法院或者指定单位取消指定；

5）由其他原因引起的被代理人和代理人的监护关系消灭。

（五）代理权的滥用和无权代理及其法律后果

（1）代理权的滥用及法律后果

代理权的滥用是指代理人以被代理人的名义从事对被代理人有重大不利的经济活动，致使被代理人的利益受到损害的一种无效代理行为。有以下几种：自己代理、双方代理、恶意代理。

1）自己代理。是指代理人借被代理人授予的代理权同自己进行的有害于被代理人的经济行为，这种行为违反了代理人应该履行的职责，是法律禁止的行为。

2）双方代理。是指代理人同时代理双方当事人进行同一项经济行为。

3）恶意代理。是指代理人出于恶意与他人串通损害被代理人利益的经济行为，由此产生的法律责任由代理人和第三人承担。

（2）无权代理及法律后果

无权代理是指代理人没有代理权，超越代理权或在代理权终止后的情况下，以被代理人的名义实施经济行为。无权代理有三种情况：

1）没有合法的授权行为。"代理人"与"被代理人"之间没有委托代理关系，行为人没有取得代理权而进行的行为。

2）代理行为超越了授权范围。这种"代理"是行为人享有代理权，但实施的经济行为超越了委托授权或法律规定的范围。

3）代理权已经消灭后的行为。当委托代理关系已经终止，代理权限已经结束，但行为人仍以原代理人的名义实施经济行为。

无权代理有两种处理方式：一是由被代理人追认，变为有权代理，这时被代理人即要承担经济民事责任；二是被代理人拒绝追认，代理属于无效代理，由无权"代理"人承担经济责任。被代理人指定他人以自己名义实施经济行为不作否认表示的，视为同意，应承担所产生的法律责任。

四、诉讼时效

（一）时效的概念

时效是指时间上的效力。它是一定事实状态在法律规定期间内的持续存在，从而产生与该事实状态相适应的法律效力。时效应符合三个条件：一是必须有事实状态存在，如权利人不行使自己权利或义务人不履行义务这种事实状态；二是必须经过法律规定的时间，时间长短由法律规定；三是会产生一定的法律后果，如丧失胜诉权。

时效能引起经济法律关系的设立、变更和终止，因此，时效也是法律事实。

（二）诉讼时效

1. 诉讼时效的概念

诉讼时效指权利人依照民事诉讼程序请求人民法院依法强制义务人向其履行义务，以保护其权利的时间效力。在法律规定的诉讼时效期间内，当义务人不履行义务时，权利人有权请求人民法院强制义务人向其履行义务，保护其民事权利。

诉讼时效的构成包括权利人不行使权利的法律事实存在和不行使权利的事实持续法律规定的期间这两个条件，否则不产生法律后果。

诉讼时效制度的适用，并不是对权利人不及时行使权利的惩罚，也不是对义务人不及时履行义务的保护，它的意义在于稳定现存的法律关系，保护现有的事实状态，督促权利人计划行使自己的权利和义务人履行自己的义务，加速民事流转，保护当事人的合法权益，同时有利于法院搜集证据，正确处理民事案件。

2. 诉讼时效的分类

根据诉讼时效的适用范围，诉讼时效可以分为：一般诉讼时效和特殊诉讼时效。

（1）民法规定除法律另有规定的外，向人民法院请求保护民事权利的诉讼时效期间为2年。一般诉讼时效普遍适用于一般经济民事法律关系，它的适用范围广，凡是没有特殊时效规定的经济民事法律关系都适用。

（2）特殊诉讼时效指对特殊民事关系适用的时效。它的适用范围很小，仅仅是针对某几种特殊经济民事法律关系。《民法通则》规定下列诉讼时效期间为1年：身体受到伤害要求赔偿的，出售质量不合格的商品未声明的，延付或者拒付租金的，寄存财物被丢失或者损毁的。同时《合同法》还规定国际货物买卖合同和技术进出口合同争议提起诉讼或者申请仲裁的期限为4年。

3. 诉讼时效的计算

我国《民法通则》规定："诉讼时效期间从知道或应该知道权利被侵害时起计算。

但是，从权利被侵害之日超过 20 年的，人民法院不予保护。"诉讼时效的计算并不妨碍当诉讼时效超过时当事人自愿履行的。

4. 诉讼时效的中止、中断和延长

诉讼时效的中止指在诉讼时效期间最后 6 个月，因不可抗力或其他障碍不能行使请求权的，诉讼时效中止。从中止时效的原因消除之日起，诉讼时效期间继续计算。

诉讼时效的中断是指提起诉讼、当事人一方提出要求或同意履行义务而中断。从中断时起，诉讼时效期间重新计算。如权利人已经向人民法院提起诉讼，或向仲裁机关申请调解或仲裁并受理，义务人提出履行义务的请求等，都能引起诉讼时效中断，时效期间重新计算法律后果。

诉讼时效的延长指在诉讼时效期间届满以后，权利人向人民法院提出诉讼请求时，人民法院审查认为权利人确有特殊情况而未能在诉讼时效期间内主张权利的，可以把法定诉讼时效期间予以延长。人民法院应正确掌握和使用诉讼时效延长的规定，做到宽严适度。

5. 诉讼时效届满后的法律后果

首先，诉讼时效届满，权利人丧失了依照诉讼程序请求人民法院强制义务人向其履行义务的权利，即丧失了胜诉权，此时的债为"自然债务"。

其次，诉讼时效届满，权利人虽丧失了胜诉权，但他享有的民事权利本身并未丧失，原来的债依然存在，只是不受国家法律强制力保护。因此，义务人在诉讼时效届满后自愿履行义务，权利人仍有权接受，义务人履行义务后也不能以诉讼时效届满为由请求权利人返还履行的财物。

五、债权

（一）债的概念

债是按照合同约定或依照法律规定，在当事人之间产生的特定的权利和义务关系。

（二）债的发生根据

根据我国《民法通则》以及相关的法律规范的规定，能够引起债的发生的法律事实主要有以下几种：

1. 合同

合同是民事主体之间关于设立、变更和终止民事关系的协议。是引起债权债务关系的发生的最主要、最普遍的根据。

2. 侵权行为

是行为人不法侵犯他人的财产权或人身权的行为。

3. 不当得利

不当得利是指没有法律或合同依据，有损他人而取得的利益。它可能表现为得利人财产的增加，致使他人不应减少的财产减少；也可能表现为得利人应支付的费用没有支付，致使他人应当增加的财产没有增加。不当得利一旦发生，不当得利人负有返还的义务，因而是一种债权债务关系。

4. 无因管理

是指既未受人之托，也不负有法律规定的义务，而是自觉为他人管理事务的行为。

（三）债的消灭

债因以下事实而消灭：

（1）债因履行而消灭；

（2）债因抵消而消灭；

（3）债因提存而消灭：提存是指债权人无正当理由拒绝接受履行或其下落不明，或数人就同一债权主张权利，债权人一时无法确定，致使债务人一时难以履行债务，经公证机关证明或人民法院的裁决，债务人可以将履行的标的物提交有关部门保存的行为；

（4）债因混同而消灭：混同是指债权人和债务人合为一体，如两个相互订有合同的企业合并，则产生混同的法律效果。

第二节　合同法概述

一、合同法概述

合同是平等主体的自然人、法人、其他组织之间设立、变更、终止民事权利义务关系的协议。

在人们的社会生活中，合同是普遍存在的。在社会主义市场经济中，社会各类经济组织或商品生产经营者之间存在着各种经济往来关系。它们是最基本的市场经济活动，它们都需要通过合同来实现和连接，需要用合同来维护当事人的合法权益，维护社会的经济秩序。没有合同，整个社会的生产和生活就不可能有效和正常地进行。

为了保护合同当事人的合法权益，维护社会经济秩序，促进社会主义现代化建设，我国于 1999 年 3 月 15 日通过了《中华人民共和国合同法》以下简称《合同法》，并于 1999 年 10 月 1 日起施行。《合同法》分总则、分则和附则三部分，共二十三章。总则包括：一般规定、合同的订立、效力、履行、变更和转让、合同的权利义务终止、违约责任。分则就社会经济生活中常见的合同类型进行了规定。主要包括：

1. 买卖合同

买卖合同是出卖人转移标的物的所有权于买受人，买受人支付价款的合同。买卖合同中，出卖的标的物应当属于出卖人所有或出卖人有权处分。标的物的所有权自标的物交付时起转移。在建筑工程中，材料和设备的采购合同就属于这一类合同。

2. 供用电、水、气、热力合同

供用电（水、气、热力）合同是供电（水、气、热力）人向用电（水、气、热力）人供电，用电（水、气、热力）人支付电（水、气、热力）费的合同。

3. 赠与合同

赠与合同是赠与人将自己的财产无偿给予受赠人，受赠人表示接受赠与的合同。

4. 借款合同

借款合同是借款人向贷款人借款，到期返还借款并支付利息的合同。建筑工程中的贷款合同属于这类合同。

5. 租赁合同

租赁合同是出租人将租赁物交付承租人使用、收益，承租人支付租金的合同。在建筑工程中常见的有周转材料和施工设备的租赁。

6. 融资租赁合同

融资租赁合同是出租人根据承租人对出卖人、租赁物的选择，向出卖人购买租赁物，提供给承租人使用，承租人支付租金的合同。建筑企业使用的大型机械设备有时采用该类合同。

7. 承揽合同

承揽合同是承揽人按照定作人的要求完成工作，交付工作成果，定作人给付报酬的合同。承揽包括加工、定作、修理、复制、测试、检验等工作。

8. 建设工程合同

建设工程合同是承包人进行工程建设，发包人支付价款的合同。建设工程合同包括工程勘察、设计、施工合同。

9. 运输合同

运输合同是承运人将旅客或者货物从起运地点运输到约定地点，旅客、托运人或者收货人支付票款或者运输费用的合同。运输合同又包括客运合同、货运合同和多式联运合同。建筑企业采用较多的是货运合同。

10. 技术合同

技术合同是当事人就技术开发、转让、咨询或者服务订立的确立相互之间权利和义务的合同。

11. 保管合同

保管合同是保管人保管寄存人交付的保管物，并返还该物的合同。保管行动可能是有偿的，也有可能是无偿的。

12. 仓储合同

仓储合同是保管人储存存货人交付的仓储物，存货人交付仓储费的合同。建设施工项目也可能使用该类合同。

13. 委托合同

委托合同是委托人和受托人约定，由受托人处理委托人事务的合同。

14. 行纪合同

行纪合同是行纪人以自己的名义为委托人从事贸易活动、委托人支付报酬的合同。代理人与行纪关系中的行纪人是有区别的。行纪人在行纪关系中是以自己的名义而不是委托人的名义与第三人进行经济活动。

15. 居间合同

居间合同是居间人向委托人报告订立合同的机会或者提供订立合同的媒介服务，委托人支付报酬的合同。建设项目招标信息的获取和合同的订立都有可能采用，一般由中介机构完成。

二、建设工程合同

（一）建设工程合同的概念

建设工程合同是承包人进行工程建设，发包人支付价款的合同。建设工程合同包括工程勘察、设计、施工合同。双方当事人应当在合同中明确各自的权利义务，但合同主要内容是承包人进行工程建设，发包人支付工程款。建设工程实行监理的，发包人也应当与监理人采用书面形式订立委托监理合同。建设工程合同是一种诺成合同，合同订立生效后双方应当严格履行。建设工程合同也是一种双务、有偿合同，当事人双方在合同中都有各自的权利和义务，在享有权利的同时必须履行义务。

建设合同是广义的承揽合同的一种，也是承揽人按照定作人的要求完成工作，交付工作成果，定作人给付报酬的合同。但由于工程建设合同在经济活动、社会生活中的重要作用，以及在国家管理、合同标的等方面均有别于一般的承揽合同，我国一直将建设工程合同列为单独的一类重要合同。但考虑到建设工程合同是从承揽合同中分离出来的，《合同法》第二百八十七条规定：建设工程合同中没有规定的，适用于承揽合同的有关规定。

（二）建设工程合同的特征

1. 合同主体的严格性

建设工程合同主体一般只能是法人。发包人一般只能是经过批准进行工程项目建设的法人，必须有国家批准建设项目，落实投资计划，并且应当具备相应的协调能力；《招标投标法》第二十六、二十七条规定，承包人必须具备法人资格，而且应当具备相应的从事勘察、设计、施工等资质。无营业执照或无承包资质的单位不能作为建设工程合同的主体，资质等级低的单位不能越级承包建设工程。

2. 合同标的的特殊性

建设工程合同的标的是各类建筑产品，建筑产品是不动产，其基础部分与大地相连，不能移动。这就决定了每个建设工程合同的标的都是特殊的，相互间具有不可替代性。这还决定了承包方工作的流动性。建筑物所在地就是勘察、设计、施工生产场地，施工队伍、施工机械必须围绕建筑产品不断移动。另外，建筑产品的类别庞杂，其外观、结构、使用目的、使用人都各不相同，这就要求每一个建筑产品都需要单独设计和施工，即建筑产品是单体性生产，这也决定了建设工程合同标的的特殊性。

3. 合同履行期限的长期性

建设工程由于结构复杂、体积庞大、建筑材料类型多、工作量大，使得合同履行期限都较长。而且，建设工程合同的订立和履行一般都需要较长的准备期，在合同的履行过程中，还可能因为不可抗力、工程变更、材料供应不及时等原因而导致合同期限顺延。所有这些情况，决定了建设工程合同的履行期限具有长期性。

4. 计划和程序的严格性

由于工程建设对国家的经济发展、公民的工作和生活都有重大的影响，因此，国家对建设工程的计划和程序都有严格的管理制度。订立建设工程合同必须以国家批准的投资计划为前提，即使是国家投资以外的，以其他方式筹集的投资也要受到当年的贷款规模和批准限额的限制，纳入当年投资规模的平衡，并经过严格的审批程序。建设工程合同的订立和履行还必须符合国家关于建设程序的规定。国家相关法律法规都有相应条款。

5. 合同形式的特殊要求

我国《合同法》在一般情况下对合同形式采用书面形式还是口头形式没有限制，但是考虑到建设工程的重要性和复杂性，在建设过程中经常会发生影响合同履行的纠纷，因此《合同法》第二百七十条要求，建设工程合同应当采用书面形式，这也反映了国家对建设工程合同的重视。

（三）建设工程合同的种类

建设工程合同可以从不同的角度进行分类。

1. 从承发包的工程范围进行划分

从承发包的不同范围和数量进行划分，可以将建设工程合同分为建设工程总承包合同、建设工程承包合同、分包合同。发包人将工程建设的全过程发包给一个承包人的合同即为建设工程总承包合同。发包人如果将建设工程的勘察、设计、施工等的每一项分别发包给一个承包人的合同即为建设工程承包合同。经合同约定和发包人认可，从工程承包人承包的工程中承包部分工程而订立的合同即为建设工程分包合同。

2. 从完成承包的内容进行划分

从完成承包的内容进行划分，建设工程合同可以分为建设工程勘察合同、建设工程设计合同和建设工程施工合同三类。

3. 从计价方式进行划分

以计价方式不同进行划分，建设工程合同可分为总价合同、单价合同和成本加酬金合同。

（1）总价合同是指在合同中确定一个完成建设工程的总价、承包单位据此完成项目全部内容的合同。这种合同类型能够使建设单位在评标时易于确定报价最低的承包商、易于进行支付计算。但这类合同适用于工程量不太大且能精确计算、工期较短、技术不太复杂、风险不大的项目。因而采用这种合同类型要求建设单位必须准备详细而全面的技术图纸和各项说明，使承包单位能准确计算工程量。

（2）单价合同是承包单位在投标时，按招标文件就分部分项工程所列出的工程量表确定各分部分项工程费用的合同类型。

这类合同的适用范围比较宽，其风险可以得到合理的分摊，并且能鼓励承包单位通过提高工效等手段从成本节约中提高利润。这类合同能够成立的关键在于双方对单价和工程量计算方法的确认。在合同履行中需要注意的问题则是双方对实际工程量计量的确认。现在推行的工程量清单报价就需要采用这种合同付款方式。

（3）成本加酬金合同是由发包人向承包单位支付建设工程的实际成本，并按事先约定的某一种方式支付酬金的合同类型。在这类合同中，发包人需承担项目实际发生的一切费用，因此也就承担了项目的全部风险。而承包单位由于无风险，其报酬往往也较低。

这类合同的缺点是发包人对工程总造价不易控制，承包商也往往不注意降低项目成本。这类合同主要适用于以下项目：

1）需要立即开展工作的项目；

2）新型的工程项目或对项目工程内容及技术经济指标未确定；

3）项目风险很大。

第三节　合同的订立和效力

一、合同订立原则

《合同法》基本原则是合同当事人在合同的签订、执行、解释和争执的解决过程中应当遵守的基本准则，也是人民法院、仲裁机构在审理、仲裁合同时应当遵循的原则。合同法关于合同订立、效力、履行、违约责任等内容，都是根据这些基本原则规定的。

（一）自愿原则

自愿原则是合同法重要的基本原则，是市场经济的基本原则之一，也是一般国家的法律准则。自愿原则体现了签订合同作为民事活动的基本特征。

平等是自愿的前提。在合同关系中当事人无论具有什么身份，相互之间的法律地位是平等的，没有高低从属之分。

自愿原则贯穿于合同全过程，在不违反法律、行政法规、社会公德的情况下：

（1）当事人依法享有自愿签订合同的权力。合同签订前，当事人通过充分协商，自由表达意见，自愿决定和调整相互权利义务关系，取得一致而达成协议。

（2）在订立合同时当事人有权选择对方当事人。

（3）合同构成自由。包括合同的内容、形式、范围在不违法的情况下由双方自愿商定。

（4）在合同履行过程中，当事人可以通过协商修改、变更、补充合同内容，也可以协商解除合同。

（5）双方可以约定违约责任。在发生争议时，当事人可以自愿选择解决争议的方式。

（二）守法原则

合同的签订、执行绝不仅仅是当事人之间的事情，它可能会涉及社会公共利益和社会经济秩序。因此，遵守法律、行政法规，不得损害社会公共利益是合同法的重要原则。

合同都是在一定的法律背景条件下签订和实施的，合同的签订和实施必须符合合同的法律原则。具体体现在：

（1）合同不能违反法律，不能与法律相抵触，否则合同无效。

（2）签订合同的当事人在法律上处于平等地位，享有平等的权利和义务。

（3）法律保护合法合同的签订和实施。

合同的法律原则对促进合同圆满地履行，保护合同当事人的合法权益有重要的意义。

在我国《合同法》是适用于合同的最重要的法律。首先，《合同法》属于强制性的规定，必须履行；其次，《合同法》根据自愿原则，大部分条文是倡导性的，由当事人双方约定；第三，合同当事人有选择的权利，有权依法提请法院审理或裁决。

（三）诚实信用原则

合同是在双方诚实信用基础上签订的，合同目标的实现必须依靠合同双方真诚地合作。如果双方缺乏诚实信用，则合同不可能顺利实施。诚实信用原则具体体现在合同签订、履行以及终止的全过程。

（四）公平原则

公平是民事活动应当遵循的基本原则。合同调节双方民事关系，应不偏不倚，公平地维持合同双方的关系。将公平作为合同当事人的行为准则，有利于防止当事人滥用权利，保护和平衡合同当事人的合法权益，使之更好地履行合同义务，实现合同目的。

二、合同的订立

《合同法》第 13 条规定："当事人订立合同，采用要约、承诺方式。"要约与承诺是当事人订立合同必经的程序，也是当事人双方就合同的一般条款经过协商一致并签署书面协议的过程。

（一）要约

1. 要约的概念

《合同法》第 14 条规定："要约是希望和他人订立合同的意思表示，该意思表示应当符合下列规定：①内容具体确定；②表明经受要约人承诺，要约人即受该意思表示约束。"

要约是一种法律行为。它表现在规定的有效期限内，要约人要受到要约的约束。受要约人若按时和完全接受要约条款时，要约人负有与受要约人签订合同的义务。否则，要约人对此造成受要约人的损失应承担法律责任。

2. 要约邀请

《合同法》第 15 条规定："要约邀请是希望他人向自己发出要约的意思表示。寄送价目表、拍卖公告、招标公告、招股说明书、商业广告等为要约邀请。商业广告的内容符合要约规定的，视为要约。"

3. 要约生效

《合同法》第 16 条规定："要约到达受约人时生效。采用数据电文形式订立合同，收件人指定特定系统接收数据电文的，该数据电文进入该特定系统的时间，视为到达时间；未指定特定系统的，该数据电文进入收件人的任何系统的首次时间，视为到达时间。"

4. 要约撤回与撤销

《合同法》第 17 条规定："要约可以撤回。撤回要约的通知应当在要约到达受要约之前或于要约同时到达受要约人"。

《合同法》第 18 条规定："要约可以撤销。撤销要约的通知应当在受要约人发出承诺通知前到达受要约人"。

5. 要约有下列情形之一的要约失效：

（1）拒绝要约的通知到达要约人；

（2）要约人依法撤销要约；

（3）承诺期限届满，受要约人未作出承诺；

（4）受要约人对要约的内容作出实质性变更。

（二）承诺

1. 承诺的概念

承诺是指合同当事人一方对另一方发来的要约，在要约有效期限内，作出完全同意要约条款的意思表示。

《合同法》第 21 条规定："承诺是受要约人同意要约的意思表示。"

承诺也是一种法律行为。承诺必须是要约的相对人在要约有效期限内以明示的方式作出，并送达要约人；承诺必须是承诺人作出完全同意要约的条款方为有效。如果受要约人对要约中的某些条款提出修改、补充、部分同意，附有条件或者另行提出新的条件，以及迟到送达的承诺，都不被视为有效的承诺，而被称为新要约。

2. 承诺具有法律约束力的条件

承诺须由受要约人向要约人作出。非受要约人向要约人作出的意思表示不属于承诺，而是一种要约。

承诺的内容应当与要约的内容完全一致。

承诺人必须在要约有效期限内作出承诺。《合同法》第 28 条规定："受要约人超过承诺期限发出的承诺，除要约人及时通知受要约人该承诺有效的以外，为新要约。"

3. 承诺的方式、期限和生效

《合同法》第 22 条规定："承诺应当以通知的方式作出，但根据交易习惯或者要约表明可以通过行为作出承诺的除外。"

《合同法》第 23 条规定："承诺应当在要约确定的期限内到达要约人。要约没有确定承诺期限的，承诺应当依照下列规定到达：①要约以对话方式作出的，应当及时作出承诺，当事人另有约定的除外；②要约以非对话方式作出的，承诺应当在合理期限到达。"

《合同法》第 25 条规定："承诺生效时合同成立。"承诺人作出有效的承诺,在事实上合同已经成立,已经成立的合同对合同当事人双方具有约束力。

4. 承诺撤回、超期和延误

《合同法》第 27 条规定:"承诺可以撤回。撤回承诺的通知应当在承诺通知到达要约人之前或与承诺通知同时到达要约人。"承诺可以撤回,但不能因承诺的撤回而损害要约人的利益。

承诺的超期也即承诺的迟到,是指受要约人主观上超过承诺期而发出的承诺。迟到的承诺要约人可以承认其效力,但必须及时通知受要约人。因为如果不及时通知受要约人,受要约人也许会认为承诺并未生效或者视为自己发出了新要约而希望得到要约人的承诺。

承诺延误是指承诺人发出承诺后,被外界原因而延误到达。此时,除要约人及时通知受要约人因承诺超过期限不接受该承诺的以外,该承诺有效。

5. 受要约人对要约内容的实质性变更和承诺对要约内容的非实质性变更

《合同法》第 30 条规定:"承诺的内容应当与要约内容一致。受要约人对要约的内容作出实质性变更的,为新要约。有关合同标的、数量、质量、价款或者报酬、履行期限、履行地点和方式、违约责任和解决争议方法等的变更,是对要约内容的实质性变更。"承诺对要约中非上述内容的某些补充、限制和修改为非实质性变更。

承诺可以撤回。撤回承诺的通知应当在承诺通知到达要约人之前或与承诺通知同时到达要约人。

超过承诺期限发出的承诺,是迟到的承诺,除要约人及时通知受要约人该承诺有效的以外,为新的要约。

当事人签订合同,一般经过要约和承诺两个步骤,但实践中往往是通过要约→新要约→新新要约……承诺多个环节最后达成的。

三、合同主要条款

《合同法》第 12 条对合同内容进行了规定。合同的内容是指当事人享有的权利和承担的义务,主要以各项条款确定。合同内容由当事人约定,一般包括以下条款:

1. 当事人的名称或姓名和住所

这是每个合同必须具备的条款,当事人是合同的主体,要把名称或姓名、住所规定准确、清楚。

2. 标的

标的是当事人权利义务共同所指向的对象。没有标的或标的不明确,权利义务就没有客体,合同关系就不能成立,合同就无法履行。不同的合同其标的也有所不同。标的可以是物、行为、智力成果、项目或某种权利。

3. 数量

数量是对标的的计量,是以数字和计量单位来衡量标的的尺度。表明标的多少,决定当事人权利义务的大小范围。没有数量条款的规定,就无法确定双方权利义务的大小，双方的权利义务就处于不确定的状态。因此，合同中必须明确标的的数量。

4. 质量

指标准、技术要求，表明标的的内在素质和外观形态的综合。包括产品的性能、效用、工艺等。一般以品种、型号、规格、等级等体现出来。当事人约定质量条款时，必须符合国家有关规定和要求。

5. 价款或报酬

是一方当事人向对方当事人所付代价的货币支付，凡是有偿合同都有价款或报酬条款。当事人在约定价款或报酬时，应遵守国家有关价格方面的法律和规定，并接受工商行政管理机关和物价管理部门的监督。

6. 履行期限、地点和方式

履行期限是合同中规定当事人履行自己的义务的时间界限，是确定当事人是否按时履行或延期履行的客观标准，也是当事人主张合同权利的时间依据。履行地点是指当事人履行合同义务和对方当事人接受履行的地点。履行方式是当事人履行合同义务的具体做法。合同标的不同，履行方式也有所不同，即使合同标的相同，也有不同的履行方式，当事人只有在合同中明确约定合同的履行方式，才便于合同的履行。履行方式应视所签订合同的类别而定。

7. 违约责任

指当事人一方或双方不履行合同义务或履行合同义务不符合约定的，依照法律的规定或按照当事人的约定应当承担的法律责任。合同依法成立后，可能由于某种原因使得当事人不能按照合同履行义务。合同中约定违约责任条款，不仅可以维护合同的严肃性，督促当事人切实履行合同，而且一旦出现当事人违反合同的情况，便于当事人及时按照合同承担责任，减少纠纷。

8. 解决争议的方法

指合同争议的解决途径，对合同条款发生争议时的解释以及法律适用等。合同发生争议时，及时解决争议可有效维护当事人的合法权益。根据我国现有法律规定，争议解决的方法有和解、调解、仲裁和诉讼，其中仲裁和诉讼是最终解决争议的两种不同的方法，当事人只能在这两种方法中选择其一。因此，当事人订立合同时，在合同中约定争议解决的方法，有利于当事人在发生争议后，及时解决争议。

四、合同的形式

合同形式指协议内容借以表现的形式。合同的形式由合同的内容决定并为内容服务。合同的形式有书面形式、口头形式和其他形式。法律、行政法规规定采用书面形式的，应当采用书面形式。当事人约定采用书面形式的，应当采用书面形式。

口头形式指当事人以对话的方式达成的协议。一般用于数额较小或现款交易。

书面形式指合同书、信件和数据电文（包括电报、电传、传真、电子数据交换和电子邮件）等可以有形地表现所载内容的形式。

其他形式指推定形式和默示形式。

建设工程合同应当采用书面形式，这是《合同法》第二百七十条规定的。

五、合同的法律效力

合同的效力是指合同所具有的法律约束力。《合同法》第三章——合同的效力，不仅规定了合同生效、无效合同，而且还对可撤销或变更合同进行了规定。

（一）有效合同

合同生效即合同发生法律效力。合同生效后，当事人必须按约定履行合同，以实现其所追求的法律后果。《合同法》规定了合同生效的三种情形：

1. 成立生效

对一般合同，只要当事人在合同主体、合同内容、合同形式等方面符合法律的要求，经协商达成一致意见，合同成立即可生效。

2. 批准登记生效

《合同法》规定，法律、行政法规规定应当办理批准、登记等手续生效的，依照其规定。按照我国现有的法律和行政法规的规定，有的将批准登记作为合同成立的条件，有的将批准登记作为合同生效的条件。比如，中外合资经营企业合同必须经过批准后才能生效。

3. 约定生效

约定生效包括约定附条件和约定附期限两种情况。

当事人对合同的效力可以约定附条件生效。附生效条件的合同，自条件成就时生效。附解除条件的合同，自条件成就时失效。但是当事人为自己的利益不正当地阻止条件成就的，视为条件已成就；不正当地促成条件成就的，视为条件不成就。

当事人对合同的效力可以约定附期限生效。附生效期限的合同，自期限届至时生效。附终止期限的合同，自期限届满时失效。

（二）效力待定合同

合同或合同某些方面不符合合同的有效要件，但又不属于无效合同或可撤销合同，应当采取补救措施，有条件的尽量促使其成为有效合同。合同效力待定主要有以下几种情况：

1. 限制民事行为能力人订立的合同

此种合同经法定代理人追认后，该合同有效。

2. 无权代理合同

这种合同具体又分为三种情况：

（1）行为人没有代理权，即行为人事先没有取得代理权却以代理人自居而代理他人订立的合同。

（2）无权代理人超越代理权，即代理人虽然获得了被代理人的代理权，但他在代订合同时超越了代理权限的范围。

（3）代理权终止后以被代理人的名义订立合同，即行为人曾经是被代理人的代理人，但在以被代理人的名义订立合同时，代理权已终止。

3. 无处分权的人处分他人财产的合同

这类合同是指无处分权的人以自己的名义对他人的财产进行处分而订立的合同。根据法律规定，财产处分权只能由享有处分权的人行使。《合同法》规定："无处分权的人处分他人财产，经权利人追认或者无处分权的人订立合同后取得处分权的，该合同有效。"

（三）无效合同

1. 无效合同的确认

《合同法》规定，有下列情形之一的，合同无效：

（1）一方以欺诈、胁迫的手段订立合同，损害国家利益；

（2）恶意串通，损害国家、集体或者第三人利益；

（3）以合法形式掩盖非法目的；

（4）损害社会公众利益；

（5）违反法律、行政法规的强制性规定。

无效合同的确认权归合同管理机关和人民法院。

2. 无效合同的处理

（1）无效合同自合同签订时就没有法律约束力；

（2）合同无效分为整个合同无效和部分无效，如果合同部分无效的，不影响其他部分的法律效力；

（3）合同无效，不影响合同中独立存在的有关解决争议条款的效力；

（4）因该合同取得的财产，应予返还；有过错的一方应当赔偿对方因此所受到的损失。

（四）可变更或者可撤销合同

1. 可变更合同是指合同部分内容违背当事人的真实意思表示，当事人可以要求对该部分内容的效力予以撤销的合同。可撤销合同是指虽经当事人协商一致，但因非对方的过错而导致一方当事人意思表示不真实，允许当事人依照自己的意思，使合同效力归于消灭的合同。《合同法》规定下列合同当事人一方有权请求人民法院或者仲裁机构变更或撤销：

（1）因重大误解订立的；

（2）在订立合同时显失公平的；

（3）一方以欺诈、胁迫的手段或者乘人之危，使对方在违背真实意思的情况下订立的。

2. 可撤销合同与无效合同有着本质的区别，主要表现在：

（1）效力不同。可撤销合同是由于当事人表达不清、不真实，只一方有撤销权；无效合同内容违法，自然不发生效力。

（2）期限不同。可撤销合同中具有撤销权的当事人从知道撤销事由之日起一年内没有行使撤销权或者知道撤销事由后明确表示，或者以自己的行为表示放弃撤销权，则撤销权消灭。无效合同从订立之日起就无效，不存在期限。

第四节 合同的履行和担保

一、合同的履行

合同的履行是指合同生效后，当事人双方按照合同约定的标的、数量、质量、价款、履行期限、履行地点和履行方式等，完成各自应承担的全部义务的行为。

（一）合同履行的基本原则

1. 全面履行的原则

《合同法》第 60 条规定："当事人应当按照约定全面履行自己的义务。当事人应当遵循诚实信用原则，根据合同的性质、目的和交易习惯履行通知、协助、保密等义务。"

当事人订立合同不是目的，只有全面、适当履行合同，才能实现当事人所追求的法律后果，使其预期目的得以实现。如果当事人所订立的合同，有关内容约定不明确或者没有约定，《合同法》允许当事人协议补充。如果当事人不能达成协议的，按照合同有关条款或交易习惯确定。如果按此规定仍不能确定的，则按《合同法》规定处理。

（1）质量要求不明确的，按照国家标准、行业标准履行；没有国家标准、行业标准的按照通常标准或者符合合同目的的特定标准履行。

（2）价款或者报酬不明确的，按照订立合同时履行地的市场价格履行；依法应当执行政府定价或者指导价的，按照规定履行。

（3）履行地点不明确，给付货币的，在接受货币一方所在地履行；交付不动产的，在不动产所在地履行；其他标的，在履行义务一方所在地履行。

（4）履行期限不明确的，债务人可以随时履行，债权人也可以随时要求履行，但应当给对方必要的准备。

（5）履行方式不明确的，按照有利于实现合同目的的方式履行。

（6）履行费用的负担不明确的，由履行义务一方负担。

2. 遵守诚实信用原则

合同法规定，当事人应当遵循诚实信用原则，根据合同的性质、目的和交易习惯，履行通知、协助、保密等义务。

3. 实际履行原则

合同当事人应严格按照合同规定的标的完成合同义务，而不能用其他标的代替。鉴于客观经济活动的复杂性和多变性，在具体执行该原则时，还应根据实际情况灵活掌握。

（二）合同履行的保护措施

为了保证合同的履行，保护当事人的合法权益，维护社会经济秩序，促使责权能够实现，防范合同欺诈，在合同履行过程中，需要通过一定的法律手段使受损害一方的当事人能维护自己的合法权益。为此，合同法专门规定了当事人的抗辩权和保全措施。

1. 抗辩权

所谓抗辩权，就是一方当事人有依法对抗对方要求或否认对方权力主张的权力。《合同法》规定了同时履行抗辩权和异时履行抗辩权。

同时履行抗辩权是指对于双方合同当事人双方应同时履行，一方在对方履行债务前或在对方履行债务不符合约定时，有权拒绝其相应的履行要求。

异时履行抗辩权分为后履行抗辩权和不安履行抗辩权。

后履行抗辩权是指合同有先后履行顺序的，若先履行一方未履行债务，后履行一方有权拒绝其履行要求。

不安履行抗辩权是指当事人互负债务，如果应当先履行债务的当事人有确切证据证明对方有丧失或可能丧失履行债务能力情形时，可以中止履行债务。规定不安抗辩权是为了保护当事人的合法权益，防止借合同欺诈，也可促使对方履行合同。

2. 保全措施

为了防止债务人的财产不适当减少而给债权人带来危害，合同法允许债权人为保全其债权的实现采取保全措施。保全措施包括代位权和撤销权。

（1）代位权是指因债务人怠于行使其到期债权，对债权人造成损害，债权人可以向人民法院请求以自己的名义代位行使债务人的债权。债权人依照《合同法》规定提起代位权诉讼，应当符合下列条件：

1）债权人对债务人的债权合法；

2）债务人怠于行使其到期债权，对债权人造成损害；

3）债务人的债权已到期；

4）债务人的债权不是专属于债务人自身的债权。

债务人怠于行使其到期债权，对债权人造成损害的是指债务人不履行其对债权人的到期债务，又不以诉讼方式或者仲裁方式向其债务人主张其享有的具有金钱给付内容的到期债权，致使债权人的到期债权未能实现。专属于债务人自身的债权是指基于扶养关系、抚养关系、赡养关系、继承关系产生的给付请求权和劳动报酬、退休金、养老金、抚恤金、安置费、人寿保险、人身伤害赔偿请求权等权利。当然，代位权的行使范围以债权人的债权为限，债权人行使代位权的必要费用由债务人负担。

（2）撤销权是指债权人对于债务人危害其债权实现的不当行使，有请求人民法院予以撤销的权利。《合同法》规定："因债务人放弃其到期债权或者无偿转让财产，对债权人造成损害的，债权人可以请求人民法院撤销债务人的行为。债务人以明显不合理的低价转让财产，对债权人造成损害，并且受让人知道该情形的，债权人也可以请求人民法院撤销债务人的行为。撤销权的行使范围以债权人的债权为限。债权人行使撤销权的必要费用，由债务人负担。"

二、合同的担保

（一）合同担保的概念

合同的担保是指法律规定或者由当事人双方协商约定的确保合同按约履行所采取的

具有法律效力的一种保证措施。

（二）合同担保的方式

我国《担保法》规定的担保方式为保证、抵押、质押、留置和定金。

1. 保证

我国《担保法》规定"保证是指保证人和债权人约定，当债务人不履行债务时，保证人按照约定履行债务或者承担责任的行为。"

保证具有以下法律特征：

（1）保证属于人的担保范畴，它不是用特定的财产提供担保，而是以保证人的信用和不特定的财产为他人债务提供担保；

（2）保证人必须是主合同以外的第三人，保证必须是债权人和债务人以外的第三人为他人债务所作的担保，债务人不得为自己的债务作保证；

（3）保证人应当具有代为清偿债务的能力，保证是以保证人的信用和不特定的财产来担保债务履行的，因此，设定保证关系时，保证人必须具有足以承担保证责任的财产。具有代为清偿能力是保证人应当具备的条件；

（4）保证人和债权人可以在保证合同中约定保证的方式，享有法律规定的权利，承担法律规定的义务。

《担保法》对保证人的资格作了规定。保证人必须是具有代为清偿债务能力的人，既可以是法人也可以是其他组织或公民。下列人不可以作为保证人：

（1）国家机关不得为保证人，但经国务院批准为使用外国政府或者国际经济组织贷款进行转贷的除外；

（2）学校、幼儿园、医院等以公益为目的的事业单位、社会团体不得为保证人；

（3）企业法人的分支机构、职能部门不得为保证人，但企业法人的分支机构有法人书面授权的，可以在授权范围内提供保证。

保证合同是保证人与债权人以书面形式订立的合同。合同应包括以下内容：

（1）被保证的主债权种类、数量；

（2）债务人履行债务的期限；

（3）保证的方式；

（4）保证担保的范围；

（5）保证的期间；

（6）双方认为需要约定的其他事项。

保证的方式有一般保证和连带责任保证两种。一般保证是指当事人在保证合同中约定，债务人不能履行债务时，由保证人承担保证责任的保证方式。连带责任保证是指当事人在保证合同中约定保证人与债务人对债务承担连带责任的保证方式。

保证范围包括主债权及利息、违约金、损害赔偿金和实现债权的费用。保证合同另有约定的，按照约定。当事人对保证范围无约定或约定不明确的，保证人应对全部债务承担责任。

一般保证的担保人与债权人未约定保证期间的，保证期间为主债务履行期间届满之日起六个月。债权人未在合同约定的和法律规定的保证期间内主张权利，保证人免除保证责任；如债权人已主张权利的，保证期间适用于诉讼时效中断规定。连带责任保证人与债权人未约定保证期间的，债权人有权自主债务履行期满之日期六个月内要求保证人承担保证责任。在合同约定或法律规定的保证期间内，债权人未要求保证人承担保证责任的，保证人免除保证责任。

2. 抵押

(1) 抵押是债务人或第三人不转移对抵押财产的占有，将该财产作为债权的担保。当债务人不履行债务时，债权人有权依法以该财产折价或以拍卖、变卖该财产的价款优先受偿。

(2) 抵押具有以下法律特征：

1) 抵押权是一种他物权，抵押权是对他人所有物具有取得利益的权利，当债务人不履行债务时，债权人(抵押权人)有权依照法律以抵押物折价或者从变卖抵押物的价款中得到清偿；

2) 抵押权是一种从物权，抵押权将随着债权的发生而发生，随着债权的消灭而消灭；

3) 抵押权是一种对抵押物的优先受偿权，在以抵押物的折价受偿债务时，抵押权人的受偿权优先于其他债权人；

4) 抵押权具有追及力，当抵押人将抵押物擅自转让他人时，抵押人可追及抵押物而行使权利。

(3) 根据担保法的规定，可以抵押的财产有：

1) 抵押人所有的房屋和其他地上定着物；

2) 抵押人所有的机器、交通运输工具和其他财产；

3) 抵押人依法有权处分的国有的土地使用权、房屋和其他地上定着物；

4) 抵押人依法有权处分的国有的机器、交通运输工具和其他财产；

5) 抵押人依法承包并经发包方同意抵押的荒山、荒沟、荒丘、荒滩等荒地的土地所有权；

6) 依法可以抵押的其他财产。

抵押人可以将前面所列财产一并抵押，但抵押人所担保的债权不得超出其抵押物的价值。

(4) 根据担保法，禁止抵押的财产有：

1) 土地所有权；

2) 耕地、宅基地、自留地、自留山等集体所有的土地使用权，但法律有规定的可抵押物除外；

3) 学校、幼儿园、医院等以公益为目的的事业单位、社会团体的教育设施、医疗卫生设施和其他社会公益设施；

4) 所有权、使用权不明确或有争议的财产；

5) 依法被查封、扣押、监管的财产；

6) 依法不得抵押的其他财产。

(5) 采用抵押方式担保时，抵押人和抵押权人应以书面形式订立抵押合同，法律规定应当办理抵押物登记的，抵押合同自登记之日起生效。抵押合同应包括如下内容：

1）被担保的主债权的种类、数额；

2）债务人履行债务的期限；

3）抵押物的名称、数量、质量、状况、所在地、所有权权属或者使用权权属；

4）抵押担保的范围；

5）当事人认为需要约定的其他事项。

《担保法》还对办理抵押物登记部门进行了规定：

1）以无地上定着物的土地使用权抵押的，为核发土地使用权证书的土地管理部门；

2）以城市房地产或者乡镇、村企业的厂房等建筑物抵押的，为县级以上地方人民政府规定的部门；

3）以林木抵押的，为县级以上林木主管部门；

4）以航空器、船舶、车辆抵押的，为运输工具的登记部门；

5）以企业的设备和其他动产抵押的，为财产所在地的工商行政管理部门。

3．质押

质押分为动产质押和权利质押。

动产质押是指债务人或者第三人将其动产移交债权人占有，将该动产作为债权的担保。债务人不履行债务时，债权人有权依照法律规定以该动产折价或者以拍卖、变卖该动产的价款优先受偿。债务人或者第三人为出质人，债权人为质权人，移交的动产为质物。

法律规定出质人和质权人应当以书面形式订立质押合同。质押合同应当包括以下内容：

（1）被担保的主债权种类、数额；

（2）债务人履行债务的期限；

（3）质物的名称、数量、质量、状况；

（4）质押担保的范围；

（5）质物移交的时间；

（6）当事人认为需要约定的其他事项。

质押担保的范围包括主债权及利息、违约金、损害赔偿金、质物保管费用和实现质权的费用。

在权利质押中以下权利可以质押：

（1）汇票、支票、本票、债券、存款单、仓单、提单；

（2）依法可以转让的股票、股份；

（3）依法可以转让的商标专用权、专利权、著作权中的财产权；

（4）依法可以质押的其他权利。

权利出质后，出质人不得转让或者许可他人使用，但经出质人与质权人协商同意的可以转让或者许可他人使用。出质人所得的转让费、许可费应当向质权人提前清偿所担保的债权或向与质权人约定的第三人提存。

4．留置

（1）留置是指债权人按照合同约定占有债务人的动产，债务人不按照合同约定的期限履行债务的，债权人有权依照法律规定留置该财产，以该财产折价或以拍卖、变卖该财产的价款优先受偿的担保形式。

（2）留置具有如下法律特征：

1）留置权是一种从权利；

2）留置权属于他物权；

3）留置权是一种法定担保方式，它依据法律规定而发生，而非以当事人之间的协议而成立。担保法规定：因保管合同、运输合同、加工承揽合同发生的债权，债务人不履行债务的，债权人有留置权。

（3）留置担保范围包括主债权及利息、违约金、损害赔偿金、留置物保管费用和实现留置权的费用。

（4）法律规定留置权可能因为下列原因消灭：

1）债权消灭的；

2）债务人另行提供担保并被债权人接受的。

5. 定金

定金是合同当事人约定一方向对方给付定金作为债权的担保形式。债务人履行合同后，定金应当抵作价款或者收回。给付定金的一方不履行约定的债务的，无权请求返还定金。收受定金的一方不履行约定的债务的，应当双倍返还定金。当事人约定以交付定金作为订立主合同担保的，给付定金的一方拒绝订立主合同的，无权要求返还定金；收受定金的一方拒绝订立合同的，应当双倍返还定金。

定金应当以书面形式约定。当事人在定金合同中应当约定交付定金的期限。定金合同从实际交付定金之日起生效。

定金的具体数额由当事人约定，但不得超过主合同标的额的20％。

（三）施工合同的担保形式

建设工程合同的担保一般采用质押的形式。一般在投标时需交纳投标保证金，施工单位中标签订合同前，需交纳履约保证金。保证金的性质就属于质押（金钱押）。施工合同也可约定在建设方不能履行付款义务时，承包商有权留置建筑物。但这种担保方式采用不多。

第五节 合同的变更、转让和终止

一、合同的变更

合同的变更是指合同依法成立后，在尚未履行或尚未完全履行时，当事人双方经协商依法对合同的内容进行修订或调整所达成的协议。例如，对合同约定的数量、质量标准、履行期限、履行地点和履行方式等进行变更。合同变更一般不涉及已履行部分，而只对未履行的部分进行变更，因此，合同变更不能在合同履行后进行，只能在完全履行合同之前。

《合同法》第五章规定，当事人协商一致，可以变更合同。因此，当事人变更合同的方式类似订立合同的方式，经过提议和接受两个步骤。要求变更合同的一方首先提出建议，明确变更的内容，以及变更合同引起的后果处理。另一当事人对变更表示接受。这样，双方当事人对合同的变更达成协议。一般来说，书面形式的合同，变更协议也应采用书面形式。

应当注意的是，当事人对合同变更只是一方提议，而未达成协议时，不产生合同变更的效力；当事人对合同变更的内容约定不明确的，同样也不产生合同变更的效力。

二、合同的转让

合同的转让，是指当事人一方将合同的权利和义务转让给第三人，由第三人接受权利和承担义务的法律行为。合同转让可以部分转让，也可全部转让。随着合同的全部转让，原合同当事人之间的权利和义务关系消灭，与此同时，在未转让一方当事人和第三人之间形成新的权利义务关系。

《合同法》规定了合同权利转让、合同义务转让和合同权利义务一并转让的三种情况：

1. 合同权利的转让

合同权利的转让也称债权让于，是合同当事人将合同中的权利全部或部分转让给第三方的行为。转让合同权利的当事人称为让于人，接受转让的第三人称为受让人。《合同法》规定：

(1) 不得转让的情形

1）根据合同性质不得转让；

2）按照当事人约定不得转让；

3）依照法律规定不得转让。

(2) 债权人转让权利的条件

债权人转让权利的，应当通知债务人。未经通知，该转让对债务人不发生效力。除非受让人同意，债权人转让权利的通知不得撤销。

2. 合同义务的转让

合同义务的转让也称债务转让，是债务人将合同的义务全部或部分地转移给第三人的行为。《合同法》规定了债务人转让合同义务的条件：债务人将合同的义务全部或部分转让给第三人，应当经债权人同意。

3. 合同权利和义务一并转让

指当事人一方将债权债务一并转让给第三人，由第三人接受这些债权债务的行为。

《合同法》第十六章规定：总承包人或勘察、设计、施工承包人经发包人同意，可以将自己承包的部分工作交由第三人完成。第三人就其完成的工作成果与总承包人或勘察、设计、施工承包人向发包人承担连带责任。承包人不得将其承包的全部建设工程转包给第三人或将其承包的全部建设工程肢解以后以分包的名义分别转包给第三人。禁止承包人将工程分包给不具备相应资质条件的单位。禁止分包单位将其承包的工程再分包。建设工程主体结构的施工必须由承包人自行完成。

三、合同的终止

合同的终止是指合同当事人之间的合同关系由于某种原因不复存在，合同确立的权利义务消灭。《合同法》规定在下列情形下合同终止：

1. 合同已按照约定履行

合同生效后，当事人双方按照约定履行自己的义务，实现了自己的全部权利，订立合同的目的已经实现，合同确立的权利义务关系消灭，合同因此而终止。

2. 合同解除

合同生效后，当事人一方不得擅自解除合同。但在履行过程中，有时会产生某些特定情况，应当允许解除合同。《合同法》规定合同解除有两种情况：

（1）协议解除。当事人双方通过协议可以解除原合同规定的权利和义务关系。

（2）法定解除。合同成立后，没有履行或者没有完全履行以前，当事人一方可以行使法定解除权使合同终止。为了防止解除权的滥用，《合同法》规定了十分严格的条件和程序。在下列情形之一的，当事人可以解除合同：

1）因不可抗力致使不能实现合同目的；

2）在履行期限届满之前，当事人一方明确表示或者以自己的行为表示不履行主要债务；

3）当事人一方迟延履行主要债务，经催告后在合理期限内仍未履行；

4）当事人一方迟延履行债务或者有其他违约行为致使不能实现合同目的；

5）法律规定的其他情形。

关于合同解除的法律后果，《合同法》规定："合同解除后，尚未履行的，终止履行；已经履行的根据履行情况和合同性质，当事人可以要求恢复原状、采取其他补救措施，并有权要求赔偿损失。"

合同终止后，虽然合同当事人的合同权利义务关系不复存在了，但合同责任并不一定消灭，因此，合同中结算和清理条款不因合同的终止而终止，仍然有效。

第六节 违约责任承担方式

违约责任是指合同当事人违反合同约定，不履行义务或者履行义务不符合约定所承担的责任。违约责任制度是保证当事人履行合同义务的重要措施，有利于促进合同的全部履行。没有违约责任制度，"合同具有法律约束力"就成了空话。

《合同法》第七章规定，当事人一方不履行合同义务或者履行合同义务不符合约定的应当承担继续履行、采取补救措施或者赔偿损失等违约责任。在这里不管主观上是否有过错，除不可抗力免责外，都要承担违约责任。

违约责任有如下几种承担形式。

一、违约金

违约金是指按照当事人的约定或者法律直接规定，一方当事人违约的，应向另一方支付的金钱。违约金的标的物是金钱，也可约定为其他财产。

（1）当事人可以约定一方违约时应当根据违约情况向对方支付一定数额的违约金，也可以约定因违约产生的损失赔偿额的计算方法。在合同实施中，只要一方有不履行合同的行为，就得按合同规定向另一方支付违约金，而不管违约行为是否造成对方损失。以这种手段对违约方进行经济制裁，对企图违约者起警戒作用。违约金的数额应在合同中用专用条款详细约定。

（2）违约金同时具有补偿性和惩罚性。《合同法》规定："约定的违约金低于违反合同所造成的损失的，当事人可以请求人民法院或者仲裁机构予以增加；若约定的违约金过分高于所造成的损失，当事人可以请求人民法院或者仲裁机构予以减少"。这保护了受损害方的利益，体现了违约金的惩罚性，有利于对违约者的制约，同时体现了公平原则。

（3）当事人可以约定一方向对方给付定金作为债权的担保。即为了保证合同的履行，在当事人一方应付给另一方的金额内，预先支付部分款额，作为定金。若支付定金一方违约，则定金不予退还。同样，如果接受定金的一方违约，则应加倍偿还定金。

二、赔偿损失

赔偿损失是指合同当事人就其违约而给对方造成的损失给予补偿的一种方法。《合同法》规定："当事人一方不履行合同义务或者履行合同义务不符合约定的，在履行义务或者采取措施后，对方还有其他损失的应当赔偿损失。"

1. 赔偿损失的构成

赔偿损失包括违约的赔偿损失、侵权的赔偿损失及其他的赔偿损失。承担赔偿损失责任由以下要件构成：

（1）有违约行为，当事人不履行合同或者不适当履行合同；

（2）有损失后果，违约责任行为给另一方当事人造成了财产等损失；

（3）违约行为与财产等损失之间有因果关系；

（4）违约人有过错，或者虽无过错，但法律规定应当赔偿的。

2. 赔偿损失的范围

赔偿损失的范围可由法律直接规定，或由双方约定。在法律没有特别规定和当事人没有另行约定的情况下，应按完全赔偿原则，赔偿全部损失，包括直接损失和间接损失。

赔偿损失不得超过违反合同一方订立合同时预见到或者应当预见到的因违反合同可能造成的损失。

3. 赔偿损失的方式

赔偿损失的方式：一是恢复原状；二是金钱赔偿；三是代物赔偿。恢复原状指恢复到损害发生前的原状。代物赔偿指以其他财产替代赔偿。

4. 赔偿损失的计算

赔偿损失的计算，关键在确定物的价格的计算标准，涉及标的物种类以及计算的时间地点。

合同标的物的价格可以分为市场价格和特别价格。一般标的物按市场价格确定其价格。特别标的物按特别价格确定，确定特别价格往往考虑精神因素，带有感情色彩。如纪念物。

计算标的物的价格，还要确定计算的时间及地点，不同的时间、地点价格往往不同。如果法律规定了或者当事人约定了赔偿损失的计算方法，则按该方法计算。

三、继续履行

继续履行合同要求违约人按照合同的约定，切实履行所承担的合同义务。具体来讲包括两种情况：一是债权人要求债务人按合同的约定履行合同；二是债权人向法院提出起诉，由法院判决强迫违约一方具体履行其合同义务。当事人违反金钱债务，一般不能免除其继续履行的义务。合同法规定，当事人一方未支付价款或者报酬的，对方可以要求其支付价款或者报酬。当事人违反非金钱债务的，除法律规定不适用继续履行的情形外，也不能免除其继续履行的义务。当事人一方不履行非金钱债务或者履行非金钱债务不符合规定的，对方可以要求履行。但有下列规定之一的情形除外：①法律上或者事实上不能履行；②债务的标的不适合强制履行或者履行费用过高；③债权人在合理期限内未要求履行。

四、采取补救措施

采取补救措施是在当事人违反合同后，为防止损失发生或者扩大，由其依照法律或者合同约定而采取的修理、更换、退货、减少价款或者报酬等措施。采用这一违约责任的方式，主要是在发生质量不符合约定的时候。合同法规定，质量不符合约定的，应当按照当事人的约定承担违约责任。对违约责任没有约定或者约定不明确，依照《合同法》的规定。仍不能确定的，受损害方根据标的的性质以及损失的大小，可以合理选择要求对方承担修理、更换、退货、减少价款或报酬等违约责任。

五、违约责任的免除

合同生效后，当事人不履行合同或者履行合同不符合合同约定的，都应承担违约责任。但如果是由于发生了某种非常情况或者意外事件，使合同不能按约定履行时，就应当作为例外来处理。合同法规定，只有发生不可抗力才能部分或者全部免除当事人的违约责任。

不可抗力是指不能预见、不能避免并不能克服的客观情况。

不可抗力发生后可能引起三种法律后果：一是合同全部不能履行，当事人可以解除合同，并免除全部责任；二是合同部分不能履行，当事人可以部分履行合同，并免除其不履行部分的责任；三是合同不能按期履行，当事人可延期履行合同，并免除其迟延履行的责任。

但需要特别指出的是，当事人迟延履行后发生不可抗力的，不能免除责任。

合同法规定，一方当事人因不可抗力不能履行合同义务时，应承担如下义务：及时采取一切可能采取的有效措施避免或者减少损失，及时通知对方，在合理期限内提供证明。

第七节 合同争议处理方式

合同争议，是指当事人双方对合同订立和履行情况以及不履行合同的后果所产生的纠纷。对合同订立产生的争议，一般是对合同是否成立及合同的效力产生分歧；对合同履行情况产生的争议，往往是对合同是否履行或者是否已按合同约定履行产生的异议；而对并不履行合同的后果产生的争议，则是对没有履行合同或者没有完全履行合同的责任，应由哪方承担责任和如何承担责任而产生的纠纷。由于当事人之间的合同是多样而复杂的，从而因合同引起相互间的权利和义务的争议是在所难免的。选择适当的解决方式，及时解决合同争议，不仅关系到维护当事人的合同利益和避免损失的扩大，而且对维护社会经济秩序也有重要作用。

合同争议的解决通常有如下几个途径：

一、和解

和解是指争议的合同当事人，依据有关的法律规定和合同约定，在互谅互让的基础上，经过谈判和磋商，自愿对争议事项达成协议，从而解决合同争议的一种方法。和解的特点在于无须第三者介入，简便易行，能及时解决争议，并有利于双方的协作和合同的继续履行。但由于和解必须以双方自愿为前提，因此，当双方分歧严重，及一方或双方不愿协商解决争议时，和解方式往往受到局限。和解应以合法、自愿和平等为原则。

二、调解

调解是争议当事人在第三方的主持下，通过其劝说引导，在互谅互让的基础上自愿达成协议，以解决合同争议的一种方式。调解也是以公平合理、自愿等为原则。在实践中，依调解人的不同，合同的调解有民间调解、仲裁机构调解和法庭调解三种。

民间调解是当事人临时选任的社会组织或者个人作为调解人对合同争议进行调解。通过调解人的调解，当事人达成协议的，双方签署调解协议书，调解协议书对当事人具有与合同一样的法律约束力。

仲裁机构调解是当事人将其争议提交仲裁机构后，经双方当事人同意，将调解纳入仲裁程序中，由仲裁庭主持进行，仲裁庭调解成功，制作调解书，双方签字后生效，只有调解不成才进行仲裁。调解书与仲裁书具有同等的效力。

法庭调解是由法院主持进行的调解。当事人将其争议提起诉讼后，可以请求法庭调解，调解成功的，法院制作调解书，调解书经双方当事人签收后生效，调解书与生效的判决书具有同等的效力。

调解解决合同争议，可以不伤和气，使双方当事人互相谅解，有利于促进合作。但这种方式受当事人自愿的局限，如果当事人不愿调解，或调解不成时，则应及时采取仲裁或诉讼以最终解决合同争议。

三、仲裁

1. 仲裁的概念和特点

（1）仲裁的概念。仲裁是指发生争议的双方当事人，根据其在争议发生前或争议发生后所达成的协议，自愿将该争议提交中立的第三者进行裁判的争议解决制度和方式。

（2）仲裁的特点。仲裁具有自愿性、专业性、灵活性、保密性、快捷性、经济性和独立性。

2. 仲裁委员会

（1）仲裁委员会的设立。根据《仲裁法》的规定，仲裁委员会可以在直辖市和省、自治区人民政府所在地的市设立，也可以根据需要在其他设区的市设立，不按行政区划层层设立。

（2）仲裁委员会的条件。根据《仲裁法》的规定，仲裁委员会应当具备下列条件：

1）有自己的名称、住所和章程；

2）有必要的财产；

3）有该委员会的组成人员，仲裁委员会由主任1人、副主任2～4人、委员7～11人组成；

4）有聘任的仲裁员。

3. 仲裁规则

仲裁规则，是指规范仲裁活动的具体程序及此程序中相应的仲裁法律关系的规则。仲裁规则可以由仲裁机构制定，某些内容甚至允许也可以由当事人自行约定，但是，仲裁规则不得违反仲裁法中对程序方面的强制性规定。一般来说，仲裁规则由仲裁委员会自己制定。涉外仲裁机构的仲裁规则由中国国际商会制定。

4. 仲裁协议

（1）仲裁协议的概念和类型

1）概念。仲裁协议是指双方当事人自愿把他们之间已经发生或者将来可能发生的合同纠纷及其他财产性权益争议提交仲裁解决的协议；

2）类型。仲裁协议有：仲裁条款、仲裁协议书、其他文件中包含的仲裁协议。

仲裁协议应以书面形式作出。

（2）仲裁协议的内容

1）请求仲裁必须是双方当事人共同的意思表示，必须是双方协商一致的基础上真实意思的表示。

2）仲裁事项，提交仲裁的争议范围；

3）选定的仲裁委员会。

（3）仲裁协议无效

我国《仲裁法》规定，有下列情况之一的，仲裁协议无效：

1）约定的仲裁事项超出法律规定的仲裁范围；

2）无民事行为能力或限制民事行为能力人订立的仲裁协议；

3）一方采取胁迫手段迫使对方订立仲裁协议的。

5.仲裁程序

（1）仲裁当事人和仲裁代理人

仲裁当事人指在协商一致的基础上依法以自己的名义独立地提出或参加仲裁，并接受仲裁裁决约束的公民、法人或其他组织。

当事人、法定代理人可以委托律师和其他代理人进行仲裁活动，委托律师和其他代理人进行仲裁活动的，应当向仲裁委员会提交授权委托书。

（2）申请与受理

当事人符合下列条件的，可以向仲裁委员会递交仲裁申请书：

1）有仲裁协议；

2）有具体的仲裁请求和事实、理由；

3）属于仲裁委员会的受理范围。

仲裁委员会收到仲裁申请书之日起 5 日内，经审查符合受理条件，应当受理，并通知当事人；不符合受理条件的，应当书面通知当事人不予受理，并说明理由。仲裁委员会受理仲裁申请后，应当在规定的期限内将仲裁规则和仲裁员名册送达申请人，并将仲裁申请书副本和仲裁规则、仲裁员名册送达被申请人。

（3）仲裁庭的组成

仲裁庭可以由 3 名仲裁员或 1 名仲裁员组成。由 3 名仲裁员组成的，设首席仲裁员。仲裁庭分合议仲裁庭和独任仲裁庭。

（4）仲裁审理

仲裁庭通常按下列顺序进行开庭调查：

1）当事人陈述；

2）告知证人的权利义务，证人作证，宣读未到庭的证人证言；

3）出示书证、物证和视听资料；

4）宣读勘验笔录、现场笔录；

5）宣读鉴定结论。

（5）和解、调解、裁决

当事人申请仲裁后，可以自行和解，协商解决纠纷。

当事人自愿调解的，仲裁庭在作出裁决前，可以先行调解，调解不成的，应当及时裁决。

裁决应当按照多数仲裁员的意见作出，不能形成多数意见时，裁决应当按照首席仲裁员的意见作出。

仲裁实行一裁终局制。任何一方当事人不得因不满裁决而要求复议，不得向法院起诉，也不得向其他任何机构提出变更仲裁裁决的请求。

（6）仲裁的执行

仲裁裁决执行，即仲裁裁决的强制执行，是指法院经当事人申请，采取强制性措施将裁决书的内容付诸实现的行为和程序。

四、诉讼

1. 概念

诉讼作为一种合同争议解决方法，是指人民法院在当事人和其他诉讼参与人参加下，审理和解决民事案件的活动以及在这种活动中产生的各种民事关系的总和。在诉讼过程中，法院始终居于主导地位，代表国家行使审判权，是解决争议案件的主持者和审判者，而当事人则各自基于诉讼法所赋予的权利，在法院的主持下为维护自己的合法权益而活动。

诉讼不同于仲裁的主要特点在于，不必以当事人的相互同意为依据，只要不存在有效的仲裁协议，任何一方都可以向有管辖权的法院起诉。由于合同争议往往具有法律性质，涉及当事人的切身利益，通过诉讼，当事人的权利可得到法律的严格保护，尤其是当事人发生争议后，缺少或达不成仲裁协议的情况下，诉讼也就成了必不可少的补救手段了。

2. 诉讼主管与管辖

（1）主管

诉讼主管就是法院受理民事案件的权限，即确定法院与其他国家机关、社会团体之间解决民事纠纷的分工和权限。

（2）管辖

指各级人民法院之间和同级人民法院之间受理第一审民事案件的分工和权限。我国民事诉讼法将管辖分为：级别管辖、地域管辖、移送管辖和指定管辖。级别管辖是指按照一定的标准，划分上下级人民法院之间受理第一审民事案件的分工和权限。地域管辖是指按照各级人民法院的辖区和民事案件的隶属关系来划分诉讼管辖。移送管辖是指人民法院在受理民事案件后，发现自己对案件并无管辖权，将案件移送到有管辖权的人民法院审理。指定管辖是指上级人民法院以裁定方式指定其下级人民法院对某一案件行使管辖权。

3. 诉讼程序

我国民事诉讼法第二编审判程序中将审判程序分为：第一审普通程序、简易程序、第二审程序、特别程序。简易程序适用于基层人民法院和它派出的法庭审理事实清楚、权利义务关系明确、争议不大的简单的民事案件。第二审程序适用于当事人不服地方人民法院第一审判决的，有权在判决书送达之日起 15 日内向上一级人民法院提出上诉。特别程序适用于人民法院审理选民资格案件、宣告失踪或者宣告死亡案件、认定公民无民事行为能力或者限制民事行为能力案件和认定财产无主案件。

第一审普通程序是我国民事诉讼法规定的人民法院审理第一审民事案件通常所适用的程序。它包括起诉与受理、审理前的准备、开庭审理几个阶段，其中开庭审理又分为准备开庭、法庭调查、法庭辩论、评议和宣判。

需要指出的是，仲裁和诉讼这两种争议解决的方式只能选择其中一种，当事人可以根据实际情况选择仲裁或诉讼。

复习思考题

1. 经济法与其他法律的区别。
2. 什么是经济法律关系？
3. 什么是代理？
4. 诉讼时效的概念。诉讼时效的起算是如何规定的？一般诉讼时效是多长时间？
5. 合同法的主要内容。
6. 合同订立的基本原则是什么？在建设工程合同的签订和执行过程中哪些方面体现了合同的基本原则？
7. 合同订立一般要经过哪几个程序？
8. 简述合同的主要内容。
9. 什么是无效合同？无效合同的效力是如何鉴定的？
10. 合同的担保方式有哪几种？
11. 合同变更的条件？合同的解除和终止的条件？
12. 简述违约金与赔偿金的区别。
13. 简述合同继续履行的条件。
14. 合同争议的处理方式有几种？

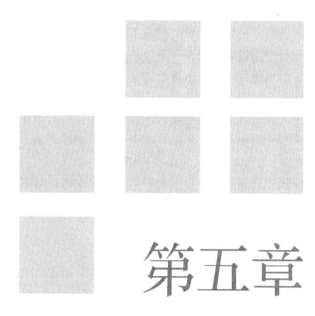

第五章

建设工程施工合同示范文本

【学习重点】

了解建设施工合同示范文本及标准施工招标文件合同条款的格式、组成和应用的意义，熟悉并理解合同文本中最常用的词语的涵义，熟悉工程质量保修期及质量保修责任。

掌握合同双方的一般权利和义务、工程师的权利和义务，熟悉质量控制条款、进度控制条款、造价控制条款、安全控制条款和管理性条款的内容。

建筑产品在社会物资交流中是一种比较特殊的商品。它是非工厂化生产的单件产品，生产周期长，耗费人力物力大，生产过程和技术复杂，受自然条件及政策法规影响大。这些特点决定了建筑工程施工合同的特殊性和复杂性。施工合同的签订这项工作对于任何一个发包人来说都不是一件经常性的、容易做好的事情。

为了规范合同当事人的行为，完善社会主义市场经济条件下的建设经济合同制度，解决施工合同中文本不规范、条款不完备、合同纠纷多等问题，建设部会同国家工商行政管理局依据有关工程建设的法律、法规，结合我国建设市场及工程施工的实际状况，同时借鉴了国际通用土木工程施工合同的成熟经验和做法，于1991年3月联合制定了《建设工程施工合同（示范文本）》GF—1991—0201示范文本。标准合同文本的施行很好地解决了施工合同签订过程中长时间存在的种种难题，有效地避免了发包人与承包人之间长期存在的诸多扯不清的问题。经过几年的工程实践，根据国际、国内建筑市场的变化，经过修订和补充，建设部与国家工商行政管理局于1999年12月制定了新版《建设工程施工合同（示范文本）》GF—1999—0201。

2007年11月1日国家发展改革委令第56号发布《中华人民共和国标准施工招标文件》（2007年版），于2008年5月1日起试行。2007版《标准施工招标文件》在第四章合同条款与格式中对《建设工程施工合同》进行了部分修改和补充。2010年住房和城乡建设部针对一定规模以上，且设计和施工不是由同一承包人承担的房屋建筑和市政工程的施工招标颁发了《房屋建筑和市政工程标准施工招标文件》，简称"行业标准施工招标文件"。《房屋建筑和市政工程标准施工招标文件》在第四章合同条款及格式第一节通用合同条款中指出：通用合同条款直接引用《标准施工招标文件》（2007版）第一卷第四章第一节"通用合同条款"。故本教材通用合同条款参照引用《标准施工招标文件》编写。专用合同条款及合同附件格式参照引用2010年《房屋建筑和市政工程标准施工招标文件》编写。

根据国内建设工程施工项目量大面广、投资规模与复杂程度差异悬殊、施工安装企业国有、民营多种体制以及几乎所有的现场工人都是农民工等特点，配合建设工程施工合同的操作运用，建设部和国家工商行政管理总局于2003年颁布了《建设工程施工专业分包合同（示范文本）》GF—2003—0213和《建设工程施工劳务分包合同（示范文本）》GF—2003—0214两个合同范本。这两个合同范本的订立原则、所用法规和词语定义均同前一合同文本，具体内容在本章第七节、第八节专述。

第一节　合同文本的结构

一、《工程建设施工合同》

《建设工程施工合同》GF—1999—0201由协议书、通用条款、专用条款三部分及三个附件组成。三个附件分别是承包人承揽工程项目一览表、发包人供应材料设备一览表和工程质量保修书。

（一）协议书

协议书开头是发包人、承包人依照《中华人民共和国合同法》、《中华人民共和国建筑法》及其他有关法律、行政法规，遵循平等、自愿、公平和诚实信用的原则，双方就某一项建设工程施工事项协商一致，订立文本合同的承诺（或确认）；结尾是发包人、承包人的住所，法定代表人、委托代理人联系方式、开户行账号、签字盖章；中间部分是协议书内容。

协议书内容包括 10 项：

（1）工程概况

包括工程名称、地点、内容（群体工程应附承包人承揽工程项目一览表即附件 1）、立项批准文号及资金来源。

（2）工程承包范围

具体确定工程施工内容。一般土木工程中常有分包、二次装修及特殊设备安装等情况需另择施工方，所以一次签订的合同中必须表明哪些内容做，哪些内容不做。

（3）合同工期

包括开工日期、竣工日期及合同工期总日历天数。

（4）质量标准

工程质量应达到国家或专业的质量验收标准的合格条件。若甲方要求工程质量达到优良标准（如市优、省优、部优），则应本着优质优价的原则支付由此增加的费用，对工期有影响的应给予相应顺延。

（5）合同价款

金额（大写）：＿＿＿＿＿元（人民币）

¥：＿＿＿＿＿元

（6）组成合同的文件

组成合同的文件包括：

1）本合同协议书；

2）中标通知书；

3）投标书及其附件；

4）本合同专用条款；

5）本合同通用条款；

6）标准、规范及有关技术文件；

7）图纸；

8）工程量清单；

9）工程报价单或预算书。

此外，双方有关工程的洽商、变更等书面协议或文件视为本合同的组成部分。

（7）本协议书中有关词语含义与本合同第二部分《通用条款》中分别赋予它们的定

义相同。

(8) 承包人向发包人承诺按照合同约定进行施工、竣工，并在质量保修期内承担工程质量保修责任。

(9) 发包人向承包人承诺按照合同约定的期限和方式支付合同价款及其他应当支付的款项。

(10) 合同生效

包括合同订立时间、订立地点及双方约定的生效时间。

(二) 通用条款

通用条款是制定本文本的部门根据法律、行政法规及建设工程施工的需要而制定的，通用于所有建设工程项目施工的条款。通用条款是一般建设工程所共同具备的共性条款，具有规范性、可靠性、完备性和适用性等特点，是合同文本的基本及指导性部分，并作为指标文件的组成部分而予以直接采用。

《建设工程施工合同(示范文本)》GF—1999—0201 的通用条款内容包括 11 个方面共 47 大条 172 小条，部分小条中又分若干子条。共 11 个方面：

1. 词语定义及合同文件；

2. 双方的一般权利和义务；

3. 施工组织设计和工期；

4. 质量与检验；

5. 安全施工；

6. 合同价款与支付；

7. 材料设备供应；

8. 工程变更；

9. 竣工验收与结算；

10. 违约、索赔和争议；

11. 其他。

其中词语定义条目中就包含了建设工程施工中最常用的 23 个词语，它们是：通用条款、专用条款、发包人、承包人、项目经理、设计单位、监理单位、工程师、工程造价管理部门、工程、合同价款、追加合同价款、费用、工期、开工日期、竣工日期、图纸、施工现场、书面形式、违约责任、索赔、不可抗力、小时或天。

例如：不可抗力——指不能预见、不能避免并不能克服的客观情况。索赔——指在合同履行过程中，对于并非自己的过错，而是应由对方承担责任的情况造成的实际损失，向对方提出经济补偿和(或)工期顺延的要求。

(三) 专用条款

专用条款是对通用条款规定内容的确认与具体化，它的大小条目号与通用条款相一致，是合同双方根据企业实际情况和工程项目的具体特点，经过协商达成一致的内容。

例如：通用条款中第 9.1 条中包括 9 小条，第 9.1(2)条中规定：承包人应向工程师提供年、季、月度工程进度计划及相应的进度统计报表；专用条款中第 9.1(2)条规定了承包人应提供计划、报表的名称及完成时间。

再例如：通用条款第 17.1 条规定：工程具备隐蔽条件或达到专用条款约定的中间验收部位，承包人进行自检，并在隐蔽或中间验收前 48 小时以书面形式通知工程师验收。通知包括隐蔽和中间验收的内容、验收时间和地点。承包人准备验收记录，验收合格，工程师在验收记录上签字后，承包人可进行隐蔽和继续施工。验收不合格，承包人在工程师限定的时间内修改后重新验收。专用条款第 17.1 条规定了双方约定的中间验收部位(如基础、浇混凝土前的柱梁钢筋骨架等)。

在通用条款中讲得笼统的、普遍的或者不够明确的问题在专用条款中要作补充和修改。

(四) 合同附件

附件一：承包人承揽工程项目一览表

附件二：发包人供应材料设备一览表

附件三：工程质量保修书

工程质量保修书是《建设工程施工合同》的一个子合同，开头是发包人(全称)、承包人(全称)对保修书的认定：为保证××××工程在合同使用期限内正常使用，发包人、承包人协商一致，签订工程质量保修书。承包人在质量保修期内按照有关管理规定及双方约定承担工程质量保修责任。保修书最后是双方代表人签字及单位公章、时间。保修书包括 6 项内容：

1. 工程质量保修范围和内容

质量保修范围包括地基基础工程、主体结构工程、屋面防水工程和双方约定的其他土建工程，以及电气管线、上下水管线的安装工程，供冷、供热系统工程等项目。具体质量保修内容双方具体约定。

2. 质量保修期

质量保修期从工程竣工验收合格之日算起。分单项竣工验收的工程，按单项工程分别计算质量保修期。根据国家有关规定，具体工程质量保修期为：①土建工程(基础设施工程、房屋建筑的地基基础工程和主体结构工程)为设计文件规定的该工程的合理使用年限，屋面防水工程、有防水要求的卫生间、房间和外墙面的防渗漏为 5 年；②电气管线、给排水管道、设备安装和装修工程为 2 年；③供热及供冷系统为 2 个采暖期；④室外的上下水和小区道路等市政公用工程保修期可以根据有关规定双方约定。还可以有其他约定。

3. 质量保修责任

属于保修范围和内容的项目，承包人应在接到修理通知书之日后 7 天内派人修理。承包人不在约定期限内派人修理，发包人可委托其他人员修理，保修费用从质量保修金内扣除。

发生须紧急抢修事故(如上水跑水、暖气漏水漏气、燃气漏气等)，承包人接到事故通知后，应立即到达事故现场抢修。非承包人施工引起的质量事故，抢修费用由发包人承担。

在国家规定的工程合理使用期限内，承包人确保地基基础工程和主体结构工程的质量。因承包人原因致使工程在合理使用期限内造成人身和财产损害的，承包人应承担损害赔偿责任。

4. 质量保修金的支付

工程质量保修金一般为合同价款的 3%～5%。具体金额经双方协商确定后在保证书中写明，并注明银行利率。

5. 质量保证金的返还

发包人在质量保修期满后 14 天内，将剩余保修金和利息返还承包人。

6. 其他需要双方约定的工程质量保证事项。

二、《房屋建筑和市政工程标准施工招标文件》

《房屋建筑和市政工程标准施工招标文件》第四章合同条款及格式由第一节通用合同条款、第二节专用合同条款及第三节合同附件格式组成。

（一）通用条款

通用条款从 24 个方面共 131 条对合同条款进行规范。

1. 一般约定

包括词语定义、语言文字、法律、合同文件的优先顺序、合同协议书、图纸和承包人文件、联络、转让、严禁贿赂、化石文物、专利技术、图纸和文件的保密 12 条。

词语定义包含合同、合同当事人和人员、工程和设备、日期、合同价格和费用、其他六个条目，各条目又分别包含子条目。《标准施工招标文件》中的词语定义在示范文本的基础上增加了部分词语定义，如合同文件、合同协议书、已标价工程量清单、永久占地、临时占地等。同时，对部分词语定义有了更加明确的内涵。如增加了"合同当事人"词语，指"发包人"和"承包人"。发包人指专用合同条款中指明并与承包人在合同协议书中签字的当事人；承包人指与发包人签订合同协议书的当事人。再如"开工日期"，指监理人按第 11.1 款发出的开工通知书中写明的开工日期。

2. 发包人义务

3. 监理人

4. 承包人

5. 材料和工程设备

6. 施工设备和临时设施

7. 交通运输

8. 测量放线

9. 施工安全、治安保卫和环境保护

10. 进度计划

11. 开工和竣工

12. 暂停施工

13. 工程质量

14. 试验和检验

15. 变更

16. 价格调整

17. 计量与支付

18. 竣工验收

19. 缺陷责任与保修责任

20. 保险

21. 不可抗力

22. 违约

23. 索赔

24. 争议的解决

（二）专用合同条款

2010 版招标文件中的专用合同条款格式与合同示范文本的格式不同，有规定的格式和内容。它的大小条目号与通用条款是一致的，但有一定的删减和补充。

比如在"1. 一般约定"中，只对"1.1 词语定义，1.4 合同文件的优先顺序，1.5 合同协议书，1.6 图纸和承包人文件，1.7 联络"有约定，对"1.2 语言文字，1.3 法律，1.8 转让，1.9 严禁贿赂，1.10 化石文物，1.11 专利技术，1.12 图纸和文件的保密"均未另行约定。

再比如通用条款"4.2 履约担保"规定"承包人应保证其履约担保在发包人颁发工程接收证书前一直有效。发包人应在工程接收证书颁发后 28 天内把履约担保退还给承包人"。而在专用合同条款中则细化为：

4.2.1 履约担保的格式和金额。要求承包人在签订合同前，按照发包人在招标文件中规定的格式或者其他经过发包人认可的格式向发包人递交一份履约担保。并对履约担保的金额进行了约定。

4.2.2 履约担保的有效期。

4.2.3 履约担保的退还。

4.2.4 通知义务。

（三）合同附件格式

合同附件格式包括：

附件一：合同协议书

合同协议书前面是发包人承包人全称、法定代表人及法定注册地址。发包人已接受承包人提出的承担本工程的施工、竣工、交付并维修其任何缺陷的投标。依照《中华人民共和国招标投标法》、《中华人民共和国合同法》、《中华人民共和国建筑法》及其他有关法律、行政法规，遵循平等、自愿、公开和诚实信用的原则，双方共同达成并订立如下协议。

中间部分是协议书的主要内容。包括：

（1）工程概况。

（2）工程承包范围。

（3）合同工期。

（4）质量标准。

（5）合同形式。

（6）签约合同价。

（7）承包人项目经理。

（8）合同文件的组成。

（9）～（13）为合同签订的其他相关约定。

附件二：承包人提供的材料和工程设备一览表

附件三：发包人提供的材料和工程设备一览表

附件四：预付款担保格式

附件五：履约担保格式

附件六：支付担保格式

附件七：质量保修书格式

质量保修书格式与合同示范文本中工程质量保修书基本一致。根据《中华人民共和国建筑法》、《建设工程质量管理条例》、《房屋建筑工程质量保修办法》对工程保修范围、内容、保修期、保修责任和保修费用进行相关约定。

附件八：廉政责任书格式

第二节　合同双方的一般权利和义务

在《建设工程施工合同（示范文本）》GF—1999—0201 中的双方，是指发包方和承包方，在合同的通用条款中叫发包人和承包人。在具体合同的签订和语言交流过程中，习惯上把发包方简称甲方，把承包方简称乙方。在实行工程监理的建设工程项目中，除甲、乙方之外还有监理方存在，监理方是受甲方委托，依法对建设工程进行监理。监理单位委派的总监理工程师在本合同中称工程师。

《标准施工招标文件》中合同当事人指发包人和承包人。在专用合同条款中指明的，受发包人委托对合同履行实施管理的法人或其他组织称监理人，由监理人委派常驻施工现场对合同履行实施管理的全权负责人称总监理工程师。

一、发包人的义务

发包人：示范文本中指在协议中约定，具有工程发包主体资格和支付工程价款能力的当事人以及取得当事人资格的合法继承人。《标准招标文件》中发包人指专用合同条款中指明并与承包人在合同协议书中签字的当事人。

（一）合同示范文本

发包人有义务按专用条款约定的内容和时间完成以下工作：

1. 办理土地征用、拆迁补偿、平整施工场地等工作，使施工现场具备施工条件，在开工后继续负责解决以上事项遗留问题

办理土地征用及拆迁补偿是一般新建项目开工前的准备工作，是一项比较麻烦且政策性很强的工作，只有做细做好才能使工程开工顺利，给施工单位创造良好的工作环境，避免与周边群众产生纠纷。除工程本身所占土地外，在城市市区施工时往往还需要占用道路或者其他工程周边场地，这些都需要甲方事先向城管部门办理有关手续及与相邻单位协商，尽可能减少工程施工给城市居民所带来的侵扰。

2. 将施工所需水、电、电信线路从施工场地外部接至专用条款约定地点，保证施工期间的需要

一般建设工程施工现场除各方人员生活用水外，更多的是混凝土、砂浆搅拌及养护用水。由于混凝土拌合用水质量标准要求达到饮用水标准，因此多数施工现场都是直接引入城市自来水。施工现场照明及机械设备用电需从就近变压器接到专用线路，大型施工工地需专设变电设备。近年来我国移动电信的快速发展给建筑行业的广大技术和管理人员带来了极大的方便，任何一个工地上很少见到不带手机的项目经理、甲方代表或监理工程师。但由于施工现场对外联系的繁忙，各方驻工地办公、值班科室还需要相当数量的固定电话。

3. 开通施工场地与城乡公共道路的通道，以及专用条款约定的施工场地内的主要道路，满足施工运输的需要，保证施工期间物流畅通

城区内建设工程施工工地一半多临近城市交通道路，场地内也无需另建道路。若施工场地在市郊或野外，则必须考虑施工设备的进出及建材进入、余土及垃圾外运，可作临时性道路，也可结合建设单位以后使用而建设永久性道路。

4. 向承包人提供施工现场的工程地质和地下管线资料，对资料的真实准确性负责

发包人委托有相应资质的勘察单位所做的工程地质勘察报告，主要是提供给工程设计单位作为地下工程及建筑物基础设计的依据。但是，地质勘察报告所做的地质评价结论还需在施工过程中验证，而且地下工程施工组织设计及施工措施的确定也必须以地质勘察报告为基础。至于地下管线资料，特别是在城区施工时，更是必须弄清楚的。如城市上下水管道、电力埋线、电信电缆等，稍有不慎就会给施工带来很大的麻烦，有时会影响到整个工程的工期。如果需要改线或避让，都应由发包人提前与有关单位协商并及早确定解决办法。有些主要的城市管线，往往不是容易解决的，一个事情会牵扯到很多管理部门，需发包人努力去协调，以保证合同内工程的正常进行。

5. 办理施工许可证及其他施工所需证件、批件和临时用地、停水、停电、中断道路交通、爆破作业等的申请批准手续（证明承包人自身资质的证件除外）

《建筑法》明确规定实行建设报建和施工许可制度，任何建设工程开工前必须向当地建设行政主管部门办理施工许可证，否则即视为违法。其他证件如临时占用公共场地或道路，也必须办理临时占用证。此外，自来水管道引入、电力线接头等事项，必须提

前向当地市政管理部门提出申请，由水、电部门安排接口地点、时间，有时由有关部门派专业队伍实施。建设工程施工期间若要中断某段道路交通，则应由发包人向交通管理部门提出申请，由交通管理部门统筹安排。一些特殊的施工作业如爆破、机械打夯等，如果可能危及周围公众安全或造成环境污染影响居民工作或休息，则必须向有关部门报告，得到书面许可通知后才能进行施工，并在施工过程中遵照有关部门的要求采取相应的安全措施。

6. 确定水准点和坐标控制点，以书面形式交给承包人，进行现场交验

这里所指的水准点是建设场地附近国家大地高程控制网中的某一点，水准点高程数值一般在城市规划部门专业测绘机构资料库中存档。以此为起点，经测量引入施工现场。并据此确定场区内建筑、道路、场地、上下水管道的相对高程。城区内的单项建设工程或城区外比较简单的建设项目，常常不需要专门引入大地水准点权值，而是以附近街道路面或某距离较近的永久性建筑物首层地面高程作参考点，来确定新建工程的相对标高。有时也可以工程附近大面积平整地面或附近相对稳定的河道水面为参考高程，以确定新建工程的排水管沟及场区道路的标高。

坐标控制点是指建设用地边界及建筑物边界在城市坐标控制网中的位置数值。用地边界在建筑规划图中称为建筑红线，项目中任何建筑都不能超越红线并要按照规划部门的要求退后一定的距离。城区中单体建筑工程在施工放线后要由城市建设主管部门现场检查，称作验线。建筑规划图中用地边界及建筑物角点都有坐标数值标出。

7. 组织承包人和设计单位进行图纸会审和设计交底

图纸会审就是由甲方将设计单位的设计人员和施工单位参与该工程施工的各类专业技术人员及监理工程师召集到一起，以会议的形式将施工图系统地审看一遍，承包人的技术人员将对图纸中所有看不清的问题或者是施工难度大的问题向设计人员提出，设计人员则逐一给予解答或做出补充说明。个别施工难点即便施工单位未提出，设计人员也要给予提醒，让承包人的技术人员真正领会设计者的意图，以期引起重视。有些细节设计考虑不周未能表达甲方的意见，或者甲方领导意见与设计人员不一致的地方，只要不增加设计工作量，也可在会审图纸时经两方或三方协商重新确定一种做法。所有意见达成共识后，由承包方记录整理并经另外三方审阅后以会议纪要的形式形成文件，四方签字盖章后作为施工图纸的补充，它与其他设计文件具有同等的法律效力，需要四方存档并在施工中贯彻执行。施工图会审纪要也是工程决算资料和竣工资料的一部分。

8. 协调处理施工场地周围地下管线和邻近建筑物、构筑物（包括文物保护建筑）、古树名木的保护工作，承担有关费用

在城区内施工的建筑工地或市政工程工地，由于城市用地紧张、建筑密度大，往往施工场地狭窄，不便于大型施工机具的展开，也不便于运输车辆出入，特别是基坑开挖困难，常常会给市政地下管线或周围建筑物带来不利影响，有时会造成损害，此时发包人应积极主动出面协调各方关系，避免造成更大的矛盾而影响工程施工进度，必要时请上级主管部门出面协调。即使是远离城市的新建项目，有时也会因工程施工引起与周围群众的矛盾，此时发包人应主动依靠当地政府并向群众多作解释、宣传工作，取得群众

的谅解，必要时做出一些经济牺牲，尽可能避免矛盾激化，减少对施工的不利影响。对于施工场地内需要保护的文物或古树(包括珍贵树种)，发包人要及早采取有效措施，依照有关法律进行保护或迁移。

9. 发包人应做的其他工作，双方在专用条款内约定

由于建设工程的复杂性、个体性、生产周期长且涉及的政策法规、技术条文多，在施工过程中常常会出现一些未能预见的问题，则双方在专用合同条款中做一些特殊约定。

以上各项发包人应做的工作中，有些又是发包人自身所不能完成的，如场地平整土方量过大等，则发包人可以再委托承包人办理，有些可以在专用合同条件中约定(如办理施工许可证)，有些可在合同之外再签临时协议(如平整场地、拆除旧建筑等)，所发生的费用在工程款之外另计。

发包人未能履行以上各项义务，导致工期延误或给承包人造成损失的，发包人应赔偿承包人有关损失，并顺延因此而延误的工期。

(二)《标准施工招标文件》

发包人的义务在示范文本的基础上更加明确了以下义务：

1. 遵守法律。明确发包人在履行合同过程中应遵守法律，并保证承包人免于承担因发包人违反法律而引起的任何责任。

2. 支付合同价款。发包人应按合同约定向承包人及时支付合同价款。

3. 组织竣工验收。

二、承包人的义务

承包人：示范文本中指在协议书上约定，被发包人接受的具有工程施工主体资格的当事人及取得该当事人资格的合法继承人。《标准招标文件》将承包人定义为与发包人签订合同协议书的当事人。

(一)合同示范文本

承包人应按专用条款约定的内容和时间完成以下工作：

(1) 根据发包人委托，在其设计资质等级和业务允许的范围内，完成施工图设计或与工程配套的设计，经工程师确认后使用，发包人承担由此发生的费用。施工企业除工程施工外又要完成设计工作的情况有如下三种：①大型总承包企业，既有设计资质，又有施工资质，对工程进行勘察、设计、施工总承包；②国外设计公司设计的工程往往达不到国内施工企业要求的深度，需进行补充设计；③一些单项金属安装工程往往由承包人自行完成施工图设计，多是设计、加工、安装一条龙服务，有时设计费用作为承接工程的优惠条件而免收。

(2) 向工程师提供年、季、月度工程进度计划及相应的进度统计报表。承包人对建设工程做好详尽的年、季、月进度计划，用文字、图表清楚地表达给企业内部员工，还要提供给发包人及监理工程师。这不仅是企业自身管理的需要，也是监理工程师的主要监理内容之一。无论是国内国外，无论是大小建设项目，建设单位几乎都是按工程进度或形象

进度予以拨款的。所以一般施工企业都有专门的计划科室来作进度计划的编制及调整。

（3）根据工程需要，提供和维修夜间施工使用的照明、围栏设施，并负责安全保卫。《建筑法》明确规定："建筑施工企业应当在施工现场采取维护安全、防范危险、预防火灾等措施"，"施工现场安全由建筑施工企业负责"。一般的施工现场除夜间施工外，往往需要夜间进料或夜间加班做些施工准备工作，而且施工现场到处是建材、工具，夜间必须由专人值班看管以防偷盗，所以必须有夜间照明设备。对于正在施工的基坑、半成品楼梯、工作平台等，必须加装临时性护栏，以防施工人员或场外人员误入摔伤。若施工现场临街或在路旁，则必须做临时隔墙并有安全警示标志，有条件时，应当对施工现场实行封闭管理。

（4）按专用条款约定的数量和要求，向发包人提供施工场地办公和生活的房屋及设施，发包人承担由此发生的费用。由于建设工程施工周期长，少则数月，多则跨年，发包人必须有代表或专门班子常驻工地，必要的办公设施是不可少的。大的建设项目工地，可以结合建成后管理用房提前建设；小的工程项目多是搭建临时用房，水、电、办公用具也是简易的，以便完工后拆除。有监理方的工地视监理人员多少，或单独办公或与甲方合用办公室。承包人的工地办公用房及工人吃住用房则应自行搭建、自己承担费用。

（5）遵守政府有关主管部门对施工场地交通、施工噪声以及环境保护安全生产等的规定，按规定办理有关手续，并以书面形式通知发包人，发包人承担由此发生的费用。在城区施工的建设工地，往往会遇到城市交通管理部门限制某种车辆进入某一地段，有时限制通行时段，有时还要办理特别通行证件；对施工噪声及环境保护，各地环保部门也会有一些不同的规定或收费，这些事情都需要承包人去办理或缴纳各种费用，办理后正当的交费应由发包人报销。若是承包人违章造成的罚款则应由承包人自己负责。

（6）已竣工工程未交付发包人之前，承包人按专用条款约定负责已完工程的保护工作，保护期间发生损坏，承包人自费予以修复；发包人要求承包人采取特殊措施保护的工程部位要相应的追加合同条款，双方在专用条款中约定。中华人民共和国国务院于2001年1月20日发布的《建筑工程质量管理条例》第十六条规定：建设单位收到建设工程竣工报告后，应当组织设计、施工、工程监理等有关单位进行竣工验收。大型建设项目竣工验收，还要有发包人上级主管部门、政府建设行政主管部门及行业技术管理部门的技术人员参加，由于涉及的部门多，往往不能及时组织验收。即使组织验收后，验收报告的认可或提出修改意见也还需要时日。在此期间，承包人应当派专人看管、保护已完工的工程，以避免发生意外损害，如设备被盗、门窗损坏等。对于一些重要的工程部位或设备，需要采取特殊保护措施的，双方应在专用条款中约定。

（7）按专用条款约定做好施工场地地下管线和邻近建筑物、构筑物（包括文物保护建筑）、古树名木的保护工作。对于地下管线等公共设施，邻近建筑物的安全，特别是国家明令保护的文物、遗址或珍贵树木，《建筑法》明确规定承包人应当采取措施加以保护。所发生的费用原则上应由甲方承担，但如果费用甚少或按有关规定应由其他部门承担，则费用的分摊也可在专用条款中单独约定。

（8）保证施工场地符合环境卫生管理的有关规定，交工前清理现场达到专用条款约定的要求，承担因自身原因违反有关规定造成的损失和罚款。《建筑法》第四十一条规定：承包人应当遵守有关环境保护和安全生产的法律、法规的规定，采取措施控制和处理施工现场的各种粉尘、废气、废水、固体废物以及噪声、振动对环境的污染和危害。各省、市也有相应的施工现场管理规定及处罚措施，承包人必须认真遵守国家和当地政府的法规，文明施工，保护环境，树企业形象，提高企业自身的综合效益。许多优秀承包人无不把文明施工、保护城市环境作为企业管理的重要环节。施工场地中的建筑垃圾要及时清运，并要倾倒在环卫部门指定的地点。清运途中应有覆盖措施，避免沿路抛撒而弄脏路面。一些西方发达国家对施工现场的清洁卫生工作要求更严，甚至进出工地的汽车轮胎上都不准带有泥砂。随着社会文明程度的不断提高，我国庞大的建筑队伍不但是社会物质文明的创造者，也应该是精神文明的创造者。

除了上述 8 个方面，还会有承包人应做的其他工作，双方应在专用条款中约定。

承包人未能履行以上各项义务，造成发包人损失的，承包人应赔偿发包人损失。

（二）《标准施工招标文件》

1. 在承包人一般义务中明确了以下几点：

（1）遵守法律。承包人在履行合同过程中应遵守法律，并保证发包人免于承包因承包人违反法律而引起的任何责任。

（2）依法纳税。承包人应按有关法律规定纳税，应缴纳的税金包括在合同价格中。

（3）对施工作业和施工方法的完备性负责。承包人应按合同约定的工作内容和施工进度要求，编制施工组织设计和施工措施计划，并对所有施工作业和施工方法的完备性和安全可靠性负责。

（4）保证过程施工和人员的安全。承包人应按约定采取施工安全措施，确保过程及其人员、材料、设备和设施的安全，防止因过程施工造成的人身伤害和财产损失。

（5）避免施工对公众与他人的利益造成损害。

（6）为他人提供方便。承包人应按监理人的指示为他人在施工场地或附近实施与过程有关的其他各项工作提供可能的条件。

2. 履约担保

明确承包人应保证其履约担保在发包人颁发工程接收证书前一直有效。发包人应在工程接收证书颁发后 28 天内把履约担保退还给承包人。

3. 分包

承包人不得将其承包的全部工程转包给第三人，或将其承包的全部工程肢解后以分包的名义转包给第三人。不得将工程主体、关键性工作分包给第三人。除专用合同条款另有约定外，未经发包人同意，承包人不得将工程的其他部分或工作分包给第三人。分包人的资格能力应与其分包工程的标准和规模相适应。承包人应与分包人就分包工程向发包人承担连带责任。

4. 联合体

联合体各方应共同与发包人签订合同协议书。联合体各方应为履行合同承担连带责任。联合体协议经发包人确认后作为合同附件。

合同条款中 4.5、4.6、4.7、4.8 对承包人项目经理、人员管理及保障承包人人员的合法权益进行了规定。

三、工程师（总监理工程师）的义务

示范文本中，本工程监理单位委派的总监理工程师或发包人指定的履行本合同的代表称为工程师，其具体身份和职权由发包人承包人在专用条款中约定。工程师按合同约定行使职权，发包人在专用条款内要求工程师在行使某些职权前需要征得发包人批准的，工程师应征得发包人批准。发包人派驻施工现场履行合同的代表常称为甲方代表。总监理工程师也被称为总监。发包人代表的职权不得与总监的职权相互交叉，双方职权发生交叉或不明确时，由发包人予以明确，并以书面形式通知承包人。

合同履行中，发生影响发、承包双方权力或义务的事件时，监理工程师应依据合同在其职权范围内客观公正地进行处理。一方对监理工程师的处理有异议时，按通用条款中关于争议的约定处理。

除合同内有明确约定或经发包人同意外，监理工程师无权解除本合同约定的承包人的任何权利和义务。

工程师可委派工程师代表，行使合同约定的自己的职权，并可在认为必要时撤回委派。委派和撤回均应提前 7 天以书面形式通知承包人，负责监理的工程师还应将委派和撤回通知发包人。委派书和撤回通知作为本合同附件。

工程师代表在工程师授权范围内向承包人发出的任何书面形式的函件，与工程师发出的函件具有同等效力。承包人对工程师代表向其发出的任何书面形式的函件有疑问时，可将此函件提交工程师，工程师应进行确认。工程师代表发出指令有失误时，工程师应进行纠正。除工程师或工程师代表外，发包人派驻工地的其他人员均无权向承包人发出任何指令。

工程师的指令、通知由其本人签字后，以书面形式交给项目经理，项目经理在回执上签署姓名和收到时间后生效。确有必要时，工程师可发出口头指令，并在 48 小时内给予书面确认，承包人对工程师的指令应予执行。工程师不能及时给予书面确认的，承包人应于工程师发出口头指令 7 天内提出书面确认要求。工程师在承包人提出确认要求后 48 小时内不予答复的，视为口头指令已被确认。

承包人认为工程师指令不合理，应在收到指令后 24 小时内向工程师提出修改指令的书面报告，工程师在收到承包人报告后 24 小时内作出修改指令或继续执行原指令的决定，并以书面形式通知承包人。紧急情况下，工程师要求承包人立即执行的指令或承包人虽有异议，但工程师决定仍继续执行的指令，承包人应予执行。因指令错误发生追加合同价款和给承包人造成的损失由发包人承担，延误的工期相应顺延。

以上有关工程师指令的规定，同样适用于由工程师代表发出的指令、通知。

工程师应按合同约定，及时向承包人提供所需指令、批准并履行约定的其他义务。由于工程师未能按合同约定履行义务造成工期延误，发包人应承担延误造成的追加合同价款，并赔偿承包人有关损失，顺延延误的工期。

如需更换工程师，发包人应至少提前 7 天以书面形式通知承包人，后任继续行使合同文件约定的前任的职权，履行前任的义务。

《标准施工招标文件》中由监理人委派常驻施工场地对合同履行实施管理的全权负责人称为总监理工程师。发包人应在发出开工通知前将总监理工程师的任命通知承包人。总监理工程师更换时，应在调离前 14 天前通知承包人。总监理工程师短期离开施工场地的，应委派代表代行其职责，并通知承包人。

总监理工程师可以授权其他监理人员负责执行其指派的一项或多项监理工作，并将被授权监理人员的姓名及其授权范围通知承包人。被授权的监理人员在授权范围内发出的指示视为已得到总监理工程师的同意，与总监理工程师发出的指示具有同等效力。总监理工程师撤销某项授权时，应将撤销授权的决定及时通知承包人。

135

第三节 质量控制条款

建筑工程质量是指在国家现行的有关法律、法规、技术标准、设计文件和合同条款中，对工程的安全、适用、经济、美观等特性的综合要求。

建筑工程质量直接关系到国家的利益和形象，关系到国家财产、集体财产、私有财产和人民的生命安全，因此必须加强对建筑工程质量的法律规范。《建筑法》专门将建筑工程质量管理列为一章；2000 年 1 月 10 日国务院又专门颁发《建设工程质量管理条例》之后，各省、自治区、直辖市又相继出台了地区性的《建设工程质量管理条例》，可见建设工程质量管理的重要性和艰巨性。建设工程质量的保证需要从事建设活动的各个方面共同努力，发、承包双方及相关第三方都有责任和义务把建设工程质量搞好。国家实行建设工程质量监督制度。不论哪个方面出现了质量事故，都将会受到法律的惩罚，严重事故的当事人及其领导要被追究法律或刑事责任。

一、质量检查与验收

（一）合同示范文本

工程质量应当达到协议书约定的质量标准，质量的验收以国家或行业的质量验收标准为依据。因承包人原因工程质量达不到约定验收标准的，监理人有权要求承包人返工直至符合合同要求为止，由此造成的费用增加和（或）工期延误由承包人承担违约责任。

因发包人原因造成工程质量达不到合同约定验收标准的，发包人应承担由于承包人返工造成的费用增加和（或）工期延误，并支付承包人合理利润。

双方对工程质量有争议，由双方同意的工程质量检测机构鉴定，所需费用及因此造成的损失，由责任方承担。双方均有责任，由双方根据其责任大小分别承担。

承包人应在施工现场设置专门的质量检查机构，配备专职质量检查人员，建立完善的质量检查制度。在合同约定的期限内提交工程质量保证措施文件，报送监理人审批。认真按照标准、规范和设计图纸要求以及工程师（监理人）依据合同发生的指令施工，随时接受工程师（监理人）的检查检验，为检查检验提供便利条件。

工程质量达不到约定标准的部分，工程师一经发现，应要求承包人拆除和重新施工，承包人应按工程师的要求拆除和重新施工，直到符合约定标准。因承包人原因达不到约定标准，由承包人承担拆除和重新施工的费用，工期不予顺延。

工程师的检查检验不应影响施工正常进行。如影响正常施工进行，检查检验不合格时，影响正常施工的费用由承包人承担。除此之外影响正常施工和追加合同价款由发包人承担，相应顺延工期。

因工程师指令失误或其他非承包人原因发生的追加合同价款，由发包人承担。

工程验收包括下列内容：

1. 隐蔽工程的中间验收

工程具备隐蔽条件或达到专用条款约定的中间验收部位，承包人进行自检，并在隐蔽或中间验收前 48 小时以书面形式通知工程师验收。通知包括隐蔽和中间验收的内容、验收时间和地点。承包人准备验收记录，验收合格，工程师在验收记录上签字后，承包人可进行隐蔽和继续施工。验收不合格，承包人在工程师限定的时间内修改后重新验收。

工程师不能按时进行验收，应在验收前 24 小时以书面形式向承包人提出延期要求，延期不能超过 48 小时。工程师未能按以上时间提出延期要求，不进行验收，承包人可自行组织验收，工程师应承认验收记录。经工程师验收，工程质量符合标准、规范和设计图纸等要求，验收 24 小时后，工程师不在验收记录上签字，视为工程师已经认可验收记录，承包人可进行隐蔽或继续施工。

2. 重新检验

无论工程师是否进行验收，当其要求对已经隐蔽的工程重新检验时，承包人应按要求进行剥离或开孔，并在检验后重新覆盖或修复。检验合格，发包人承担由此增加的费用和（或）工期延误，并支付承包人合理利润。检验不合格，承包人承担发生的全部费用，工期不予顺延。

承包人未通知监理人到场检查，私自将工程隐蔽部位覆盖的，监理人有权指示承包人钻孔探测或揭开检查，由此增加的费用和（或）工期延误由承包人承担。

承包人使用不合格材料、工程设备，或采用不适当的施工工艺，或施工不当，造成工程不合格的，监理人可以随时发出指示，要求承包人立即采取措施进行补救，直至达到合同要求的质量标准，由此增加的费用和（或）工期延误由承包人承担。

由于发包人提供的材料或工程设备不合格造成的工程不合格，需要承包人采取措施补救的，发包人应承担由此增加的费用和（或）工期延误，并支付承包人合理利润。

（二）标准施工招标文件

在招标文件通用条款的第 13 大条是对工程质量的具体控制条款，与合同示范文本的内容基本一致。招标文件将质量控制分为工程质量要求、承包人的质量管理、承包人的质量检查、监理人的质量检查、工程隐蔽部位覆盖前的检查以及清理不合格工程六个部分。

二、材料设备控制

一般的建设工程材料设备供应分两部分：重要的材料及大件设备由发包人自己供应，而普通建材如水泥、钢材、砂石等及小件设备由承包人供应。

实行发包人供应材料设备的，双方应当约定发包人供应材料设备的一览表，作为本合同附件。一览表包括发包人供应材料设备的品种、规格、型号、数量、单位、质量等级、提供时间和地点。发包人按一览表约定的内容提供材料设备，并向承包人提供产品合格证明，对其质量负责。发包人在所供应材料设备到货前 24 小时，以书面形式通知承包人，由承包人派人与发包人共同清点。

发包人供应的材料设备，承包人派人参加清点后由承包人妥善保管，发包人支付相应费用。因承包人原因发生丢失损坏，由承包人负责赔偿。发包人未通知承包人清点，承包人不负责材料设备的保管，丢失损坏由发包人负责。

发包人供应的材料设备与一览表不符时，发包人承担有关责任。发包人应承担责任的具体内容，双方根据下列情况在专用条款内约定：

（1）材料设备单价与一览表不符，由发包人承担所有差价；

（2）材料设备的品种、规格、型号、质量等级与一览表不符，承包人可拒绝接收保管，由发包人运出施工场地并重新采购；

（3）材料规格、型号与一览表不符，经发包人同意，承包人可代为调剂串换，由发包人承担费用；

（4）到货地点与一览表不符，由发包人负责运至一览表指定地点；

（5）供应数量少于一览表约定数量时，由发包人补齐，多于一览表约定数量时，发包人负责将多余部分运出施工场地；

（6）到货时间早于一览表约定时间，由发包人承担因此发生的保管费用；到货时间迟于一览表约定时间，发包人赔偿由此造成的承包人损失，造成工期延误的，相应顺延工期。

发包人供应的材料设备使用前，由承包人负责检验或试验，不合格的不得使用，检验或试验费用由发包人承担。

承包人负责采购材料设备的，应按照专用条款约定及设计和有关标准要求采购，并提供产品合格证明，对材料质量负责。承包人在材料设备到货前 24 小时通知工程师清点。

承包人采购的材料设备与设计或者标准要求不符时，承包人应按工程师要求的时间运出施工场地，重新采购符合要求的产品，承担由此发生的费用，由此延误的工期不予顺延。

承包人采购的材料在使用前，承包人应按工程师的要求进行检验或试验，不合格的不得使用，检验或试验费用由承包人承担。

工程师发现承包人采用或使用不符合设计或标准要求的材料设备时，应要求承包人修复、拆除或重新采购，并承担发生的费用，由此延误的工期不予顺延。

承包人需要使用代用材料时，应经工程师认可后才能使用，由此增减的合同价款双方以书面形式议定。

由承包人采购的材料设备，发包人不得指定生产商或供应商。

《标准施工招标文件》中材料设备控制条款在 14 大条试验和检验中进行规定。试验和检验条款包括 3 小条：材料、工程设备和工程的试验和检验、现场材料试验和现场工艺试验。

三、工程试车

（一）合同示范文本

工程试车是指设备安装工程中部分或整体安装完毕后进行的设备试运转，用以检验安装工程质量是否合格。工程试车包括单机试车、联动试车和投料试车三种形式。单机试车是整个工程中某一部设备安装完毕，它的开机运转不影响其他设备；连动试车是整个设备系统都已安装完毕，各部分之间水、气、电管线都已联通，一旦启动整个系统都处于运转状态；投料试车是联动试车合格后在系统内投入产品原料进行试生产。

1. 单机试车

设备安装工程具备单机无负荷试车条件，承包人组织试车，并在试车前 48 小时以书面形式通知工程师。通知包括试车内容、时间、地点。承包人准备试车记录，发包人根据承包人要求为试车提供必要条件。试车合格，工程师在试车记录上签字。工程师不能按时参加试车的，须在开始试车前 24 小时以书面形式向承包人提出延期要求，延期不能超过 48 小时。工程师未能按以上时间提出要求，不参加试车，应承认试车记录。

2. 联动试车

设备安装具备无负荷联动试车条件，发包人组织试车，并在试车前 48 小时以书面形式通知承包人。通知包括试车内容、时间、地点和对承包人的要求，承包人按要求做好准备工作。试车合格，双方在试车记录上签字。

3. 投料试车

投料试车应在工程竣工验收后由发包人负责，如发包人要求在工程竣工前进行或需要承包人配合时，应征得承包人同意，另行签订补充协议。

4. 工程试车中双方责任

工程试车中双方的责任包括下列内容：

（1）由于设计原因试车达不到验收要求，发包人应要求设计单位修改设计，承包人按修改后的设计重新安装。发包人承担修改设计、拆除及重新安装的全部费用和追加合同价款，工期相应顺延。

（2）由设备制造原因试车达不到验收要求，由该设备采购一方负责重新购置或修理，承包人负责拆除和重新安装。设备由承包人采购的，由承包人承担修理或重新购置、拆除及重新安装的费用，工期不予顺延。

（3）由于承包人原因试车达不到要求，承包人按工程师要求重新安装和试车，并承担重新安装和试车的费用，工期不予顺延。

试车费用除已包括在合同价款之内或专用条款另有约定外，均由发包人承担。

工程师在试车合格后不在试车记录上签字，试车结束 24 小时后，视为工程师已认可试车记录，承包人可继续施工或办理竣工手续。

（二）标准施工招标文件

第 18 条竣工验收 18.6 试运行规定：除专用合同条款另有约定外，承包人应按专用合同条款约定进行工程及工程设备试运行，负责提供试运行所需的人员、器材和必要的条件，并承担全部试运行费用。由于承包人的原因导致试运行失败的，承包人应采取措施保证试运行合格，并承担相应费用。由于发包人的原因导致试运行失败的，承包人应当采取措施保证试运行合格，发包人应承担由此产生的费用，并支付承包人合理利润。

四、竣工验收

《建筑法》第六十一条规定：交付竣工验收的建筑工程，必须符合规定的建筑工程质量标准，有完整的工程技术经济资料和经签署的工程保修书，并具备国家规定的其他竣工条件。建筑工程竣工验收合格后方可交付使用；未经验收或者验收不合格的，不得交付使用。

工程具备竣工验收条件，承包人按国家工程竣工验收有关规定，向发包人提供完整竣工材料及竣工验收报告。双方约定由承包人提供竣工图的，应该在专用条款约定的时间内向发包人提供约定份数的竣工图。

发包人接到竣工验收报告后 28 天内组织有关单位验收，并在验收后 14 天内给予认可或提出修改意见。承包人按要求修改，并承担由自身原因造成的修改费用。发包人收到承包人送交的竣工验收报告后 28 天内不组织验收，或验收后 14 天内不提出修改意见，视为竣工验收报告已被认可。

工程验收通过，承包人送交竣工验收报告的日期为实际竣工日期。工程按发包人要求修改后通过竣工验收的，实际竣工日期为承包人修改后提请发包人验收的日期。

中间交工工程的范围和竣工时间，双方在专用条款内约定，其验收程序同主体工程竣工验收一样。因特殊原因，发包人要求部分单位工程或工程部位甩项竣工的，双方另行签订甩项竣工协议，明确双方责任和工程价款的支付方法。

发包人收到承包人竣工验收报告后 28 天内不组织验收，从第 29 天起承担工程保管及一切意外责任。工程未经竣工验收或未通过的发包人不得使用。发包人强行使用时，由此发生的质量问题及其他问题，由发包人承担。

第四节　进度控制条款

在竞争日益激烈的市场经济大潮中，时间显得从未有过的重要。在社会主义市场经济条件下，时间就是效益这个概念也愈来愈成为大多数人的共识。任何一项建设项目，从可行性研究到立项实施，再到竣工验收交付使用，每一步工作都必须考虑到它的时间性，否则就跟不上市场的变化而减少效益甚至效益全无。因此，《建筑法》中规定的工程监理对承包单位实施监督的三大内容之一就有建设工期。要保证建设项目按期完成，就必须对工程进度严格控制。

一、合同文本

合同文本的进度控制条款主要包括四个方面：

（一）进度计划

建设工程进度计划包括两类：施工总进度计划及单位工程施工进度计划。施工总进度计划是对全现场所有施工活动在时间上所做的安排，即施工部署在时间上的体现。它依据施工部署和施工方案规定的工程展开顺序，对各单位工程施工在时间上做出安排。其作用在于确定各单位工程、准备工程和全工地性的施工期限及其开竣工时间，确定各项工程的衔接关系。单位工程施工进度计划是在已确定了施工方案的基础上，根据工期要求和技术、资源供应条件，以及应遵循的施工顺序，对工程各个项目的施工持续时间以及相互搭接与穿插的配合关系、开竣工时间及总工期等做出安排，并用图表表示出来。

为了确保工程进度计划合理及切实可行，承包人应按专用条款约定的日期，将施工组织设计和工程进度计划提交工程师，工程师应及时予以确认或提出修改意见，逾期不确认也不提出书面意见则视为同意。群体工程中单位工程分期进行施工的，承包人应按照发包人提供图纸和有关资料的时间，按单位工程编制进度计划，其具体内容双方在专用条款中约定。

承包人必须按工程师确认的进度计划组织施工，接受工程师对进度的检查、监督。工程实际进度和经确认的进度计划不符时，承包人应按工程师的要求提出改进措施，经工程师确认后执行。因承包人的原因导致实际进度与进度计划不符，承包人无权就改进措施提出追加合同价款。

（二）开工和竣工

承包人应当按照协议书约定的开工日期开工。承包人不能按时开工，应当不迟于协议书约定的开工日期前 7 天，以书面形式向工程师提出延期开工的理由和要求。工程师应当在接到延期开工申请后的 48 小时内以书面形式答复承包人。工程师在接到延期开工申请后 48 小时不答复，视为同意承包人要求，工期相应顺延。工程师不同意延期要求或承包人未在规定的时间内提出延期开工要求，工期不予顺延。

因发包人的原因不能按照协议书约定的开工日期开工，工程师应以书面形式通知承包人，推迟开工日期。发包人赔偿承包人因延期开工造成的损失，并相应顺延工期。

承包人必须按照协议书约定的竣工日期或工程师同意顺延的工期竣工。因承包人原因不能按照协议书约定的竣工日期或工程师同意顺延的工期竣工的，承包人承担违约责任。违约责任一般是双方在专用合同中约定，例如每延期一天罚款多少，每提前一天奖励多少。

施工中发包人如需提前竣工，双方协商一致后签订提前竣工协议，作为合同文件组成部分。提前竣工协议应包括承包人为保证工程质量和安全采取的措施、发包人为提前竣工提供的条件以及提前竣工所需的追加合同价款等内容。简单的单项工程施工一般不另签协议，也不协商具体内容，而是如前述及的双方约定每提前一天奖励施工单位多少钱。

（三）暂停施工

正在施工中的建设工程项目，如果不是迫不得已的客观原因，发、承包双方都不愿意也不会轻易提出暂停施工，因为暂停施工一是会影响工期以至影响工程效益；二是可能会打乱原有的施工进度计划，造成承包人人力、施工机具的闲置，从而影响承包人的经济利益。如果是非承包人原因造成暂停施工，虽然承包人可以得到甲方一定的赔偿，但一般情况下甲方的赔偿很难达到承包人的满意。

有关暂停施工合同文本和招标文件中有相应的条款规定：

工程师以为确有必要暂停施工时，应当以书面形式要求承包人暂停施工，并在提出要求48小时内提出书面处理意见。承包人应当按照工程师要求停止施工，并妥善保护已完工程。承包人实施工程师做出的处理意见后，可以书面形式提出复工要求，工程师应在48小时内给予答复。工程师未能在规定时间内提出处理意见，或收到承包人复工要求后48小时内未予答复，承包人可自行复工。因发包人原因引起的暂停施工造成工期延误的，承包人有权要求发包人延长工期和(或)增加费用，并支付合理利润。

因下列暂停施工增加的费用和(或)工期延误由承包人承担：

（1）承包人违约引起的暂停施工；

（2）由于承包人原因为工程合理施工和安全保障所必需的暂停施工；

（3）承包人擅自暂停施工；

（4）承包人其他原因引起的暂停施工；

（5）专用合同条款约定由承包人承担的其他暂停施工。

（四）工期延误

造成工期延误的原因很多，既可能是由于发包人或工程师在工程施工中处理问题不妥引起的，也可能是由于承包人的原因引起的，还可能是由于第三方或自然条件引起的。其中由发包人、工程师、第三方或自然条件引起工期延误，经工程师签证确认后，工期可相应顺延。而由于承包人原因引起的工期延误则工期不能顺延。

工程延期除各条款中提到的"工期顺延"外，还有一项重要的延期即延期开工。延期开工包括两种情况：一是承包人原因引起的延期；二是发包人原因引起的延期。有关延期开工的问题前已述及，这里不再重复。

在履行合同过程中，由于发包人的下列原因造成工期延误的，承包人有权要求发包人延长工期和(或)增加费用，并支付合理利润。需要修订合同进度计划的，按专用合同条款约定的期限向监理人提交修订合同进度计划的申请报告，并附有关措施和相关资料，报监理人审批。监理人也可以直接向承包人作出修订合同进度计划的指示，承包人应按该指示修订合同进度计划，报监理人审批。

(1) 增加合同工作内容；

(2) 改变合同中任何一项工作的质量要求或其他特征；

(3) 发包人迟延提交材料、工程设备或变更交货地点的；

(4) 因发包人原因导致的暂停施工；

(5) 提供图纸延误；

(6) 未按合同约定及时支付预付款、进度款；

(7) 发包人造成工期延误的其他原因。

承包人在以上情况发生后 14 天内，就延误的工期以书面形式向工程师提出报告。工程师在收到报告后 14 天以内予以确认，逾期不予已确认也不提出修改意见，视为同意顺延工期。

由于承包人原因，未能按合同进度计划完成工作，或监理人认为承包人进度不能满足合同工期要求的，承包人应采取措施加快进度，并承担加快进度所增加的费用。由于承包人原因造成工期延误，承包人应支付逾期竣工违约金。逾期竣工违约金的计算方法在专用合同条款中约定。承包人支付逾期竣工违约金，不免除承包人完成工程及修补缺陷的义务。

发包人要求承包人提前竣工，或承包人提出提前竣工的建议能给发包人带来效益的，应由监理人与承包人共同协商采取加快工程进度的措施和修订合同进度计划。发包人应承担承包人由此增加的费用，并向承包人支付专用合同条款约定的相应奖金。

二、标准施工招标文件

通用合同条款中关于进度控制条款包括三个方面。

(一) 进度计划

承包人应按专用合同条款约定的内容和期限，编制详细的施工进度计划和施工方案说明报送监理人。监理人应在专用合同条款约定的期限内批复或提出修改意见，否则该进度计划视为已得到批准。经监理人批准的施工进度计划称合同进度计划，是控制合同工程进度的依据。承包人还应根据合同进度计划，编制更为详细的分阶段或分项进度计划，报监理人审批。

不论何种原因造成工程的实际进度与第 10.1 款的合同进度计划不符时，承包人可以在专用合同条款约定的期限内向监理人提交修订合同进度计划的申请报告，并附有关措施和相关资料，报监理人审批；监理人也可以直接向承包人作出修订合同进度计划的指示，承包人应按该指示修订合同进度计划，报监理人审批。监理人应在专用合同条款约定的期限内批复。监理人在批复前应获得发包人同意。

(二) 开工和竣工

1. 开工。监理人应在开工日期 7 天前向承包人发出开工通知。监理人在发出开工通知前应获得发包人同意。工期自监理人发出的开工通知中载明的开工日期起计算。承包人应在开工日期后尽快施工。承包人应按约定的合同进度计划，向监理人提交工程开工报审表，经监理人审批后执行。开工报审表应详细说明按合同进度计划正常施工所需的施工道路、临时设施、材料设备、施工人员等施工组织措施的落实情况以及工程的进度安排。

2.竣工。承包人应在约定的期限内完成合同工程。实际竣工日期在接收证书中写明。

3.发包人的工期延误。在履行合同过程中，由于发包人的下列原因造成工期延误的，承包人有权要求发包人延长工期和(或)增加费用，并支付合理利润。需要修订合同进度计划的，按照约定办理。

(1) 增加合同工作内容；

(2) 改变合同中任何一项工作的质量要求或其他特性；

(3) 发包人迟延提供材料、工程设备或变更交货地点的；

(4) 因发包人原因导致的暂停施工；

(5) 提供图纸延误；

(6) 未按合同约定及时支付预付款、进度款；

(7) 发包人造成工期延误的其他原因。

4.异常恶劣的气候条件。由于出现专用合同条款规定的异常恶劣气候的条件导致工期延误的，承包人有权要求发包人延长工期。

5.承包人的工期延。由于承包人原因，未能按合同进度计划完成工作，或监理人认为承包人施工进度不能满足合同工期要求的，承包人应采取措施加快进度，并承担加快进度所增加的费用。由于承包人原因造成工期延误，承包人应支付逾期竣工违约金。逾期竣工违约金的计算方法在专用合同条款中约定。承包人支付逾期竣工违约金，不免除承包人完成工程及修补缺陷的义务。

6.工期提前。发包人要求承包人提前竣工，或承包人提出提前竣工的建议能够给发包人带来效益的，应由监理人与承包人共同协商采取加快工程进度的措施和修订合同进度计划。发包人应承担承包人由此增加的费用，并向承包人支付专用合同条款约定的相应奖金。

(三) 暂停施工

1.承包人暂停施工的责任

因下列暂停施工增加的费用和(或)工期延误由承包人承担：

(1) 承包人违约引起的暂停施工；

(2) 由于承包人原因为工程合理施工和安全保障所必需的暂停施工；

(3) 承包人擅自暂停施工；

(4) 承包人其他原因引起的暂停施工；

(5) 专用合同条款约定由承包人承担的其他暂停施工。

2.发包人暂停施工的责任

由于发包人原因引起的暂停施工造成工期延误的，承包人有权要求发包人延长工期和(或)增加费用，并支付合理利润。

3. 监理人暂停施工指示

监理人认为有必要时，可向承包人作出暂停施工的指示，承包人应按监理人指示暂停施工。不论由于何种原因引起的暂停施工，暂停施工期间承包人应负责妥善保护工程并提供安全保障。由于发包人的原因发生暂停施工的紧急情况，且监理人未及时下达暂停施工指示的，承包人可先暂停施工，并及时向监理人提出暂停施工的书面请求。监理人应在接到书面请求后的 24 小时内予以答复，逾期未答复的，视为同意承包人的暂停施工请求。

4. 暂停施工后的复工

暂停施工后，监理人应与发包人和承包人协商，采取有效措施积极消除暂停施工的影响。当工程具备复工条件时，监理人应立即向承包人发出复工通知。承包人收到复工通知后，应在监理人指定的期限内复工。承包人无故拖延和拒绝复工的，由此增加的费用和工期延误由承包人承担；因发包人原因无法按时复工的，承包人有权要求发包人延长工期和(或)增加费用，并支付合理利润。

5. 暂停施工持续 56 天以上

监理人发出暂停施工指示后 56 天内未向承包人发出复工通知，除了该项停工属于第 12.1 款的情况外，承包人可向监理人提交书面通知，要求监理人在收到书面通知后 28 天内准许已暂停施工的工程或其中一部分工程继续施工。如监理人逾期不予批准，则承包人可以通知监理人，将工程受影响的部分视为按第 15.1(1)项的可取消工作。如暂停施工影响到整个工程，可视为发包人违约，应按第 22.2 款的规定办理。

由于承包人责任引起的暂停施工，如承包人在收到监理人暂停施工指示后 56 天内不认真采取有效的复工措施，造成工期延误，可视为承包人违约，应按第 22.1 款的规定办理。

第五节　造价控制条款

工程造价的控制，覆盖了一个建设项目投资决策、规划设计到工程施工的全过程。这里所说的造价控制是指工程施工阶段的造价控制。本阶段造价控制的内容包括四个方面：

一、工程计量

工程计量就是发、承包双方对已完成的各项实物工程量进行计算、审核及确认，以此作为工程进度款支付的依据。工程量计算必须严格按照实际施工图纸进行，还应注意计算工程量的项目与现行定额的项目一致、计量单位必须与现行定额规定的计量单位一致、工程量计算规则必须与现行定额规定的计算规则一致。严格来说，如果未出现施工变更，则完成部分的工程量应当与预算书中的工程量相同。

承包人计量的已完成工程量必须经过工程师的确认才有效。文本合同规定：

承包人应按专用条款约定的时间，向工程师提交已完成工程量的报告。工程师接到报告后 7 天内按设计图纸核实已完工程量（简称计量），并在计量前 24 小时通知承包人，承包人为计量提供便利条件并派人参加。承包人收到通知后不参加计量，计量结果有效，作为工程价款支付的依据。

工程师收到承包人报告后 7 天内未进行计量，从第 8 天起，承包人报告中开列的工程量即视为被确认，作为工程价款支付的依据。工程师不按约定时间通知承包人，致使承包人未能参加计量，计量结果无效。

对承包人超出设计图纸范围和因承包人原因造成返工的工程量，工程师不予计量。

二、工程款支付

工程款支付包括 4 种形式：工程预付款、工程进度款、竣工结算款和保修金。

1. 工程预付款

预付款是在工程开工前，发包人预先付给承包人用来进行工程准备的一笔款项。实行工程预付款的，双方应当在专用条款内约定发包人向承包人预付工程款的时间和数额，开工后按约定的时间和比例逐次扣回。预付时间不迟于约定的开工日期前 7 天。发包人不按约定预付，承包人在约定预付时间 7 天后向发包人发出要求预付的通知，发包人收到通知后仍不能按要求预付，承包人可在发出通知后 7 天停止施工，发包人应从约定应付之日起向承包人支付应付款的贷款利息，并承担违约责任。

预付款的额度一般为合同额的 5%～15%；预付款一般应在工程竣工前全部扣回，可采取当工程进展到某一阶段如完成合同额的 60%～65% 时开始扣起，也可从每月的工程付款中扣回。

2. 工程进度款

工程进度款是在工程施工过程中分期支付的合同价款，一般按工程形象进度即实际完成工程量确定支付款额。通用条款规定：

在确认计量结果后 14 天内，发包人应向承包人支付工程进度款。按约定时间发包人应扣回的预付款，与工程进度款同期结算。

双方在专用条款中约定的可调价款、工程变更调整的合同价款及其他条款中约定的追加合同价款，应与工程进度款同期调整支付。

发包人超过约定的支付时间不支付工程进度款，承包人可向发包人提出要求付款的通知，发包人收到承包人通知后仍不能按要求付款，可与承包人协商签订延期协议，经承包人同意后可延期支付。协议应明确延期支付的时间和从计量结果确认后第 15 天起计算应付款的贷款利息。

发包人不按合同约定支付工程进度款，双方又未达成延期付款协议，导致施工无法进行，承包人可停止施工，由发包人承担违约责任。

3. 竣工结算款

竣工结算内容在下文另述。

4. 工程质量保修金

工程质量保修金已在工程质量保修书条款中说明。

三、价款调整

招标工程的合同价款由发包人和承包人依据中标通知书的中标价格在协议书内约定。非招标工程的合同价款由发包人、承包人依据工程预算书在协议内约定。

合同价款在协议书内约定后，任何一方不得擅自改变。下列三种确定价款的方式双方可在专用条款中约定采用其中的一种：

（1）固定价格合同。双方在专用条款内约定合同价款包含的风险范围和风险费用的计算方法，在约定的风险范围内合同价款不再调整。风险范围以外的合同价款调整方法，应当在专用条款内约定。

（2）可调价格合同。合同价款可根据双方的约定而调整，双方在专用条款内约定合同价款的调整方法。

（3）成本加酬金合同。合同价款包括成本和酬金两部分，双方在专用条款内约定成本构成和酬金的计算方法。

可调价格合同中合同价款的调整因素包括：

（1）法律、行政法规和国家有关政策变化影响合同价款；

（2）工程造价管理部门公布的价格调整；

（3）一周内非承包人原因停水、停电、停气造成停工累计超过 8 小时；

（4）双方约定的其他因素。

承包人应当在上述情况发生后 14 天内，将调整原因、金额以书面形式通知工程师，工程师确认调整金额后作为追加合同价款，与工程价款同期支付。工程师收到承包人通知 14 天内不予确认也不提出修改意见，视为已经同意该项调整。

四、工程结算

在建设工程施工中，由于设计图纸变更或现场签订变更通知单，而造成施工图预算的变化和调整，工程竣工时，最后一次的施工图调整预算，便是建设工程的竣工结算。

工程竣工结算一般是由承包人编制，发包人审核同意后，按合同规定签章认可，最后通过建设银行办理工程价款的竣工结算。工程竣工结算的时效按竣工结算条款规定：

工程竣工验收报告经发包人认可后 28 天内，承包人向发包人递交竣工结算报告及完整的结算资料，双方按照协议书约定的合同价款及专用条款约定的合同价款调整内容，进行工程竣工结算。

发包人接到承包人递交的竣工结算及结算资料 28 天内进行核实，给予确认或者提出修改意见。发包人确认竣工结算报告后通知经办银行向承包人支付竣工结算价款。承包人接到竣工结算价款后 14 天内将竣工工程交付发包人。

发包人收到竣工结算报告及结算资料后 28 天内无正当理由不支付工程竣工结算价

款，从第 29 天起按承包人同期向银行贷款利率支付拖欠工程价款的利息，并承担违约责任。

发包人收到竣工结算报告及结算资料后 28 天内不支付工程竣工结算价款，承包人可以催告发包人支付结算价款。发包人在收到竣工结算报告及结算资料后 56 天内仍不支付的，承包人可以与发包人协议将该工程折价，也可以由承包人申请人民法院将该工程依法拍卖，承包人就该工程折价或者拍卖的价款优先受偿。

工程竣工验收报告经发包人认可后 28 天内，承包人未能向发包人递交竣工结算报告及完整的结算资料，造成工程结算不能正常进行或者工程竣工结算价款不能及时支付，发包人要求交付工程的，承包人应当交付；发包人不要求交付工程的，承包人承担保管责任。

发包人、承包人对工程竣工结算价款发生争议时，按有关条款约定处理。

对于工程项目较大，审核竣工决标工作量大而复杂时，发包方可委托专门审计机构进行。

标准施工招标文件的第四章合同条款及格式中关于造价控制条款包括两大部分，第 16 条价格调整与第 17 条计量与支付。

（一）价格调整

第 16 条价格调整包括物价波动引起的价格调整和法律变化引起的价格调整。物价波动引起的价格调整又约定了采用价格指数调整价格差额和采用造价信息调整价格差额两种。

法律变化引起的价格调整约定在基准日后，因法律变化导致承包人在合同履行中所需要的工程费用发生除第 16.1 款约定以外的增减时，监理人应根据法律、国家或省、自治区、直辖市有关部门的规定，按第 3.5 款商定或确定需调整的合同价款。

（二）计量与支付

在第 17 条中对计量与支付进行了以下规定：

1. 计量

在第 17.1 款计量条款中，对单价、总价的计量进行了约定。

2. 支付

在第 17.2 款"预付款"中对预付款保函、预付款的扣回与还清进行了约定。

付款周期同计量周期。承包人应在每个付款周期末，按监理人批准的格式和专用合同条款约定的份数，向监理人提交进度付款申请单，并附相应的支持性证明文件。除专用合同条款另有约定外，进度付款申请单应包括下列内容：

（1）截至本次付款周期末已实施工程的价款；

（2）根据第 15 条应增加和扣减的变更金额；

（3）根据第 23 条应增加和扣减的索赔金额；

（4）根据第 17.2 款约定应支付的预付款和扣减的返还预付款；

（5）根据第 17.4.1 项约定应扣减的质量保证金；

（6）根据合同应增加和扣减的其他金额。

147

进度付款证书和支付时间：（1）监理人在收到承包人进度付款申请单以及相应的支持性证明文件后的 14 天内完成核查，提出发包人到期应支付给承包人的金额以及相应的支持性材料，经发包人审查同意后，由监理人向承包人出具经发包人签认的进度付款证书。监理人有权扣发承包人未能按照合同要求履行任何工作或义务的相应金额。

（2）发包人应在监理人收到进度付款申请单后的 28 天内，将进度应付款支付给承包人。发包人不按期支付的，按专用合同条款的约定支付逾期付款违约金。

（3）监理人出具进度付款证书，不应视为监理人已同意、批准或接受了承包人完成的该部分工作。

（4）进度付款涉及政府投资资金的，按照国库集中支付等国家相关规定和专用合同条款的约定办理。

在对以往历次已签发的进度付款证书进行汇总和复核中发现错、漏或重复的，监理人有权予以修正，承包人也有权提出修正申请。经双方复核同意的修正，应在本次进度付款中支付或扣除。

3. 质量保证金

监理人应从第一个付款周期开始，在发包人的进度付款中，按专用合同条款的约定扣留质量保证金，直至扣留的质量保证金总额达到专用合同条款约定的金额或比例为止。质量保证金的计算额度不包括预付款的支付、扣回以及价格调整的金额。

在第 1.1.4.5 目约定的缺陷责任期满时，承包人向发包人申请到期应返还承包人剩余的质量保证金金额，发包人应在 14 天内会同承包人按照合同约定的内容核实承包人是否完成缺陷责任。如无异议，发包人应当在核实后将剩余保证金返还承包人。在第 1.1.4.5 目约定的缺陷责任期满时，承包人没有完成缺陷责任的，发包人有权扣留与未履行责任剩余工作所需金额相应的质量保证金余额，并有权根据第 19.3 款约定要求延长缺陷责任期，直至完成剩余工作为止。

4. 竣工结算及最终结清

工程接收证书颁发后，承包人应按专用合同条款约定的份数和期限向监理人提交竣工付款申请单，并提供相关证明材料。除专用合同条款另有约定外，竣工付款申请单应包括下列内容：竣工结算合同总价、发包人已支付承包人的工程价款、应扣留的质量保证金、应支付的竣工付款金额。监理人对竣工付款申请单有异议的，有权要求承包人进行修正和提供补充资料。经监理人和承包人协商后，由承包人向监理人提交修正后的竣工付款申请单。

监理人在收到承包人提交的竣工付款申请单后的 14 天内完成核查，提出发包人到期应支付给承包人的价款送发包人审核并抄送承包人。发包人应在收到后 14 天内审核完毕，由监理人向承包人出具经发包人签认的竣工付款证书。监理人未在约定时间内核查，又未提出具体意见的，视为承包人提交的竣工付款申请单已经监理人核查同意；发包人未在约定时间内审核又未提出具体意见的，监理人提出发包人到期应支付给承包人的价款视为已经发包人同意。发包人应在监理人出具竣工付款证书后的 14 天内，将应支付款支付给承包人。发包人不按期支付的，按第 17.3.3(2) 目的约定，将逾期付款违约金支付给承包人。承包人对发包人签认的竣工付款证书有异议的，发包人可出具竣工付款申请单中承包人已同意部分的临时付款证书。存在争议的部分，按第24条的约定办理。竣工付款涉及政府投资资金的，按第17.3.3(4)目的约定办理。缺陷责任期终止证书签发后，承包人可按专用合同条款约定的份数和期限向监理人提交最终结清申请单，并提供相关证明材料。发包人对最终结清申请单内容有异议的，有权要求承包人进行修正和提供补充资料，由承包人向监理人提交修正后的最终结清申请单。

监理人收到承包人提交的最终结清申请单后的14天内，提出发包人应支付给承包人的价款送发包人审核并抄送承包人。发包人应在收到后14天内审核完毕，由监理人向承包人出具经发包人签认的最终结清证书。监理人未在约定时间内核查，又未提出具体意见的，视为承包人提交的最终结清申请已经监理人核查同意；发包人未在约定时间内审核又未提出具体意见的，监理人提出应支付给承包人的价款视为已经发包人同意。发包人应在监理人出具最终结清证书后的14天内，将应支付款支付给承包人。发包人不按期支付的，按第17.3.3(2)目的约定，将逾期付款违约金支付给承包人。承包人对发包人签认的最终结清证书有异议的，按第24条的约定办理。最终结清付款涉及政府投资资金的，按第17.3.3(4)目的约定办理。

此外，《建设工程工程量清单计价规范》对工程造价控制也有相关规定，这里就不一一详述。

第六节　安全控制条款

安全生产事关人民群众生命财产安全和社会稳定大局。近年来，全国安全生产状况保持了总体稳定、持续好转的发展态势。与其他行业相比，建筑行业属于高危行业，建筑施工范围遍及各个行业、地区，对工程质量和安全的要求很高。建筑工程多属地下、地面、高空作业，面临着固有和不可预见的危险因素和灾害威胁，故而建筑施工事故多发，其事故起数和死亡人数仅次于采矿业，并有逐年上升的趋势。

建筑工程安全存在的主要问题，一是工程建设各方的安全责任不明确。建设单位、勘察单位、设计单位、施工单位、工程监理单位以及设备租赁单位、拆装单位各自的安全生产责任不明确、不具体，缺乏法律规范。二是安全投入不足。一些建筑施工单位挤扣、减少安全资金，降低成本，必要的安全设备、设施、器材、工具、用品不齐全，陈旧落后，安全性能低，不能及时维修、保养、更新。三是安全责任制和规章制度不明确、不健全、不落实，管理混乱。四是建筑事故应急救援制度不完善。一些建筑施工单位没有制定应急预案，没有应急组织和器材。

安全生产问题千头万绪，不仅有法律问题，还有经济、技术和社会问题。为了加强安全生产监督管理，防止和减少生产安全事故，保障人民群众生命和财产安全，促进经济发展，2002 年 6 月 29 日全国人民代表大会审议通过了 2002 年 11 月 1 日施行的《中华人民共和国安全生产法》。

为了改变建筑工程安全的被动局面，2003 年国务院第 393 号令公布了《建设工程安全生产管理条例》。确立了参与建设活动的各主体方、相关方严格的、明确的安全生产责任制度及其法律责任追究制度。

2007 年 6 月 1 日施行的《生产安全事故报告和调查处理条例》是我国第一部全面规范事故报告和调查处理的基本法规。针对当前事故报告和调查处理工作中存在的突出问题，确定了事故报告和调查处理由政府领导、分级负责和"四不放过"的原则，确立了事故报告和调查处理工作的制度、机制和程序，加大了事故责任追究和处罚的力度。

2009 年 4 月 30 日，公安部制定公布《建设工程消防监督管理规定》（公安部令第 106 号），自 2009 年 5 月 1 日起施行。制定《建设工程消防监督管理规定》的目的是为了加强建设工程消防监督管理，落实建设工程消防设计、施工质量和安全责任，规范消防监督管理行为。

2010 年 12 月 14 日，国家安全生产监督管理总局制定公布了《建设项目安全设施"三同时"监督管理暂行办法》，自 2011 年 2 月 1 日起施行。目的是为了加强建设项目安全管理，预防和减少生产安全事故，保障从业人员生命和财产安全，促进安全生产。

一、《建设工程施工合同》示范文本

关于安全控制的条款在第五大条安全生产中进行了相关的规定：

（一）发包人的责任

发包人应对其在施工场地的工作人员进行安全教育，并对他们的安全负责。发包人不得要求承包人违反安全管理的规定进行施工。因发包人原因导致的安全事故，由发包人承担相应责任及发生的费用。

（二）承包人的责任

1. 承包人应遵守工程建设安全生产有关管理规定，严格按安全标准组织施工，并随时接受行业安全检查人员依法实施的监督检查，采取必要的安全防护措施，消除事故隐患。

2. 承包人在动力设备、输电线路、地下管道、密封防震车间、易燃易爆地段以及临街交通要道附近施工时，施工开始前应向工程师提出安全防护措施，经工程师认可后实施，防护措施费用由发包人承担。

3. 实施爆破作业，在放射、毒害性环境中施工（含储存、运输、使用）及使用毒害性、腐蚀性物品施工时，承包人应在施工前 14 天以书面通知工程师，并提出相应的安全防护措施，经工程师认可后实施，由发包人承担安全防护措施费用。

（三）事故处理

1. 由于承包人安全措施不力造成事故的责任和因此发生的费用，由承包人承担。

2. 发生重大伤亡及其他安全事故，承包人应按有关规定立即上报有关部门并通知工程师，同时按政府有关部门要求处理，由事故责任方承担发生的费用。

二、《标准施工招标文件》

合同条款及格式第九条"施工安全、治安保卫和环境保护"对施工过程中的安全控制做了相关的规定：

（一）发包人的施工安全责任

1. 发包人应按合同约定履行安全职责，授权监理人按合同约定的安全工作内容监督、检查承包人安全工作的实施，组织承包人和有关单位进行安全检查。

2. 发包人应对其现场机构雇佣的全部人员的工伤事故承担责任，但由于承包人原因造成发包人人员工伤的，应由承包人承担责任。

3. 发包人应负责赔偿以下各种情况造成的第三者人身伤亡和财产损失：

（1）工程或工程的任何部分对土地的占用所造成的第三者财产损失；

（2）由于发包人原因在施工场地及其毗邻地带造成的第三者人身伤亡和财产损失。

（二）承包人的施工安全责任

1. 承包人应按合同约定履行安全职责，执行监理人有关安全工作的指示，并在专用合同条款约定的期限内，按合同约定的安全工作内容，编制施工安全措施计划报送监理人审批。

2. 承包人应加强施工作业安全管理，特别应加强易燃、易爆材料、火工器材、有毒与腐蚀性材料和其他危险品的管理，以及对爆破作业和地下工程施工等危险作业的管理。

3. 承包人应严格按照国家安全标准制定施工安全操作规程，配备必要的安全生产和劳动保护设施，加强对承包人人员的安全教育，并发放安全工作手册和劳动保护用具。

4. 承包人应按监理人的指示制定应对灾害的紧急预案，报送监理人审批。承包人还应按预案做好安全检查，配置必要的救助物资和器材，切实保护好有关人员的人身和财产安全。

5. 合同约定的安全作业环境及安全施工措施所需费用应遵守有关规定，并包括在相关工作的合同价格中。因采取合同未约定的安全作业环境及安全施工措施增加的费用，由监理人按第3.5款商定或确定。

6. 承包人应对其履行合同所雇佣的全部人员，包括分包人人员的工伤事故承担责任，但由于发包人原因造成承包人人员工伤事故的，应由发包人承担责任。

7. 由于承包人原因在施工场地内及其毗邻地带造成的第三者人员伤亡和财产损失，由承包人负责赔偿。

（三）治安保卫

除合同另有约定外，发包人应与当地公安部门协商，在现场建立治安管理机构或联防组织，统一管理施工场地的治安保卫事项，履行合同工程的治安保卫职责。

发包人和承包人除应协助现场治安管理机构或联防组织维护施工场地的社会治安

外，还应做好包括生活区在内的各自管辖区的治安保卫工作。

除合同另有约定外，发包人和承包人应在工程开工后，共同编制施工场地治安管理计划，并制定应对突发治安事件的紧急预案。在工程施工过程中，发生暴乱、爆炸等恐怖事件，以及群殴、械斗等群体性突发治安事件的，发包人和承包人应立即向当地政府报告。发包人和承包人应积极协助当地有关部门采取措施平息事态，防止事态扩大，尽量减少财产损失和避免人员伤亡。

（四）事故处理

工程施工过程中发生事故的，承包人应立即通知监理人，监理人应立即通知发包人。发包人和承包人应立即组织人员和设备进行紧急抢救和抢修，减少人员伤亡和财产损失，防止事故扩大，并保护事故现场。需要移动现场物品时，应作出标记和书面记录，妥善保管有关证据。发包人和承包人应按国家有关规定，及时如实地向有关部门报告事故发生的情况，以及正在采取的紧急措施等。

第七节　管理性条款

一、工程分包

《建筑法》明确规定：提倡对建筑工程实行总承包，禁止将建筑工程肢解发包；禁止承包人将其承包的全部建筑工程转包他人；禁止承包人将承包的全部建筑工程肢解以后以分包的名义转包给他人；禁止发包人将其承包的工程再分包。

建设工程施工合同示范文本关于工程分包的条款规定：

（1）承包人按专用条款的约定分包所承包的工程，并与发包人签订分包合同。未经发包人同意，承包人不得将其承包工程的任何部分分包。

（2）承包人不得将其承包的全部工程转包给他人，也不得将其承包的全部工程肢解以后以分包的名义转包给他人。

（3）工程分包不能解除承包人的任何责任与义务。承包人应在分包场地派驻相应管理人员，保证本合同的履行。发包人的任何违约行为或疏忽导致工程损害或给发包人造成其他损失，承包人承担连带责任。

（4）分包工程价款由承包人与分包单位结算。发包人未经承包人同意不得以任何形式向发包人支付各种工程款项。

二、工程变更

工程变更主要是指工程设计变更。由于建设工程的技术复杂性及多专业相互配合设计，施工图纸虽经多方审核，也难免不出一丝一毫的差错。一项工程在施工过程中所用材料供应、施工方法难易、现场自然条件变化等因素也会影响到原设计意图的实施。因此，任何建设工程施工过程中出现一些图纸变更都是正常的。变更的原因可能来自甲方也可能来自乙方，有时可能来自城市建设管理或上级主管部门。任何工程设计变更都必须在政策法规允许的范围内进行，一些重要的设计意图如使用性质、规模、建筑坐标等于城市规划及上级批文有关的设计内容，任何方面都无权随意变更。工程设计变更的程序及责任如下：

（1）施工中发包人需对原工程设计进行变更，应提前 14 天以书面形式向承包人发出变更通知。变更超过原设计标准或批准的建设规模时，发包人应报规划管理部门和其他有关部门重新审查批准，并由原设计单位提供变更的相应图纸和说明。承包人按照工程师发出的变更通知及有关要求，进行下列需要的变更：

1）更改工程有关部分的标高、基线、位置和尺寸；

2）增减合同中约定的工程量；

3）改变有关工程的施工时间和顺序；

4）其他有关工程变更需要的附加工作。

因变更导致的合同价款的增减及造成承包人的损失，由发包人承担，延误的工期相应顺延。

（2）施工中承包人不得对原工程设计进行变更。因承包人擅自变更设计发生的费用和由此导致发包人的直接损失，由承包人承担，延误的工期不予顺延。

（3）承包人在施工中提出的合理化建议涉及对设计图纸或施工组织设计的更改及对材料的换用，须经工程师同意。未经同意擅自更改或换用时，承包人承担由此发生的费用，并赔偿发包人的有关损失，延误的工期不予顺延。

工程师同意采用承包人合理化建议，所发生的费用和获得的收益，发包人承包人另行约定分担或分享。

此外，合同履行中发包人要求变更工程质量标准及发生其他实质性变更，由双方协商解决。

工程设计变更多数会引起工程量变更，工程量变更直接导致工程价款变更。工程变更价款确定方法及规则如下：

（1）承包人在工程变更确定后 14 天内，提出变更工程价款的报告，经工程师确认后调整合同价款；承包人在双方确定变更后 14 天内不向工程师提出变更工程价款报告时，视为该项变更不涉及合同价款的变更。变更合同价款的方法有3种：

1）合同中已有适用于变更工程的价格，按合同已有的价格变更合同价款；

2）合同中只有类似于变更工程的价格，可以参照类似价格变更合同价款；

3）合同中没有适用或类似于变更工程的价格，由承包人提出适当的变更价格，经工程师确认后执行。

（2）工程师在收到变更工程价款报告之日起 14 天内予以确认，工程师无正当理由不确认时，自变更工程价款报告送达之日起 14 天后视为变更工程价款报告已被确认。

（3）工程师确认增加的工程变更价款作为追加合同价款，与工程款同期支付；工程师不同意承包人提出的工程价款，按有关争议的约定条款处理。

（4）因承包人自身原因导致的工程变更，承包人无权要求追加合同价款。

三、违约责任

在建设工程施工合同中的发、承包双方，同为合同当事人。根据《合同法》规定：合同当事人的法律地位平等，一方不得将自己的意志强加给另一方；依法成立的合同，对当事人具有法律约束力；当事人应当按照约定履行自己的义务，不得擅自变更或者解除合同；依法成立的合同，受法律保护。所以，在建设工程施工合同实施过程中，发、承包双方都应当而且必须努力按合同约定履行自己的义务，不使自己违约。违约则应当承担责任。

（1）发包人违约。当发生下列情况时：

1）发包人不按时支付工程预付款；

2）发包人不按合同的约定支付工程款导致施工无法进行；

3）发包人无正当理由不支付工程竣工结算价款；

4）发包人不履行合同义务或不按合同约定履行义务的其他情况。

发包人承担违约责任，赔偿因其违约给承包人造成的经济损失，顺延延误的工期。双方在专用条款内约定发包人赔偿承包人损失的计算方法或者发包人应当支付违约金的数额或计算方法。

（2）承包人违约。当发生下列情况时：

1）因承包人原因不能按照协议书约定的竣工日期或工程师同意顺延的工期竣工；

2）因承包人原因工程质量达不到协议书约定的质量标准；

3）承包人不履行合同义务或不按合同约定履行义务的其他情况。

承包人承担违约责任，赔偿因其违约给发包人造成的损失。双方在专用条款内约定承包人赔偿发包人损失的计算方法或者承包人应当支付违约金的数额或计算方法。

（3）一方违约后，另一方要求违约方继续履行合同时，违约方承担上述违约责任后仍应继续履行合同。

四、施工索赔

索赔是指在合同履行过程中，对于并非自己的过错，而是应有对方承担责任的情况造成的实际损失。向对方提出经济补偿和（或）工期顺延的要求。

有关索赔的要求及程序如下：

（1）当一方向另一方提出索赔时，要有正当索赔理由，且有索赔事件发生时的有效证据。

（2）发包人未能按合同约定履行自己的各项义务或发生错误以及应由发包人承担责任的其他情况，造成工期延误和（或）承包人不能及时得到合同价款及承包人的其他经济损失，承包人可按下列程序以书面形式向发包人索赔：

1）索赔事件发生后28天内，向工程师（监理人）发出索赔意向通知，并说明发生索赔事件的事由。承包人未在前述 28 天内发出索赔意向通知书的，丧失要求追加付款和(或)延长工期的权利；

2）发出索赔意向通知后 28 天内，向工程师提出延长工期和(或)补偿经济损失的索赔报告及有关资料；

3）工程师在收到承包人送交的索赔报告和有关资料后，于 28 天内给予答复，或要求承包人进一步补充索赔理由和证据；招标文件进一步规定监理人应在 42 天内将索赔处理结果答复承包人。承包人接收索赔处理结果的，发包人应在作出索赔处理结果答复后 28 天内完成赔付。承包人不接受索赔处理结果的，按争议解决方式解决；

4）工程师在收到承包人送交的索赔报告和有关资料后 28 天内未予答复或未对承包人作进一步要求，视为该项索赔已经认可；

5）当该索赔事件持续进行时，承包人应当阶段性向工程师发出索赔意向，在索赔事件终了后 28 天内，向工程师送交索赔的有关资料和最终索赔报告。索赔答复程序与 1）、4）规定相同。

（3）承包人未能按合同约定履行自己的各项义务或发生错误，给发包人造成经济损失，发包人可按前款确定的时限向承包人提出索赔。

五、争议处理

尽管各方都很努力地履行各自的合同义务，但由于建设工程施工的长期性和复杂性，双方发生争议的情况也难以完全避免。问题在于发包人和承包人如何充分利用各自的管理与技术优势，加强自身队伍建设，尽可能减少失误，避免合同争议发生，或者在发生争议时如何争取于己方有利的处理结果。

合同双方一旦发生争议应按下列条款规定处理：

（1）发包人、承包人在履行合同时发生争议，可以和解或者要求有关主管部门调解。当事人不愿和解、调解或者和解、调解不成，双方可以在专门条款内约定以下其中一种方式解决争议：

第一种解决方式：双方达成仲裁协议，向约定的仲裁委员会申请仲裁；

第二种解决方式：向有管辖权的人民法院起诉。

仲裁和诉讼这两种争议处理方式，只能选定一种。选择何种方式应在合同的专用条款中规定。在选定处理方式时，还应同时选定仲裁机构和人民法院。

（2）发生争议后，除非出现下列情况时，双方都应继续履行合同，保持施工连续，保护好已完工程：

1）单方违约导致合同已无法履行，双方协议停止施工；

2）调解要求停止施工，且为双方所接受；

3）仲裁机构要求停止施工；

4）法院要求停止施工。

六、不可抗力

合同示范文本第 39 条《标准招标文件》第 21 条是关于不可抗力的规定。

不可抗力是指承包人和发包人在订立合同时不可预见，在工程施工过程中不可避免发生并不能克服的自然灾害和社会性突发事件。如地震、海啸、瘟疫、水灾、骚乱、暴动、战争和专用合同条款约定的其他情形。

不可抗力发生后，承包人应立即通知工程师，并在力所能及的条件下迅速采取措施，尽力减少损失，发包人应协助承包人采取措施。工程师认为应当暂停施工的，承包人应暂停施工。不可抗力事件结束后 48 小时内承包人向工程师通报受害情况和损失情况，及预计清理和修复的费用。不可抗力事件持续发生，承包人应每隔 7 天向工程师报告一次受害情况，并于不可抗力事件结束后 28 天内提交最终报告及有关资料。

除专用合同条款另有约定外，不可抗力导致的人员伤亡、财产损失、费用增加和（或）工期延误等后果，由合同双方按以下原则承担：

（1）永久工程，包括已运至施工场地的材料和工程设备的损害，以及因工程损害造成的第三者人员伤亡和财产损失由发包人承担；

（2）承包人设备的损坏由承包人承担；

（3）发包人和承包人各自承担其人员伤亡和其他财产损失及其相关费用；

（4）承包人的停工损失由承包人承担，但停工期间应监理人要求照管工程和清理、修复工程的金额由发包人承担；

（5）不能按期竣工的，应合理延长工期，承包人不需要支付逾期竣工违约金。发包人要求赶工的，承包人应采取赶工措施，赶工费用由发包人承包。

合同一方当事人延迟履行，在延迟履行期间发生不可抗力的，不免除其责任。

不可抗力发生后，发包人和承包人均应采取措施尽量避免和减少损失的扩大，任何一方没有采取有效措施导致损失扩大的，应对扩大的损失承担责任。

合同一方当事人因不可抗力不能履行合同的，应当及时通知对方解除合同。合同解除后，承包人应按照约定撤离施工现场。已经订货的材料、设备由订货方负责退货或解除订货合同，不能退还的货款和应退货、解除订货合同发生的费用，由发包人承担，应未及时退货造成的损失由责任方承担。

通过对本章内容的学习，我们应该对《建设工程施工合同（示范文本）》有一个基本了解，以上各条款是合同通用条款部分的主要内容，还有一些细节问题需要认真研读文本原文才能深入理解。2007 年编制的《标准施工招标文件》对部分合同条款有了更进一步的明确和规定，实际工作中应将两者结合使用。

第八节　专业分包合同示范文本

建设工程施工专业分包合同示范文本是在建设工程施工合同示范文本执行三年后制定的，两个文本依照的法律法规和遵循的原则是一样的。文本结构与词语含义及表述、顺序也基本相同,后者以前者的基本框架为基础,根据分包与承包的具体特点,对前者条文适当增删或变换表述口气,即为专业分包合同示范文本。

专业分包合同仍然包括协议书、通用条款和专用条款三部分,专用条款与通用条款条目相对应(见表5-1),是通用条款在具体工程上的落实。协议书部分将施工合同中的发包人改为承包人,将承包人改为分包人,其余内容无实质性差别。因此,本节仅将通用条款中两个文本的差异之处拖要介绍,相同的条文规定请参阅本章前六节内容。

施工合同与专业分包合同文本条目名称对照表   表 5-1

施 工 合 同		专业分包合同	
分 部	条 目	分 部	条 目
一、词语定义及合同文件	1. 词语定义 2. 合同文件及解释顺序 3. 语言文字和适用法律、标准及规范 4. 图纸	一、词语定义及合同文件	1. 词语定义 2. 合同文件及解释顺序 3. 语言文字和适用法律、行政法规及工程建设标准 4. 图纸
二、双方一般权利和义务	5. 工程师 6. 工程师的委派和指令 7. 项目经理 8. 发包人工作 9. 承包人工作	二、双方一般权利和义务	5. 总包合同 6. 指令和决定 7. 项目经理 8. 分包项目经理 9. 承包人的工作 10. 分包人的工作 11. 总包合同解除 12. 转包与再分包
三、施工组织设计和工期	10. 进度计划 11. 开工及延期开工 12. 暂停施工 13. 工期延误 14. 工程竣工	三、工期	13. 开工与延期开工 14. 工期延误 15. 暂停施工 16. 工程竣工
四、质量与检验	15. 工程质量 16. 检查和返工 17. 隐蔽工程和中间验收 18. 重新检验 19. 工程试车	四、质量与安全	17. 质量检查与验收 18. 安全施工
五、安全施工	20. 安全施工与检查 21. 安全防护 22. 事故处理	五、合同价款与支付	19. 合同价款及调整 20. 工程量的确认 21. 合同价款的支付
六、合同价款与支付	23. 合同价款及调整 24. 工程预付款 25. 工程量的确认 26. 工程款(进度款)支付	六、工程变更	22. 工程变更

续表

施 工 合 同		专业分包合同	
分　部	条　目	分　部	条　目
七、材料设备供应	27. 发包人供应材料设备 28. 承包人采购材料设备	七、竣工验收及结算	23. 竣工验收 24. 竣工结算及移交 25. 质量保修
八、工程变更	29. 工程设计变更 30. 其他变更 31. 确定变更价款	八、违约、索赔及争议	26. 违约 27. 索赔 28. 争议
九、竣工验收与结算	32. 竣工验收 33. 竣工结算 34. 质量保修	九、保障、保险及担保	29. 保障 30. 保险 31. 担保
十、违约、索赔及争议	35. 违约 36. 索赔 37. 争议	十、其他	32. 材料设备供应 33. 文物 34. 不可抗力 35. 分包合同解除 36. 合同生效与终止 37. 合同份数 38. 补充条款
十一、其他	38. 工程分包 39. 不可抗力 40. 保险 41. 担保 42. 专利技术及特殊工艺 43. 文物和地下障碍物 44. 合同解除 45. 合同生效与终止 46. 合同份数 47. 补充条款		

专业分包合同是以发包人与承包人已经签订施工总承包合同为前提条件的，承包人对发包人负责，分包人对承包人负责，分包人履行总包合同中与分包工程有关的承包人的所有义务，并与承包人承担履行分包工程合同以及确保分包工程质量的连带责任。因此，分包人应全面了解总包合同的除价格内容以外各项规定，以便明确己方的责任范围。根据分包人与发包人的关系条款规定，分包人须服从承包人转发的发包人或工程师与分包工程有关的指令。未经承包人允许，分包人不得以任何理由与发包人或工程师发生直接工作联系，分包人不得直接致函发包人或工程师，也不得直接接受发包人或工程师的指令。如分包人与发包人或工程师发生直接工作联系，将被视为违约，并承担违约责任。

就分包工程范围内的工作，承包人随时可以向分包人发出指令，分包人应执行承包人根据分包合同所发出的所有指令。分包人拒不执行指令，承包人可委托其他施工单位完成该指令事项，发生的费用从应付给分包人的相应款项中扣除。此外，就分包工程范围内的有关工作，分包人应执行经承包人确认和转发的发包人或工程师发出的所有指令和决定。

与施工合同"工程分包"条款相比较，分包人再没有将工程分包的权利，仅可以经承包人同意进行劳务分包。相应的条款为"转包再分包"（第二分部中第12条）。此条款规定：除12.2款规定的情况外，分包人不得将其承包的分包工程转包给他人，也不得将其承包的工程的全部或部分再分包给他人。如分包人将其承包的工程转包或再分包，将被视为违约，并承担违约责任。第12.2款规定：分包人经承包人同意可以将劳务作业再分包给具有相应劳务分包资质的劳务分包企业。分包人应对再分包的劳务作业的质量等相关事宜进行督促和检查，并承担相关连带责任。

第九节　劳务分包合同示范文本

劳务分包合同和专业分包合同一样，是为配合工程施工合同而制定的分包合同。劳务分包合同是以发包人与工程承包人已经签订施工总包合同或专业承（分）包合同为前提条件，依照法律法规与遵循原则同前两个合同文本。由于劳务分包合同所含的工作规模小，合同总价低，涉及的技术规范和法律概念在前两个合同文本中已有明确规定，所以本合同文本较之更为简单、更明了些。

劳务分包合同文本采用了较简化的表达方式，将协议书、通用条款和专用条款合为一体。国家对双方当事人的行为规范要求分条款表明，双方将协商好的量化意见填在相应条款的空格中即可，例如资质证书号码、开始工作日期、合同价款等。文本共列35条，前9条相当于分包合同文本中的协议书和通用条款中的一分部词语定义及合同文件。后面合同生效、补充条款、合同份数、合同终止、合同解除等5条为双方的约定和解除、终止的定义与要求。和前面两个文本中内容相近或定义与总包合同中的定义相同的条款有：文物和地下障碍物、不可抗力、争议、索赔、保险、事故处理、安全防护、安全施工与检查、施工变更等。此外，针对劳务分包的特点，文本制定者给出了若干重要而又详尽的条款，下面分别简要介绍。

一、工程承包人义务

1. 组建与工程相适应的项目管理班子，全面履行总（分）包合同，组织实施施工管理的各项工作，对工程的工期和质量向发包人负责。

2. 除非本合同另有约定，工程承包人完成劳务分包人施工前期的下列工作并承担相应费用：

向劳务分包人交付具备本合同项下劳务作业开工条件的施工场地，施工场地要符合约定的要求；

完成水、电、热、电信等施工管线和施工道路，并满足完成本合同劳务作业所需的能源供应、通讯及施工道路畅通的时间和质量要求；

向劳务分包人提供相应地质和地下管网线路资料；

完成办理包括各种证件、批件、规费等工作手续；

向劳务分包人提供相应的水准点与坐标控制点位置，其交验要求与保护责任双方要约定；

向劳务分包人提供符合双方约定要求的生产、生活临时设施。

以上各款均需在双方约定的日期之前完成。

3. 负责编制施工组织设计，统一制定各项管理目标，组织编制年、季、月施工计划、物资需用量计划表，实施对工程质量、工期、安全生产、文明施工、计量检测、实验化验的控制、监督、检查和验收。

4. 负责工程测量定位、沉降观测、技术交底、组织图纸会审，统一安排技术档案资料的收集整理及交工验收。

5. 统筹安排、协调解决非劳务分包人独立使用的生产、生活临时设施、工作用水、用电及施工场地。

6. 按时提供图纸，及时交付应供材料、设备，所提供的施工机械设备、周转材料、安全设施保证施工需要。

7. 按本合同约定，向劳务分包人支付劳动报酬。

8. 负责与发包人、监理、设计及有关部门联系，协调现场工作关系。

二、劳务分包人义务

1. 对本合同劳务分包范围内的工程质量向工程承包人负责，组织具有相应资格证书的熟练工人投入工作；未经工程承包人授权或允许，不得擅自与发包人及有关部门建立工作联系；自觉遵守法律法规及有关规章制度；

2. 劳务分包人根据施工组织设计总进度计划的要求，每月底前_____天提交下月施工计划，有阶段工期要求的提交阶段施工计划，必要时按工程承包人要求提交旬、周施工计划，以及与完成上述阶段、时段施工计划相应的劳动力安排计划，经工程承包人批准后严格实施；

3. 严格按照设计图纸、施工验收规范、有关技术要求及施工组织设计精心组织施工，确保工程质量达到约定的标准；科学安排作业计划，投入足够的人力、物力，保证工期；加强安全教育，认真执行安全技术规范，严格遵守安全制度，落实安全措施，确保施工安全；加强现场管理，严格执行建设主管部门及环保、消防、环卫等有关部门对施工现场的管理规定，做到文明施工；承担由于自身责任造成的质量修改、返工、工期拖延、安全事故、现场脏乱造成的损失及各种罚款；

4. 自觉接受工程承包人及有关部门的管理、监督和检查；接受工程承包人随时检查其设备、材料保管、使用情况，及其操作人员的有效证件、持证上岗情况；与现场其他单位协调配合，照顾全局；

5. 按工程承包人统一规划堆放材料、机具，按工程承包人标准化工地要求设置标牌，搞好生活区的管理，做好自身责任区的治安保卫工作；

6. 按时提交报表、完整的原始技术经济资料，配合工程承包人办理交工验收；

7. 做好施工场地周围建筑物、构筑物和地下管线和已完工程部分的成品保护工作，因劳务分包人责任发生损坏，劳务分包人自行承担由此引起的一切经济损失及各种罚款；

8. 妥善保管、合理使用工程承包人提供或租赁给劳务分包人使用的机具、周转材料及其他设施；

9. 劳务分包人须服从工程承包人转发的发包人及工程师指令；

10. 除非本合同另有约定，劳务分包人应对其作业内容的实施、完工负责，劳务分包人应承担并履行总(分)包合同约定的、与劳务作业有关的所有义务及工作程序。

三、材料、设备供应

1. 劳务分包人应在接到图纸后_____天内，向工程承包人提交材料、设备、构配件供应计划(具体表式见附件一)；经确认后，工程承包人应按供应计划要求的质量、品种、规格、型号、数量和供应时间等组织货源并及时交付；需要劳务分包人运输、卸车的，劳务分包人必须及时进行，费用另行约定。如质量、品种、规格、型号不符合要求，劳务分包人应在验收时提出，工程承包人负责处理。

2. 劳务分包人应妥善保管、合理使用工程承包人供应的材料、设备。因保管不善发生丢失、损坏，劳务分包人应赔偿，并承担因此造成的工期延误等发生的一切经济损失。

3. 工程承包人委托劳务分包人采购低值易耗性材料时，应列明名称、规格、数量、质量和其他要求。

4. 工程承包人委托劳务分包人采购低值易耗性材料的费用，由劳务分包人凭采购凭证，另加一定的管理费和工程承包人报销。

四、劳务报酬

1. 本工程的劳务报酬采用下列任何一种方式计算：

(1) 固定劳务报酬(含管理费)；

(2) 约定不同工种劳务的计时单价(含管理费)，按确认的工时计算；

(3) 约定不同工作成果的计件单价(含管理费)，按确认的工程量计算。

2. 本工程的劳务报酬，除下列情况外，均为一次包死，不再调整。固定劳务报酬或单价可以调整的情况为：

(1) 以本合同约定价格为基准，市场人工价格的变化幅度超过_____%，按变化前后价格的差额予以调整；

（2）后续法律及政策变化，导致劳务价格变化的，按变化前后价格的差额予以调整；

（3）双方约定的其他情形。

五、工时及工程量的确认

1. 采用固定劳务报酬方式的，施工过程中不计算工时和工程量。

2. 采用按确定的工时计算劳务报酬的，由劳务分包人每日将提供劳务人数报工程承包人，由工程承包人确认。

3. 采用按确认的工程量计算劳务报酬的，由劳务分包人按月（或旬、日）将完成的工程量报工程承包人，由工程承包人确认。对劳务分包人未经工程承包人认可超出设计图纸范围和因劳务分包人原因造成返工的工程量，工程承包人不予计量。

六、劳务报酬的中间支付和最终支付

无论是采用固定劳务报酬方式还是采用计时单价或计件单价方式支付劳务报酬，都可以采用中间支付，但双方必须在合同中约定支付时间（年、月、日）。

劳务分包人全部工作完成，经工程承包人认可后 14 天内，劳务分包人向工程承包人递交完整的结算资料，双方按照本合同约定的计价方式，进行劳务报酬的最终支付。

七、禁止转包或再分包

劳务分包人不得将本合同项下的劳务作业转包或再分包给他人，否则，劳务分包人将依法承担责任。

复习思考题

1. 施工合同的作用是什么？
2. 为什么施工合同要采用示范文本？
3. 什么是通用条款和专用条款？两者关系如何？
4. 工程质量保修书包括哪些保修内容？保修期如何？
5. 发包人、承包人的一般义务是什么？
6. 发包人、承包人在开工前应做哪些准备工作？
7. 工程可以延期的情况有哪些？
8. 工程款支付包括哪些内容？
9. 关于工程分包的规定有哪些？
10. 不可抗力包括哪些内容？
11. 简述专业分包的主要内容。
12. 专业分包合同的当事人双方怎么称呼？
13. 简述劳务分包合同的主要内容。

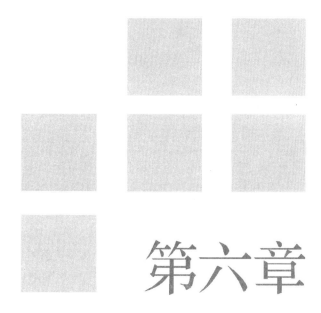

第六章

FIDIC 土木工程施工合同条件

【学习重点】

　　了解 FIDIC 土木工程施工合同条件的产生背景和文件体系；熟悉各种合同条件的适用条件；了解文本结构并与第五章内容相互比较；了解业主和承包商的责任和风险；了解计日工表、缺陷通知期、结清单等名词的含义。

第一节　FIDIC 合同条件简介

一、FIDIC 组织简介

FIDIC 是 "国际咨询工程师联合会" 的法文缩写，在国内一般译为 "菲迪克"。它是在 1913 年由欧洲 4 个国家的咨询工程师协会联合成立的一个非官方机构，旨在通过编制高水平的标准文件，召开研讨会，传播工程信息，从而推动世界工程咨询行业的发展。由于 FIDIC 专家们的不懈努力和辛勤工作，经过近百年的发展，现在已经是世界上最具权威性的咨询工程师组织。FIDIC 在每个国家只吸收一个独立的咨询工程师协会作为团体会员，目前有全球各地的 60 多个国家和地区的成员加入了 FIDIC。中国工程咨询协会于 1996 年代表中国参加了 FIDIC，成为其正式会员。

FIDIC 下设五个专业委员会：业主（与国内把建设工程施工合同双方称为发包人、承包人不同，在 FIDIC 土木工程施工合同条件中，合同双方称为业主、承包商）与咨询工程师关系委员会（CCRC），合同委员会（CC），风险管理委员会（RMC），质量管理委员会（QMC），环境委员会（ENVC）。FIDIC 的各专业委员会编制了许多规范性的标准文件，不仅世界银行、亚洲开发银行、非洲开发银行的招标文件样本采用这些文件，还有许多国家的国际工程项目也常常采用这些文件。

二、FIDIC 合同条件体系

FIDIC 专业委员会编制了一系列规范性合同条件，构成了 FIDIC 合同条件体系。它们不仅被 FIDIC 会员国在世界范围内广泛使用，也被世界银行、亚洲开发银行、非洲开发银行等世界金融组织在招标文件中使用。

1999 年，FIDIC 在原合同条件基础上又出版了 4 新的合同条件。这是迄今为止 FIDIC 合同条件的最新版本。

（一）FIDIC 各类合同条件

（1）《土木工程施工合同条件》（1987 年第 4 版，1992 年修订版）（红皮书）；

（2）《电气与机械工程合同条件》（1988 年第 2 版）（黄皮书）；

（3）《土木工程施工分包合同条件》（1994 年第 1 版）（与红皮书配套使用）；

（4）《设计——建造与交钥匙工程合同条件》（1995 年版）（桔皮书）；

（5）《施工合同条件》（1999 年第一版）；

（6）《生产设备和设计——施工合同条件》（1999 年第一版）；

（7）《设计采购施工（EPC）/交钥匙工程合同条件》（1999 年第一版）；

（8）《简明合同格式》（1999 年第一版）；

（9）多边开发银行统一版《施工合同条件》（2005 年版），等等。

2002 年，中国工程咨询协会经 FIDIC 授权将新版合同条件译成中文本。以下简略介绍几种新版的合同条件及其适用范围。

（1）《施工合同条件》

《施工合同条件》（Conditions of Contract for Construction），简称"新红皮书"。该文件推荐用于有雇主或其代表——工程师设计的建筑或工程项目，主要用于单价合同。在这种合同形式下，通常由工程师负责监理，由承包商按照雇主提供的设计施工，可以包含由承包商设计的土木、机械、电气和构筑物等部分。

（2）《生产设备和设计——施工合同条件》

《生产设备和设计——施工合同条件》（Conditions of Contract for Plant and Design-Build），简称"新黄皮书"。该文件推荐用于电气和（或）机械设备供货和____（或）其他工程的设计与施工，通常采用总价合同。由承包商按照雇主的要求，设计和提供生产设备和（或）其他工程，可以包括土木、机械、电气和建筑物的任何组合，进行工程总承包。但也可以对部分工程采用单价合同。

（3）《设计采购施工（EPC）/交钥匙工程合同条件》

《设计采购施工（EPC）/交钥匙工程合同条件》（Conditions of Contract for EPC/Turnkey Projects），简称"银皮书"该文件可适用于以交钥匙方式提供工厂或类似设施的加工或动力设备、基础设施项目或其他类型的开发项目，采用总价合同。这种合同条件下，项目的最终价格和目标工期具有更大程度的确定性；由承包商承担项目实施的全部责任。即由承包商进行所有的设计、采购和施工，最后提供一个设施配备完整、可以投产运行的项目。

（4）《简明合同格式》

《简明合同格式》（Short Form of Contract），简称"绿皮书"。该文件适用于投资金额较小的建筑或其他工程项目。根据工程的类型和具体情况，这种合同格式也可用于投资金额较大的工程，特别是较简单的、或重复性的、或工期短的工程。在此合同格式下，一般都由承包商按照雇主或其代表提供的设计实施工程，但对于部分或完全由承包商设计的土木、机械、电气和（或）构筑物的工程，此合同也同样适用。

（5）多边开发银行统一版《施工合同条件》

FIDIC 与世界银行、亚洲开发银行、非洲开发银行、泛美开发银行、加勒比开发银行、北欧开发基金等国际金融机构共同工作，对 FIDIC《施工合同条件》（1999 年第一版）进行了修改补充，编制了这本用于多边开发银行提供贷款项目的合同条件——多边开发银行统一版《施工合同条件》（2005 版）。这本合同条件，不仅便于多边开发银行及其借款人使用 FIDIC 合同条件，也便于参与多边开发银行贷款项目的其他各方，如工程咨询机构、承包商等使用。

多边开发银行统一版《施工合同条件》，在通用条件中加入了以往多边开发银行在专用条件中使用的标准措辞，减少了以往在专用条件的增补和修改的数量，提高了用户的工作效率，减少了不确定性和发生争端的可能性。该合同条件与 FIDIC 的其他合同条件的格式一样，包括通用条件、专用条件以及各种担保、保证、保函和争端委员会协议书的标准文本，方便用户的理解和使用。

（二）FIDIC 协议书范本

FIDIC 出版的协议书也是一种合同格式，通常适用于应用功能比较单一、条款比较简单的合同。目前常用的协议书范本有：

（1）客户/咨询工程师（单位）服务协议书范本（1998 年第三版）（白皮书）；

（2）客户/咨询工程师（单位）服务协议书；

（3）代表性协议范本（新）；

（4）EIC 的施工-运营-转让/公共民营合作制项目白皮书；

（5）联营（联合）协议书；

（6）咨询分包协议书。

其中，《客户/咨询工程师（单位）服务协议书范本》（白皮书第三版），用于建设项目业主同咨询工程师签订服务协议书时参考使用。文本适用于由咨询工程师提供项目的投资机会研究、可行性研究、工程设计、招标评标、合同管理、生产准备和运营等涉及建设全过程的各种咨询服务内容。

在该协议书中，对客户和工程咨询单位的职责、义务、风险分担和保险等方面在条款内容上做了更加明确的规定，增加了反腐败条款和友好解决争端等条款，更好地适应了当前工程市场的需要。这对加强工程咨询市场的规范化，提高工程咨询质量，进而提升项目决策和管理水平有较大的帮助。

（三）工作指南

FIDIC 为了帮助项目参与各方正确理解和使用合同条件和协议书的涵义、帮助咨询工程师提高道德和业务素质，提升执业水平，相应地编写了一系列工作指南。FIDIC 先后出版的工作指南达几十种，如：

（1）FIDIC 合同指南（2000 年第 1 版）；

（2）客户/咨询工程师（单位）服务协议书（白皮书）指南（2001 年第 2 版）；

（3）咨询工程师和环境行动指南；

（4）咨询分包协议书与联营（联合）协议书应用指南；

（5）工程咨询业质量管理指南；

（6）工程咨询业 ISO 9001：9004 标准解释和应用指南；

（7）咨询企业商务指南；

（8）根据质量选择咨询服务和咨询专家工作成果评价指南；

（9）FIDIC 关于提供运行、维护和培训（MT）服务的指南；

（10）FIDIC 生产设备合同的 EIC 承包商指南；

（11）设计采购施工（EPC）/交钥匙工程合同的 EIC 承包商指南；

（12）红皮书指南；

（13）业务实践指南系列；

（14）业务实践手册指南；

（15）工程咨询业实力建设指南；

（16）选聘咨询工程师（单位）指南；

（17）施工质量——行动指南；

（18）质量管理指南；

（19）ISO 9001：2000 质量管理指南解读；

（20）业务廉洁管理指南；

（21）职业赔偿和项目风险保险：客户指南；

（22）联合国环境署—国际商会—FIDIC 环境管理体系认证指南；

（23）项目可持续管理指南。

（四）工作程序与准则及工作手册

FIDIC 编制的文件中，有许多关于咨询业务的指导性文件，主要有工作程序与准则以及工作手册等，这些文件对于规范工程市场活动，指导咨询工程师的工作实践、提高服务质量均有重要的借鉴和参考价值。

FIDIC 根据咨询的业务实践的需要，编制和出版了一些重要的工作程序与准则以指导工作，其中包括：

（1）FIDIC 招标程序；

（2）咨询专家在运行、维护和培训中的作用—运行、维护和培训；

（3）编制项目成本估算的准则及工作大纲；

（4）根据质量选择咨询服务；

（5）推荐常规——使在解决建设上争端中作为专家的设计专业人员用；

（6）职业责任保险入门；

（7）建设、保险与法律；

（8）国外施工工程英文标准函；

（9）大型土木工程项目保险；

（10）承包商资格预审标准格式。

FIDIC 的工作手册可以作为咨询工程师的培训资料，对于提高他们的职业道德和业务素质起着有益的作用。下面列出的是一些常用的工作手册。

（1）风险管理手册；

（2）环境管理体系培训大全；

（3）业务廉洁管理体系培训手册；

（4）业务实践手册；

（5）质量管理体系培训材料等。

三、FIDIC 合同条件的应用

（一）FIDIC 合同条件的特点

FIDIC 合同条件之所以能够得到国际广泛的认可和使用，是由于它总结了近百年来国际工程承包活动的经验，在合同条款内明确划分了各有关方的责任，规范了合同履行过程中管理程序，条款内容涵盖了合同履行过程中可能发生的各类情况，兼顾到不同地区合同双方的利益，合同的多数条款和格式都能为双方所接受。概括地说《施工合同条件》有如下特点：

（1）是在总结了各个国家、各个地区的业主、咨询工程师和承包商各方经验基础上编制出来的，也是在长期的国际工程实践中形成并逐渐发展成熟起来的，较好地反映了当今国际工程建设中的惯例，能为全球范围内大多数国家和地区的业主及承包商所接受，体现了公平、经济、竞争的原则。

（2）合同体系完整、严密、科学地把工程技术、管理、经济和法律有机地结合起来，并形成了相对固定的合同格式，条理清晰，逻辑性强，便于应用。

（3）对业主、承包商、工程师各自的权利和义务规定明确，风险分担公平合理，能较好的避免合同执行过程中过多的产生纠纷和索赔事件。

（4）通过承包商在工程造价、施工技术、质量管理等多方面的公平竞争，能有效地控制工程质量、造价和工期，照顾到了业主与承包商双方的利益。

（5）特别适用于国际间大型复杂工程的合同管理，从工程施工计划的制定，直到竣工验收及保修期试运行，合同条件均有完整的规定，便于双方计划管理。

《施工合同条件》虽然有很多优点并被国际工程界广泛接受，但也存在着不同的观点比如对工程师地位的规定就不被一些国家所接受。虽然准确但十分繁琐的合同条款也不利于一些小型项目的应用。好在《施工合同条件》1999 年版已经作了改进，并增加了适用于小型项目的《简明合同格式》，为规模大小不等的众多建设单位与承包商提供了方便。

（二）FIDIC 合同条件的应用方式

我国随着全球经济一体化，建筑市场国际资本的进入和建筑企业走向国际化竞争，越来越多的建设项目开始选择适用 FIDIC 合同条件。FIDIC 合同条件在中国的应用和推广无疑对于提高我国工程项目管理的水平，加快与国际惯例接轨的进程有促进作用。

FIDIC 合同条件的应用方式通常有如下几种：

（1）直接采用。在世界各地，凡世行、亚行、非行贷款的工程项目以及一些国家和地区的工程招标文件中，大部分全文采用 FIDIC 合同条件。在我国，凡亚行贷款项目，全文采用 FIDIC "红皮书"。凡世行贷款项目，在执行世行有关合同原则的基础上，执行我国财政部在世行批准和指导下编制的有关合同条件。

（2）部分使用。即使不全文采用 FIDIC 合同条件，在编制招标文件、分包合同条件时，仍可以部分选择其中的某些条款、某些规定、某些程序甚至某些思路，使所编制的文件更完善、更严谨。在项目实施过程中，也可以借鉴 FIDIC 合同条件的思路和程序来解决和处理有关问题。

（3）合同谈判和合同管理参考。FIDIC 合同条件的国际性、通用性和权威性，使合同双方在谈判中可以以国际惯例为理由要求对方对其合同条款的不合理、不完善之处作出修改或补充，以维护双方的合法权益。这种方式在国际工程项目合同谈判中普遍使用。

许多国家在学习、借鉴 FIDIC 合同条件的基础上，编制了一系列适合本国国情的标准合同条件。这些合同条件的项目和内容与 FIDIC 合同条件大同小异。主要差异体现在处理问题的程序以及风险分担的规定上。FIDIC 合同条件的各项程序是相当严谨的,处理业主和承包商风险、权利及义务也比较公正。因此,业主、咨询工程师、承包商通常都会将 FIDIC 合同条件作为一把尺子、与工作中遇到的其他合同条件相对比,进行合同分析和风险研究,制定相应的合同管理措施,防止合同管理上出现漏洞。

四、《施工合同条件》的文本结构

《施工合同条件》是 FIDIC 合同条件中应用较广泛的一个合同条件,也是与我们国内工程发承包方式比较相适应的一个合同条件。所以本章将予以着重介绍。

考虑到工程项目的一次性、唯一性等特点,FIDIC 施工合同条件分成了"通用条件"(General Conditions)和"专用条件"(Conditions of Particular Application)两部分。

通用条件是一般土木工程所共同具备的共性条款,具有规范性、可靠性、完备性和适用性等特点,该部分可适用于某一大类工程项目,并可作为指标文件的组成部分而予以直接采用。专用条件与通用条件相对应,是针对一个具体的工程项目,在考虑项目所在国法律法规不同、项目特点和业主要求不同的基础上,合同双方经过协商达成一致的内容,是对通用条款的确认、补充、和修改,与通用条款一起构成了整个合同的主体内容。就一项完整的合同来说,光有通用条件和专用条件还不够,还必须和其他必不可少的条款一起构成一项完整的合同。通用条件中就明确规定:合同实际是全部合同文件的总称,它包括全部的合同文件:

(1) 合同协议书

(2) 中标函

(3) 投标函

(4) 规范

(5) 图纸

(6) 明细表

(7) 合同协议书或中标函中列出的那些文件

以上各项文件定义在通用条款中有明确的表述。

《施工合同条件》的具体内容将在第二节、第三节和第四节中进行介绍。

第二节　一般权利和义务条款

一、业主的责任和风险的分担

(一) 关于责任

《施工合同条件》第 2 条关于业主的责任(义务)有 4 款:

1. 进入现场的权力

本款标题虽然为"进入现场的权力"，实际上是指承包商进入和占用施工现场的权利，就是业主向承包商提供现场的义务。其主要内容为：

业主应按投标函附录规定的时间向承包商提供现场，如果投标函附录没有规定，则依据承包商提交给业主的进度计划，按照施工要求的时间来提供。业主提供现场的时间以不影响开工或工程师批准的施工进度计划进行施工准备为原则。本款中同时规定，如果业主没有在规定的时间内提供现场，致使承包商受到损失，包括经济和工期两个方面，承包商应通知工程师，提出经济和工期索赔，而且还可以增加合理的利润。

如果合同规定业主还应向承包商提供有关设施，如道路、基础、构筑物、设备等，则业主也应按合同规定的方式和时间提供。另外本款还提到，承包商对现场可能没有专用权，即：同一场地上还可能有其他承包商。

170

2. 许可证、执照或批准

国际工程中，承包商的若干工作可能涉及许可证等工作所在国的有关机构批复的文件，而有业主的协助往往能较顺利地取得这些文件，因此国际工程合同条件中往往有业主协助承包商获得这些文件的规定。本款规定：

如果业主能做到，他应帮助承包商获得工程所在国（一般是建设单位国）的有关法律文本，在承包商申请业主国法律要求的许可证、执照或批准时给予协助，这些文件可能包括承包商的劳工许可证，物资进出口许可证、营业执照、安全及环保等方面的许可。

需要注意的是，取得任何执照和批准等的责任在承包商一方，这里规定的是业主"合理协助"，至于协助到什么程度，往往取决于承包商与业主的关系协调程度和项目的进行情况。

3. 建设单位的人员

顺利地实施和完成合同工程是业主和承包商的共同目的，工程现场作业的复杂性也要求合同各方人员在施工现场必须密切配合，才能使现场施工有序地进行。为了保证项目各方的合作，本款规定：

业主应保证其人员配合承包商的工作；

业主应保证其人员遵守关于项目安全与环保的规定。

4. 业主的资金安排

当今国际工程市场上，业主拖欠承包商工程款的现象时有发生，这不仅直接损害承包商的经济利益，也影响到承包商履约的积极性。为了减少工程款拖欠现象，提高合同双方的履约水平，本款对业主的资金安排提出了相关规定：

如果承包商提出要求，业主应在28天内向承包商提供合理证据，证明其工程款资金到位，有能力按合同规定向承包商支付；如果业主对自己的资金安排要做出大的变动，他应通知承包商，说明详细情况。

一般情况下，业主提供的合理证据应为银行证明之类的文件。本款的规定是业主的资金要有一定的透明度，也就是规定了承包商对业主的资金情况有一定的知情权，以此来增强承包商履约的信心。

业主的责任除了本条规定的 4 项外，还有 2 项是在别的条款中规定的。但它们同样重要：

1. 规范和图纸

在《施工合同条件》对"合同"的定义中，"规范"和"图纸"都是合同的一部分。根据通常的理解，规范有业主使用和承包商使用的不同规范种类，所以业主至少有义务提供自己方强调要执行的部分规范。这里所定义的图纸，包括业主提供的基本设计图纸或全部施工详图及有时工程师按合同规定要求承包商设计的少量图纸，那么业主提供的图纸是否为全部图纸？承包商是否要提供图纸、提供哪一部分的图纸？这些都必须在合同的其他条款中明确规定。因为是《施工合同条件》，一般应由业主提供全部图纸包括对图纸的修改和补充。这样的理解在 1.8 条款"文件的照管和提供"中可以得到佐证，本条规定：规范和图纸由业主方保管；业主方向承包商提供两套合同文件，包括随后签发的图纸。如果承包商需要超出两套，他可以自行复印，也可从业主方购买。

2. 支付

业主要投资一项工程建设，目的是管理和运用这些工程，以此而获利，那么业主按时付给承包商工程建设款应是天经地义、不言而喻的事情。然而事实上在工程款支付上往往会成为承包商最棘手的问题，往往会久拖不决甚至诉诸法律才能奏效，因而，在承揽国际工程项目中，有关支付的条款是承包商必须十分关注的。《施工合同条件》中关于支付的规定包括预付款、期中支付和最终支付三项内容，规定的主要是支付时间。具体规定有：

业主应在签发中标函后的 42 天内，或者在承包商提交了履约保证和预付款保函以及提交了预付款报表后的 21 天内，向承包商支付第一笔预付款，这两个时间以较晚者为准；

业主应在工程师收到承包商的报表和证明文件后 56 天内，将期中支付证书中证明的款额支付承包商；

每种货币的到期支付金额应汇入承包商指定的银行账户，该账户应设在合同规定的支付国。

支付工程款是业主的最根本的义务，而承包商也希望工程款按时支付，资金能否及时到位对工程项目能否顺利执行影响极大。如果业主延误支付，将会受到相应的经济惩罚，这在其他条款中再叙。

（二）关于风险分担

国际工程的实施是十分复杂的管理过程，加之一般履约时间很长，涉及不同国家合同双方的经济利益以至公司的声誉，因而在工程实施过程中合同双方常常会发生矛盾和争端。为了使工程实施顺利进行，在工程实施之前签订一份公平合理的合同显得非常重要。而一份好的合同条件应该是既鼓励合同双方合作完成项目，又对各方的职责和义务有明确的规定和要求，其中一个重要的原则就是在业主和承包商之间合理分配风险。据权威机构调查表明，由于合同双方分担风险不合理而引发的争端是国际工程市场上最多的合同争端。

所谓"风险分担"就是将工程实施过程中所有可能预见及不可预见的各种风险都表明在合同的条款中，然而由于工程建设外部环境可变因素多，将各种风险都表明得十分准确清晰又几乎是不太可能的，也就是说有些风险分担是隐含在合同条件的非风险条款中的。严格地说业主与承包商的风险划分贯穿在整个合同的规定之中，任何合同条件所规定的风险条款只是较为明显的基本风险。

《施工合同条件》中关于业主的风险包括下列各项：

（1）战争以及敌对行为；

（2）工程所在国内部起义、恐怖活动、革命等内部战争和活动；

（3）非承包商（包括其分包商）人员造成的骚乱和混乱等；

（4）军火和其他爆炸性材料、放射性造成的离子辐射或污染等造成的威胁，但承包商使用此类物质导致的情况除外；

（5）飞机以及其他飞行器造成的压力波；

（6）业主占有或使用部分永久工程（合同明文规定的除外）；

（7）业主方负责的工程设计；

（8）一个有经验的承包商也无法合理预见并采取措施来防范的自然力的作用。

除以上8项外，在"费用变更的调整"、"支付货币"等条款中包含有经济风险；在"立法变更的调整"条款中包含有法律风险。

二、承包商的义务

在FIDIC《施工合同条件》规定的工程施工管理模式中，业主、工程师、承包商三位一体决定着项目建设过程的成败，而工程的具体实施者是承包商，所以合同条件中对承包商的义务规定得多而具体，主要有以下内容：

1. 承包商的一般义务

承包商应根据合同和工程师的指令进行施工和修复缺陷，应提供实施工程期间所需的一切人员、物品、合同规定的永久设备和文件，并为现场作业及施工方法的安全性和可靠性负责，为其文件、临时工程以及永久设备和材料的设计负责。工程师随时可以要求承包商提供施工方法和安排等内容，如果承包商随后要修改，应事先通知工程师；如果合同要求承包商负责设计某部分永久工程，则承包商应按合同规定的程序向工程师提交有关设计的文件，文件应符合规范和图纸并用合同规定语言书写，包括工程师为了协调所需要的附加资料，承包商应对其设计的部分负责，并在竣工检验开始之前向工程师提交竣工文件和操作维护手册，否则该部分工程不能认为完工和验收。

2. 履约保证

承包商应自费按投标函规定的金额和货币办理履约保证，并在收到中标函之后的28天内将履约保证提交给业主且同时抄报给工程师复印件。开出履约保证的机构应得到业主的批准，并来自工程所在国或建设单位批准的其他辖区。履约保证格式应采用专用条件后所附的范例格式或业主批准的其他格式。承包商应保证，在工程全部竣工和修复缺陷之前，履约保证应保持一直有效并能被执行，如果履约保证中条款规定有有效期，而承包商在有效期届满之前的 28 天前仍拿不到履约证书，他应将履约保证的有效期相应延长到工程完工和缺陷修复为止，业主在收到工程师签发的履约证书 21 天内将履约保证退还给承包商。

3. 承包商的代表

这里所说的"承包商的代表"相当于我国建设工程中的施工项目经理，即代表承包商在施工现场行使职权的个人。本条款就是专门规定对他的要求：

承包商应任命承包商的代表并赋予其在执行合同中的一切必要权力。承包商的代表可以在合同中事先指定，也可在开工之前提出人选请工程师同意，若工程师不同意，则承包商另提人选供工程师同意。没有工程师的同意，承包商不得私自更换承包商的代表。承包商的代表应把其全部时间用于在现场管理其队伍的工作，如果他需要临时离开项目现场，应指派他人代其履行有关职责，替代人选应经工程师同意。承包商的代表应代表承包商接收工程师的各项指令，承包商的代表可以将他的权力和职责委托给他的有能力下属，并可随时撤回，但此类委托和撤回必须通知给工程师后才会生效，被委托的权力和职责在通知中写清楚，承包商的代表和被委托权力的关键职员应能流利地使用合同规定的主导语言来交流。

4. 分包商

承包商不得将整个工程分包出去，承包商应为分包商的一切行为和过失负责，承包商的材料供应商以及合同中已经指明的分包商无需经工程师同意，其他分包商则须经过工程师的同意。承包商应至少提前 28 天通知工程师分包商计划开始分包工作的日期以及开始现场工作的日期。承包商与分包商签订分包合同时，分包合同中应加入有关规定，使得分包合同能够在特定的情况下转让给建设单位。

5. 分包合同权益的转让

如果有关的缺陷通知期届满之日分包商的义务还没有结束，工程师可以在该日期之前指示承包商将从此类义务获得的权益转让给建设单位，承包商应照办，如果在转让中没有特别说明，承包商不对分包商在转让之后实施的工作向业主负责。

前面提到的"有关的缺陷通知期"指的是主合同下涉及分包工作内容的那一缺陷通知期。

6. 合作

如果在现场或现场附近还有其他方的人员工作，如业主的人员、建设单位的其他承包商的人员、某些公共当局的工作人员，承包商应按照合同规定或工程师的指令为他们提供合理的工作机会，如果工程师的指令导致了承包商某些不可预见的费用，该指令构成了变更。承包商向上述人员提供的服务可能包括让对方使用承包商的设备、临时工程，以及负责他们进入现场的安排。根据合同，如果要求业主按照承包商的文件给予承包商占用某些基础、结构、厂房或通行手段，承包商应按照合同中规定的方式向工程师提供此类文件。

7. 放线

承包商应按照合同规定的或工程师通知的原始数据放线，并负责工程各个部分的准确定位，如果工程的位置、标高、尺寸、准线等出了差错，他应修正；如果业主提供的原始数据出现错误，则业主方应负责，但承包商在使用这些数据之前应"使用合理的努力"来核实这些数据的准确性；如果业主提供的原始数据出现问题，一个有经验的承包商也无法合理发现，并且无法避免有关延误和费用，则承包商应通知工程师，并按照索赔条款去索赔工期、费用和利润。工程师接到承包商的通知之后应和双方商定或自行决定此类错误承包商是否事先可合理发现，若不能，应给予承包商延长工期、费用和利润。

8. 安全措施

承包商应遵守一切适用的安全规章，努力保持现场井然有序，避免出现障碍物对人们的安全造成威胁。在工程被业主验收之前，承包商应在现场提供围栏、照明、保安等。如果承包商的施工影响到了公众以及毗邻财产的所有者或用户的安全，则他必须提供必要的防护设施。

9. 质量保证

承包商应编制一套质量保证体系，表明其遵守合同的各项要求。该质量保证体系应依据合同规定的各项内容来编制，工程师有权来审查该体系各个方面的内容。在每一设计和实施开始之前，所有具体工作程序和执行文件应提交给工程师，供其参阅，在向工程师提交任何技术文件时，该文件上面应有承包商自己内部已经批准的明确标识。执行质量保证体系并不解除承包商在合同中的任何义务和责任。

10. 现场数据

业主应将自己掌握的现场水文地质及环境情况的一切相关数据在基准日期之前提供给承包商，供其参考。业主在基准日期之后获得的一切数据也应同样提供给承包商，承包商负责解释上述数据。在时间和费用允许的条件下，承包商应在投标前调查清楚影响投标的各种风险因素和意外事件等，承包商还应对现场及其周围环境进行调查，同时对建设单位提供的有关数据和其他资料等进行查阅和核实。承包商了解的内容具体包括以下几点：

（1）现场地形条件和地质条件；

（2）水文气候条件；

（3）工程范围以及完成相应工作量而需要的各类物质；

（4）工程所在国的法律及行业惯例，包括雇用当地工人的习惯做法；

（5）承包商对各项施工条件的需求，包括现场交通条件、人员和食宿、水电以及有关设施。

11. 道路通行权、设施使用权及避免干扰

承包商应自费去获得他需要的特别或临时道路的通行权，包括进入现场的此类道路，如果承包商施工需要，他也应自费去获得现场以外的设施的使用权，并自担风险。承包商不得干扰公共的便利，也不得干扰人们正常使用任何道路，不管这些道路是公共道路或者是业主和他人的私人道路，但如果因施工不得已而为之，则应该控制在必要和恰当的范围内，如果因承包商不必要和不恰当的干扰他人招致任何赔偿或损失，则应由

承包商自行承担，保障业主方免受由此招致的任何影响，如各类赔偿费、法律方面的费用等。

12. 进场路线、货物运输、承包商的设备

承包商应了解清楚进场路线，并了解清楚此类道路的适宜性。承包商应努力避免来回运输对道路和桥梁可能导致的损害，他应使用合适的运输工具和合适的路线。承包商对其使用的通道自行负责维修，并在经政府主管部门同意之后，沿进场道路设置警示牌和路标。业主对因使用有关进场道路引起的索赔不负责任，也不保证一定有适宜的通行道路，如果设有现成的适宜道路供承包商使用，承包商为此付出的费用由自己承担。

承包商应提前21天将他准备运进现场的永久设备和其他重要物品通知工程师。一切货物包装、装卸、运输、接收、储存和保护，均由承包商负责，如果货物的运输导致其他方提出索赔，承包商应保证业主不会因此受到损失，并自行去和索赔方谈判，支付有关索赔款。

承包商应对一切承包商的设备负责，承包商的施工设备运到现场之后，就应看作专用于该工程，没有工程师的同意，承包商不得将任何主要承包商的设备运出现场，但来往运输承包商人员的交通车辆的进出不在此限。

13. 环境保护

承包商采取一切的合理措施保护现场内外的环境，并控制好其施工产生的噪声、污染等，以减少对公众人身财产造成损害。承包商应保证其施工活动向空气中排放的散发物、地面排污等既不能超过规范中规定的指标，也不能超过相关法律规定的指标。

14. 电、水和燃气

除明文规定外，承包商应负责提供他需要的水、电、燃气等服务设施。为了施工，承包商有权使用现场已有的水、电、燃气等设施，自担风险，但应按合同规定的价格和条件支付业主。承包商应负责提供计量仪器来计量其耗量，其耗量以及应支付给建设单位的使用费由工程师根据有关规定与双方商定或自行决定，承包商应向业主支付此类款项。

15. 进度报告、现场安排、承包商的现场作业

月进度报告由承包商编写，并提交给工程师，一式六份。第一份月进度计划报告覆盖的时间范围是从开工之日到第一个日历月末，之后每月提交一次，提交的时间为下月7日以前，每月报告一直持续到承包商完成一切扫尾工作为止。

承包商应负责将没得到授权的人员拒之于现场以外，有权进入现场的人员仅限于业主的人员、承包商的人员，以及业主或工程师通知承包商允许进入现场的其他承包商的人员。

承包商应将自己的施工作业限制在现场范围以内，在工程师同意后，也可另外征地作为附加工作区域，承包商的设备和人员只准处于这些区域，不得越界到毗邻土地。施工过程中，承包商应保证现场井井有条，没有不必要的障碍物，施工设备和材料应妥善存放。验收证书签发后，承包商应清理好相关现场，使现场处于"整洁和安全"状态。

16. 化石

现场上发现的任何有价值的文物和遗址应归于建设单位看管，处置权也在业主。承包商应采取合理措施，防止他人肆意移动和损害发现的文物。承包商在现场发现文物后，应立即通知工程师，工程师应签发处理该文物的指令，若承包商因上述情况遭受延误和多开支了费用，工程师收到索赔后，应按程序进行理赔工作。

三、工程师及工程师代表

在《施工合同条件》的众多条件中，工程师这一角色几乎无处不在，可见其在工程实施过程中的重要地位。在合同条件中被称为工程师的就是国际工程界的所谓"咨询工程师"，在通常情况下指的是一个咨询公司，相当于我国的监理公司。无论是国际国内，工程师都是受雇于建设单位来管理工程项目，是业主方管理工程的具体执行者。而一般项目的管理往往不是一两个人能完成，也不需要整个公司倾注全力，所以合同条件中的"工程师"更多的情况是咨询公司(监理公司)派往施工现场的若干个监理人员(或叫监理机构)，其中主持者常被称为工程师代表(国内常叫总监)。

关于工程师的职责和权利有下列规定：

1. 工程师的职责和权力

业主应任命工程师来管理合同，工程师应履行合同中规定的职责。工程师的职员应是有能力履行这些职责的合格技术人员和其他专业人员，工程师无权更改合同，工程师可以行使合同明文规定和必然隐含的赋予他的权力，如果业主方对工程师的某些权力有限制的话，应在专用条件中列明，除了列明的限制外，在签订合同后，没有承包商的同意，业主不得再进一步限制工程师的权力，即使按照专用条件，工程师行使的某项权力需要得到业主的批准，一旦工程师行使了该权力，不管他是否获得了业主的批准，从承包商角度来看，都应被认为已经获得了业主的批准。无论是工程师行使其权力，还是履行其职责，都应看作是为建设单位做的工作，工程师无权解除建设单位和承包商的义务和责任，工程师的任何批准、检查、证书、同意、通知、建议、检验、指令和要求等都不解除承包商在合同中的责任。

2. 工程师的委托

工程师可以随时将有关职责和权力委托给下属人员，并可撤回，其下属人员包括一些驻地工程师和若干对设备材料进行检验的检查人员，此类委托和撤回应以书面形式，并在业主和承包商双方收到书面通知后生效，对于重大职责和权力，工程师要想委托，必须经过业主和承包商同意。工程师的助理应为合格人员，他们应有能力履行被委托的职责和行使被委托的权力，能够用合同规定的语言进行交流。助理人员应严格按被委托的职责和权力而向承包商下达指令，指令的效力与工程师下达的完全一样，如果助理人员没有否决某项工作、永久设备和材料并不等于最终批准，工程师仍有权拒绝；若承包商对助理人员的决定或指令有异议，可以向工程师提出，工程师应立即确认、撤回或修改。

3. 工程师的指令

如果是为了实施工程所需，工程师可以根据合同随时向承包商签发指令和有关图纸。承包商只能从工程师或工程师的授权代表处接收指令，如果工程师的指令构成了变更，则按"变更与调整"来处理。工程师关于合同事宜签发的任何指令，承包商应遵照执行，工程师一般应以书面形式签发指令，必要时，工程师也可以发出口头指令，在这种情况下，承包商应在接到口头指令后的两个工作日内，主动将自己记录的口头指令以书面形式报告给工程师，要求工程师确认，如果工程师两个工作日内不答复，则承包商记录的口头指令即被认为是工程师的书面指令。

任何地方(如政府部门、业主等)对工程项目发出的指示都应通过工程师下达给承包商，承包商才能接受此任务，并要分清是合同内的工作，还是变更内容。

4. 工程师的更换

如果业主打算撤换工程师，应至少提前 42 天将拟替代人的名字、地址、有关经验通知承包商，如果承包商反对替代人选，并说出反对的正当理由，则业主就不能拿该人选来替代原来的工程师。

5. 决定

当合同中要求工程师根据本条款决定某事宜时，他应与双方商量，力争使双方达成一致意见，若达不成一致意见，他应根据合同，结合实际情况，公平处理。工程师应将自己的决定通知双方，并说明如此决定的理由，如果一方对此决定有异议，可按"索赔，争端与仲裁"条款来解决，但在最终解决之前，双方应遵照执行工程师的指令。

第三节　质量、进度和费用控制条款

一、质量控制

质量是任何商品的生命，工程也不例外，由于工程(建筑产品)自身的特殊性，其质量要求比其他商品更为重要，一项不合格工程的出现往往会使业主和承包商处于两难的境地，在国际工程中，业主对工程质量的控制主要体现在规范、图纸以及合同条件的规定中。

新版《施工合同条件》给出了设备材料验收和工艺检验的有关规定，作为业主方控制工程质量的手段，这些规定包括：

1. 实施方式

无论是永久设备和材料的加工与制造，还是其他的工程施工作业，承包商都应遵守三项原则：①如果合同中有具体的规定，按此类具体方式实施；②应按照公认的良好惯例，以恰当的施工工艺和谨慎的态度去实施；③若合同没有另外的规定，应使用恰当设备和无害材料来实施。

2. 样品

承包商在将材料用于工程之前，应向工程师提交有关材料的样品和资料，取得工程师的同意。此类样品包括承包商自费提供厂家的标准样品以及合同中规定的其他样品，如果工程师还要求承包商提供任何附加样品，则工程师应以变更形式发出指令。每种样品上应列明其原产地和在工程中的用途。

3. 检查

业主的人员应有权在一切合理的时间进入现场以及天然料场，业主的人员还应有权在一切合理的时间进入项目设备和材料的制造生产基地，检验和测量永久设备和材料的用料、制造工艺以及进度。承包商应提供一切机会协助业主的人员完成此类工作，并提供所需设施等。此类检查不解除承包商的任何义务和责任。当完成的一项工作在隐蔽之前，或者任何产品在包装或运输之前，承包商应及时通知工程师，工程师应前来检验和测量等，不得无故延误，如果他不要求检查，应及时通知承包商，如果承包商没有通知工程师，则在工程师要求时，承包商应自费打开已经覆盖的工程，供工程师检查并随后恢复原状。

4. 检验

本款的规定适用于合同明文规定的一切检验（竣工后检验除外），承包商为检验提供的服务包括：①合格的人员，包括职员和劳工；②设施和仪器等；③消耗品，包括电、燃料、材料等；④提供的数量以能够高效地实施此类检验为准。

若准备对永久设备、材料以及工程的其他部分检验，承包商与工程师提前商定检验时间和地点。工程师有权根据变更条款的规定，来变更检验的地点以及其他方面的内容，也可下指令进行附加检验，若工程师打算参加检验，他至少应提前 24 小时通知承包商，如果工程师在商定时间不到场，承包商可以自行检验，检验结果有效，等同于工程师在场。在开始检验之前，工程师可以通知承包商，更改已经商定好的时间和地点，但如果工程师的此类变更影响了承包商的工作，承包商可以提出工期和经济索赔，承包商应立即将其正式检验报告提交工程师，如果检验通过了，工程师应在上面背书认可，也可另签发一份检验证书，证明该检验结果，如果工程师没有参加检验，他应认可承包商的检验结果。

5. 验收

如果检查和检验发现永久设备、材料或施工工艺有缺陷或不符合合同的要求，工程师可以通知承包商，拒绝接收，但应说明理由，承包商应立即将缺陷修复，并保证被拒收的工程经修复后，都符合合同的规定。如果工程师要求对经过修复或更换的内容重新检验，检验条件应如以前一样，如果重新检验使得建设单位支付了额外费用，业主可按规定的程序向承包商索赔。

6. 补救措施

尽管已经进行了检验或给予了认可，工程师仍有权指示：

（1）承包商换掉不符合合同规定的材料和永久设备；

（2）不符合合同要求的工作一律返工；

（3）承包商发生紧急情况，如：事故、意外事件等，为了工程的安全需要做的任何工作。

承包商应在合理时间内执行工程师的指令，如果属于紧急情况应立即执行，如果承包商没有执行工程师的指令，业主可以花钱雇人来做相关工作，如果这些工作本属于承包商职责范围内工作，业主可以按照索赔条款向承包商索赔。

二、工期控制

同国内工程项目管理一样，进度控制是管理目标中三大重要内容之一。无论是对于业主还是承包商，谁都比对方更熟悉"时间就是金钱"这一市场经济规律，为着共同的利益，双方都希望尽可能早一天完成工程项目，使它尽快发挥效益。在国际工程项目管理中，工期控制的内容包括开工、进度、竣工、缺陷通知期和工期延期等几个方面：

1. 开工

工程师至少应提前7天将开工日期通知承包商。如果专用条件中没有其他规定，开工日期应在承包商收到中标函后42天内，尽可能合理地开始实施工程，之后应以恰当的速度施工，不得拖延。

这一条款看似简单，却很重要。常言说"万事开头难"，更何况牵扯到方方面面的工程项目施工。开工日期的确定好比一场大戏拉开大幕的时间，不能早也不能晚，既要给合同双方一定的开工准备时间，又不能因延迟开工而导致承包商设备和人员的闲置。本条款制定的目的就是给双方以约束，要抓紧时间开工，又不能仓促行事。

2. 竣工时间

竣工时间就是合同要求承包商完成工程的时间。根据（一般规定）条款对竣工时间的定义，它是指一个时间段而不是一个时间点，起点是开工日期，终点是竣工日期。可见，FIDIC定义的竣工时间，相当于国内工程界习惯上称作的"合同工期"。

本款规定：承包商应在竣工时间内完成整个工程；完成整个工程的含义是：①通过竣工检验；②完成"工程接收"条款中要求的全部工作。如果合同同时还规定了某区段的竣工时间，其原则同上。

3. 进度计划

承包商应在收到开工通知后的28天内向工程师递交一份详细的施工进度计划；如果承包商现有的进度计划与实际进度或合同义务不符，承包商应对其进度修改，并再次提交给工程师；进度计划应包括下列内容：

（1）承包商实施工程的顺序，即：各阶段工作的时间安排，如：承包商文件的编制、货物采购、施工安装、检验等；

（2）涉及指定分包商工作的各个阶段；

（3）合同中规定的检查和检验的顺序和时间安排；

（4）一份支持报告，包括承包商的施工方法和主要施工阶段，以及各阶段现场所需的各类人员和施工设备的数量。

如果收到承包商的计划后，工程师认为某些方面不符合合同的规定，他可以在收到后21天内通知承包商，否则承包商可以依据该进度计划进行工作，但同时不得违反其他合同义务。业主的人员在进行工作安排时，可以依据该计划，在实施过程中，如果承包商认为有可能随后发生的事件会消极地影响到工作，增加合同价格和延误进度，他应立即通知工程师，工程师可要求承包商提供一份未来事件预期影响的估算，以及按"变更程序"提交一份建议书，如果工程师向承包商发出通知，说明进度计划不符合合同要求或与实际进度和承包商既定目标不相符，无论何时，承包商都应根据本款向工程师提交一份修正的进度计划。

4. 竣工时间的延长

如果因下面的原因延误了工程按时完工，承包商有权索赔工期：

（1）发生合同变更或某些工作量有大量变化；

（2）本合同条件中提到的赋予承包商索赔权的原因；

（3）异常不利的气候条件；

（4）由于流行病或政府当局的原因导致的无法预见的人员或物品的短缺；

（5）业主方或他的在现场的其他承包商造成的延误、妨碍或阻止。

工程师在决定是否给予延期时，应考虑以前已经给予的延期，但只能增加工期，不能减少在此索赔事件之前已经给予的总的延期时间。

5. 当局引起的延误

承包商已经积极遵守了施工所在国的合法当局制定的程序；这些当局延误或打扰了承包商的工作；延误或打扰是承包商无法提前预见的。

如果上述三个条件都满足，则此类延误或打扰可作为承包商提出工期索赔的原因。

6. 进展速度

如果实际进度太慢，不能在合同工期内完成工程，或者进度已经或将落后于现有的进度计划，而承包商又无权索赔工期，在此类情况下，工程师可以要求承包商递交一份新的进度计划，同时附有赶工方法说明；若工程师没有另外通知，承包商应按新的赶工计划实施工程，这可能要求延长工作时间和增加人员和设备的投入，赶工的风险和费用也由承包商承担；如果新的赶工计划导致业主支付了额外费用，业主可以根据"业主的索赔"条款向承包商索赔，承包商应将此类费用支付给业主；如果承包商仍没有按期完工，除了上述费用外，他还应该支付拖期赔偿费。

7. 拖期赔偿费

如果承包商没有按期完工，承包商应根据业主的赔偿要求，向业主支付拖期赔偿费；拖期赔偿费的支付标准在投标函附录中规定，其额度为每天的标准乘以拖期的天数；拖期的天数为合同竣工日期到接收证书上说明的实际完工日期之间的天数；拖期赔偿费的总额不得超过投标函附录中规定的最高限额。

除了在竣工之前根据"业主的终止"条款发生终止情况之外，拖期赔偿费是承包商对其拖延完工的唯一赔偿责任；拖期赔偿费的支付并不解除承包商完成工程的义务，也不解除合同规定的他的其他责任和义务。

8. 暂停工作及暂停的后果

工程师随时可以指示承包商暂停整个或部分工程的进展，暂停期间，承包商应保护好工程，避免损失，工程师可以将暂停的原因通知承包商。

如果暂停的责任应由承包商负担，而且工程师通知了承包商，那么暂停的后果由承包商承担，如果暂停的责任属于业主方，而且承包商因暂停工作招致了费用损失和工期延误，他可以按索赔程序向工程师提出费用和工期索赔，而且有权从业主处获得因暂停而超过 28 天仍没有运至现场的设备和材料的支付，支付的金额为暂停日这些物品的价值，（这些设备和材料必须是承包商按照工程师的指令已标记为建设单位的财产）。

9. 持续的暂停与复工

如果暂停的责任在业主方且工作暂停超过 84 天，承包商可以要求工程师允许他复工，如果工程师在承包商提出复工要求后 28 天内没有给予复工许可，承包商可以按照"变更条款"将暂停的工作看做该工作被删减，但需要通知工程师；如果暂停涉及的是整个工程，承包商可以按"承包商的终止"条款向业主发出终止通知；在工程师同意或下达复工令后，承包商与工程师应联合对受到影响的工程、永久设备和材料进行检查；如果暂停期间，工程、设备或材料出了问题，承包商应进行补救。

10. 缺陷通知期及其延长

FIDIC 条款中所说的缺陷通知期相当于国内工程交工后的质量保修期，它是指工程师通知承包商修复工程缺陷的期间，"工程"指的是建设单位已经接收并颁发给承包商接收证书的工程或区段，该期限的长短在投标函附录中写明，该期限从工程或区段竣工日期开始计算，而竣工日期则以接收证书中证明的竣工日期为准。

竣工日期并不是工程施工全部结束的日期，也不是承包商全部完成合同的日期。在缺陷通知期内承包商还有如下义务：

承包商应在工程师指示的合理时间内完成签发接收证书时还剩下的扫尾工作，并修复业主方在缺陷通知期期满之日或之前通知的缺陷，使工程达到合同要求，承包商承担此责任的目的是保证在缺陷通知期期满之日或之后尽可能快地保证工程和承包商的文件达到合同要求的状态，即：完成合同义务。

如果在缺陷通知期内发生了质量问题，导致工程或区段无法按预期的目的使用，业主有权根据"业主的索赔"条款对缺陷通知期进行延长，但在任何情况下，延长的时间不得超过 2 年。

三、计量与支付

业主按时按实支付给承包商工程款，这是合同中明文规定的业主的应尽义务之一。关于支付方面的内容在"业主的义务"条款中已经简单提到，本标题中就支付及其有关的问题再进一步阐明。

工程项目的复杂性表现在其工程量大、用材品种多、工期长、施工人员和机具多、涉及政策法规多、外界影响因素多等方面，而这些方方面面无不影响到工程款的增减及支付程序，因此，任何一个有经验的承包商总是把支付条款看作是工程合同中最重要的条款。国内工程界有一句话叫"十个人会干，不如一个人会算"，就是提醒承包商在施工队伍中不但要有好的技术员、工人，更重要的是还要有能算会算工程款的人。在国际工程市场上，工程款支付问题只能是更复杂。为了理解本条款，必须弄清楚以下几个名词：

中标合同金额：业主在中标函中接受的为承包商承建工程而支付给承包商的工程价款，实际上是中标的承包商的投标价，这是一个名义合同价格，而实际的合同价格只能在工程结束时才能确定。

合同价格：就是按"估价"条款规定通过用单价乘以实际完成工程量来确定，并经过按合同规定调整、包括包干项而形成的"竣工结算价"，是工程结束时发生的"实际价格"，是经过工程实施过程中的累计计价而得到的。

费用：指承包商在现场内外全部的合理开支，包括管理费和类似收费，但不包括利润。

工程量表：承包商投标报价中的工程量统计表，包含在合同文件明细表中，相当于国内施工合同文本中的工程量清单，是预算中的工程量而非实际工程量。

计日工表：也是合同文件明细表中的包含内容，就是在工程执行中出现的一些额外的零星工作，工程师可以下达变更指令，要求承包商按计日工方式来实施此类工作。而承包商每天应提前一天将计日工所投入的资源清单（包括承包商人员姓名、工种和工作时间、设备和材料使用数量等）提交工程师，按计日工表中的规定申请付款。

暂定金额：合同中明文规定的一笔金额，用于支付涉及某些变更工作（如计日工）和指定分包商的工作，实际上是业主方在施工过程中应付的应急费、不可预见费，或者叫备用金。

保留金：是业主在支付期中款项时扣发的一种款额；在整个工程接收证书签发之后和最迟的工程缺陷通知期到期之后两次返还给承包商。它实际上是一种现金保证金，与履约保函性质类似，目的是保证承包商在工程执行中恰当履约，否则业主可以动用这笔款去做承包商本来应该做的工作。如果期中支付透支了工程款，业主还可从保留金中予以扣除。保留金款额最高限为合同总价的5%。

通过对以上几个与支付有关的、合同一般规定部分中定义的概念的了解，将有助于对下面支付程序及规定的理解。

1. 计量与估价

（1）工程计量

工程师要求计量工程任何部分时，应向承包商的代表发出合理通知，承包商的代表自行或派员协助进行工程计量以及提供工程师要求的详细资料，如果承包商没有参加计量，工程师的计量结果应被视为准确无误，承包商应认可该结果，如果永久工程要依据记录进行计量，此类记录应由工程师准备，合同另有规定除外。工程师要求时，承包商应来审查此类记录，并在同意后签字，如果承包商不来审查，则工程师的记录应视为准确无误，如果承包商审查记录后有不同意见，或者不按原商定好的内容签字，则他应通知工程师他认为不准确的地方，工程师收到承包商通知后进行复查，随后可以决定维持原记录或对原记录加以改正，如果承包商在工程师要求他审查记录后14天内没有提出意见，则应视为工程师准备的记录准确无误。

（2）计量方法

对永久工程单项工程应以实际完成的净值计量。计量方法应符合工程量表或其他使用的明细表中的规定。

（3）估价

除合同另有规定外，工程师应对每项工作进行估价，具体方式是按前两个规定，计量出工作量之后，再乘以每项工作适用的单价，按此程序，工程师应立即累计计算出合同价格，但确定合同价格应符合"决定"条款的要求（即与甲、乙双方协商，力争达成一致意见等），每项工作适用的单价或价格应依据合同的规定，如果合同没有明文规定，可采用合适的类似工作的单价（参照合同中其他有关单价并做调整作为新单价），在最终确定新单价或价格之前，为了支付进度款，工程师可以临时确定一个单价或价格。

（4）删减

如果删减的任何工作构成了变更的一部分，而且双方对该删减的工作价值在删减前没有达成一致意见时，在符合一定的条件（如果不发生删减的情况，承包商的某些费用本可以从该部分工程款中分摊掉，在对任何替代工作估价时也未含该笔费用）下，承包商可以发出通知（同时附加证明材料）要求对因删减该工作而造成的影响予以费用补偿。

2. 合同价格与支付

在国内建筑市场上，经过国家和政府职能部门十几年的不懈努力，建筑业内的经济秩序已经走过了从无序到有序再到规范化这样一段艰难的历程，逐步走上了公平竞争、诚信经营、有法可依的可持续发展的道路。但是由于买方市场的长期存在，承包商僧多粥少、低价揽活甚至亏本经营的现象短时间内仍将难以改变，因而业主拖欠工程款的事情屡见不鲜。"干活容易（技术方面）要钱（领到工程款）难"，这是多数施工企业经营者深有体会的。随着国外承包商进入国内市场，国内承包商走向世界的脚步也加快了，今后国内外建筑市场上承包商之间的竞争必然更加激烈。

为了解决国际工程界同样存在的"支付难"的问题，FIDIC 条款的制定者们根据近年来《施工合同条件》的实施情况和存在问题，把"合同价格与支付"专列一条，而且是工程合同所有条款中最重要的核心条款。

在建设单位的责任和义务条款中已经大致述及关于"支付"的内容，业主应支付的工程款包括三大部分：预付款、期中支付与最终支付，但是实际上的支付过程并非如此简单，与国内工程款的支付方式上有很大不同：

（1）FIDIC《施工合同条件》规定：业主应任命工程师来管理合同，工程师应履行合同中规定的职责。就是说工程师是业主方管理工程的具体执行者，承包商从业主获得的各种款项必须向工程师先行提出申请，由工程师签发支付证书后业主才会支付。这就要求承包商按合同规定及时、准确地向工程师提出支付申请报表。

（2）这里所讲的"预付款"和国内工程预付款含义有所不同，它包括两部分：一部分是承包商为了施工准备从未来工程中提前支付的一笔款项，另一部分是承包商已订购的大宗材料和设备并运抵施工现场且经工程师确认合格后，从业主方支付的材料款（一般是发票价值的 $60\% \sim 90\%$）。但是，预付款要按合同规定分期分批从期中支付款中扣还。

（3）期中支付款(工程进度款)中还包括变更工程款、物价浮动调整款、逾期付款利息、索赔款、违约赔偿款等，要扣除的款项有部分预付款、保留金、业主的索赔款等。

（4）保留金的返还。保留金是业主从承包商工程进度款中按合同规定扣留的一笔款项，用以约束承包商严格履行合同义务，如有违约使业主受到损失时业主可从这笔金额中直接扣除赔偿费。"保留金的支付"条款规定：当整个工程接收证书签发之后，保留金的一半应由工程师开具证书，并支付给承包商，如果签发的是部分工程接收证书，则应支付该部分占合同工程的相应比例保留金的40％，在最迟的工程缺陷通知期到期之后，剩余的保留金应立即支付承包商。

（5）竣工报表。这一条款相当于国内工程师的"竣工结算"(不是竣工决算)，即：承包商在收到工程接收证书后的84天内，按"申请期中支付证书"程序向工程师提交工程竣工报表，内容包括：

1）截至接收证书上指明的日期，按合同已完成的工程的价值；

2）承包商认为到期应支付的其他金额；

3）承包商认为根据合同将到期支付给他所有款项的估算总额；

工程师应按签发期中支付证书的程序开具支付证明。

（6）最终支付与结清单。在工程全部完成并且缺陷通知期结束后，合同双方需要工程款的最终结算以确定合同的最终价款，并且将合同价格剩余的款额全部支付给承包商，而业主最终支付的依据是"最终报表"和"结清单"。

最终报表：承包商收到履约证书后56天内，应向工程师提交最终报表草案及其他证明资料。最终报表草案要详细到列明承包商完成的全部工作的价值和承包商认为业主应支付给他的余额。草案经工程师审核并与承包商协商或补充、修改后，就形成了最终报表。

结清单：由于工程支付十分复杂，《施工合同条件》规定，承包商提交最终报表时，同时还应提交一份结清单。结清单上应确认最终报表中的总额即为业主应支付给承包商的全部和最终的合同结算款额，作为同意与业主终止合同关系的书面文件。

工程师在接到最终报表和结清单后的28天内签发最终支付证书，业主应在收到证书后的56天内支付。至此，业主在合同中的支付义务已经结束。

第四节　管理性条款

一、合同转让与分包

无论是国际工程和国内工程，业主和承包商都是不会轻易同意对方将已签订好的合同转让给第三方的，尤其是业主方。因为承包商是经过资格预审、投标、评标和决标等严格的招标筛选程序最终被业主选中的，合同的签订意味着双方的相互信任，而合同的转让与招标投标的目的是相违背的。但是国际工程承包过程相对国内工程更复杂一些，特别有关担保、保险方面，所以 FIDIC《施工合同条件》对合同转让的规定与国内《建设工程施工合同条件》的规定有所不同。

FIDIC《施工合同条件》关于合同转让这样规定：

任一方都不应将合同的全部或任何部分的任何利益或权益转让他人。

（1）只有在另一方同意的情况下，一方才能根据同意的内容进行相应的转让；

（2）一方（主要指承包商）可以将自己享有合同款的权力作为向银行提供的担保，将其转让给银行。

只有以上两种情况是合乎合同规定的转让，否则即视为违约。然而对于大型复杂的工程项目，涉及多种专业和技术，而任何一家承包商都有自己的专业技术长处与不足，如果合同中的全部工作都必须是承包商自己来完成，这样于工程实施也不利，所以《施工合同条件》规定了关于工程分包的内容与限制，即：允许承包商根据其资金、技术和设备能力等方面的实际情况，将部分工作内容交给分包商实施，但主体工程、主要工程部位和主要工程量必须由中标的承包商自己来完成。这和国内的有关合同条件是相近的。一般情况下，在招标阶段业主都要求承包商在他的投标书中具体说明准备把哪部分工程分包出去，有时还要求提供拟分包商的名称和情况，以便在评标时加以审查。

FIDIC《施工合同条件》对于分包商的规定已在承包商义务条款中表明，不再赘述。

二、工程的变更与调整

在国际工程界，由于大型项目的复杂性、施工长期性，业主在招标阶段所确定的方案及设计方提交的工程施工图往往存在某些方面的不足或设计深度不够，随着工程的进展和工程外部条件的变化，业主常常需要对工程的范围、技术要求等进行必要的修改。这些修改与调整就形成了工程变更，变更涉及的范围包括以下内容：

（1）合同中某些单项工作的工程量的改变；

（2）合同中单项工作的质量或其他特性的改变；

（3）工程某部分的标高、位置或尺寸的改变；

（4）必须由承包商来做的某项工作的删减；

（5）对原永久工程增加任何必要的工作，永久设备、材料，包括各类检验、钻孔和勘探工作；

（6）工程实施的顺序和时间安排的变动。

如果没有得到工程师的变更指令，承包商不得对永久工程做任何改动。变更指令由工程师签发，承包商应按变更指令来实施变更。与国内工程施工不同的是：工程师在签发指令之前可以要求承包商提交建议书，承包商应尽快答复，若无法提交建议书则应说明。建议书应包括变更工作的实施方法和计划、工程总体进度计划因变更而必须进行的调整、对变更工作的费用估算等。而且作为对承包商合理化建议的鼓励，FIDIC《施工合同条件》中特别有一款叫"价值工程"，其中规定：如果承包商的建议节省了工程费用，承包商应得到节省费用的一半作为报酬。旨在激励承包商主动提出合理化措施，以促进工程的进展并使合同双方都获益。

因变更、立法变动及费用波动而带来的价格调整，也属于变更的范围。

三、违约责任及施工索赔

《施工合同条件》中没有单列违约责任的条款，但合同双方的违约责任贯穿合同条件的始终，双方管理人员应当牢记己方的义务和责任，以合作的态度去处理问题，以高水平的质量和管理求得合同双方共同受益，从而达到"双赢"的共同目的。合同条件中责任的约定以采用竞争性招标选择承包商为前提，合同履行中建立以工程师为核心的管理模式，各种风险责任的划分是以作为一个有经验的承包商在投标阶段能否合理预见为界限，力求使当事人双方的权利和义务达到总体的平衡，风险分担尽可能合理。因而，任何业主和承包商都应以积极的态度、诚信的作风去履行合同，致力于提高自己的信誉，靠投机取巧、恶意欺诈去取得盈利的行为在日益规范的建筑市场中是站不住脚的。

业主和承包商各自的权利和义务在相应条款中都有详细的规定，一方不按合同履行自己的义务，则另一方就获得了合同规定的向对方索取赔偿经济损失的权利。

合同条件中规定了业主从承包商处索取赔偿的程序：

如果业主认为根据合同的规定有权向承包商索赔某些款项和要求延长缺陷通知期的时间，业主或工程师应向承包商发出通知并附详细说明书。详细说明书包括业主索赔所依据的条款、索赔金额与延长缺陷通知期时间的理由；此类通知发出后，工程师可以决定承包商支付业主的赔偿款和缺陷通知期的延长时间，可以从合同价格和支付证书中扣除业主获得的索赔额。

合同条件"承包商的索赔"条款内容较多，关键的几条是：

（1）若承包商认为按照合同有权索赔工期和额外款项，应在知道或本应知道该事件发生后 28 天内向工程师发出通知，否则将失去一切索赔权利；

（2）承包商还应提供合同要求的其他通知以及支持索赔的证据，还应在现场或工程师接收的其他地点保持用来证明索赔的必要同期记录，工程师有权查阅此类记录并可指示承包商进行进一步的记录；

（3）承包商得知索赔事件发生后的 42 天内向工程师提供完整的索赔报告，包括索赔依据、工期和款额；最终的索赔报告在索赔事件结束后的 28 天内提交；

（4）工程师收到每项索赔报告后的 42 天内应给予答复和批准，若不批准则应说明详细原因，且可以要求承包商提交进一步的证据，但此情况下也应将原则性的答复在上述时间内给出。

在国际工程承包市场上，索赔是承包商获得盈利的一个重要手段。索赔的成功与否不但取决于客观事件的情况，也取决于承包商索赔的技巧和信心。正确的手段，充分的依据，对合同条件的熟练掌握，这些都是索赔成功的重要因素。

四、合同争端处理

在国际工程承包活动中，由于合同双方各自所处的法律背景、经济制度甚至文化意识形态诸多方面都存在着各种各样的差异，工程施工过程中产生一些争端也是难以避免的。所以任何一个合同条件都必须给出一个争议解决的机制，否则双方出现争议时就找不到解决的方式，合同最终也难以圆满履行。传统的 FIDIC 合同条件规定，解决合同争议或纠纷的程序是：首先由工程师对争议事项做出决定（在新版合同条件中仍然可以看到，在涉及工程量、支付、索赔处理等方面，由工程师根据合同，并在与双方磋商后予以决定）；对工程师的决定，任何一方不同意时，业主和承包商可通过进一步协商解决，如果仍达不成一致，则只能提交仲裁来解决。多年的工程实践证明，工程师是受雇于业主方的，是代表业主管理合同的，谁能保证每一个工程师都是公正无偏的呢？工程师的决定不被承包商接受只有提交仲裁，而仲裁过程往往是需要花费时间和费用的。频繁地动用仲裁条款对双方都不利。鉴于此，新版合同条件对于合同争议的处理规定较以前有了较大改进，合同争议处理方式如下：

工程师作为合同实施的管理者，还兼有"临时裁判"的特殊角色，这是合同赋予它的权利之一，合同同时规定：工程师根据合同决定某事宜时，他应与每方商量，力争使双方达成一致意见；若达不成一致意见，他应结合实际情况，公平处理，并将决定通知双方且说明理由。

即便如此，仍有一方不同意工程师的决定，那便进入第二道程序：任一方可以将事端以书面形式提交争端裁定委员会，由争端裁定委员会根据相应条款裁定。争端裁定委员会是双方在投标函附录中规定的日期前共同任命的（一般为三人，甲、乙方各一人，共同聘请一人）。如果未能获得争端裁定委员会的决定，则双方在开始仲裁之前，努力友好解决事端。也就是说不经过友好解决阶段不能开始仲裁。

若争端裁定委员会的决定没有成为终局决定，且双方也没有友好解决对该决定的争端，该争端应最终按仲裁方式解决；仲裁规则应采用国际商会仲裁规则，除非双方另有约定。

归纳起来，合同争端的处理可分四个步骤：工程师决定→争端裁定委员会裁定→友好解决→提请第三方仲裁。

至此，我们对 FIDIC《施工合同条件》已经有了一个初步的了解，此外，我们还应注意到：此合同条件是国际工程界采用最多的，被许多国际经济组织推荐使用的，但并非适合于所有国际工程；同其他合同条件一样，FIDIC 也在根据工程实践的变化而不断改进、调整这一条件；FIDIC 另外三个合同条件是以此条件为基础编写而成的，还有一些应用指南，供众多的业主与承包商根据自己的实际情况选用或参考。

复习思考题

1. 5 种新版的合同条件分别适用于什么场合？
2. 试解释进度报告、计日工表、竣工报表。
3. 什么叫缺陷通知期？
4. 结清单包括哪些内容？
5. 试比较 FIDIC《施工合同条件》与国内《工程建设施工合同（示范文本）》有哪些相近之处。

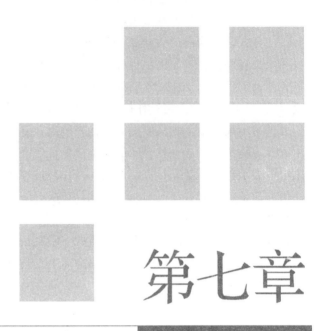

第七章

施工合同的签订与管理

【学习重点】

　　熟悉工程发包承包模式、施工合同类型及选择，掌握合同的签订、合同履约管理的工作内容，了解风险管理的基本概念、风险的辨识和评估，掌握风险的防范对策。

第一节 工程发包承包模式

建设工程施工任务发包承包的模式反映了项目建设发包人和承包人之间、承包人与分包人等相互之间的合同关系。许多工程项目的项目管理实践证明，一个项目建设能否成功，能否进行有效的投资控制、进度控制、质量控制、合同管理及组织协调，很大程度上取决于发包承包模式的选择。

常见的施工任务发包承包模式主要有如下几种：

1. 平行发包

平行发包，又称为分别发包，是指发包人根据工程项目的特点、项目进展情况和控制目标的要求等因素，将项目按照一定原则分解，分别发包给不同的承包人，各个承包人分别与发包人签订施工合同。

平行发包有以下特点：

（1）每一部分工程的发包，都以施工图设计为基础，投标人进行投标报价较有依据，但对发包人来说，要等最后一份合同签订后才知道整个工程的总造价，对投资的早期控制不利。

（2）某一部分施工图完成后，即可开始这部分工程的招标，开工日期提前，可以边设计边施工，缩短建设周期；由于要进行多次招标，发包人用于招标的时间较多。

（3）符合质量控制上的"他人控制"原则，对发包人的质量控制有利；合同交界面比较多，应非常重视各合同之间界面的定义，否则对质量控制不利。

（4）发包人要负责所有合同的招标、合同的谈判、签约，招标和合同管理工作量太大，对发包人不利；发包人要负责对多个合同的跟踪管理，工作量较大。

（5）发包人要负责对所有承包人的管理和组织协调，承担类似于总承包管理的角色，工作量大，对发包人不利。这是平行发包承包的致命弱点，限制了该种发包承包在大型项目上的应用。

2. 施工总承包

施工总承包，是指发包人将全部施工任务发包给一个承包人或由多个承包人组成的施工联合体或施工合作体，经发包人同意，承包人可以根据需要将施工任务的一部分分包给其他符合资质的分包人。

施工总承包有以下特点：

（1）一般以施工图设计为投标报价的基础，投标人的投标报价较有依据。开工前就有较明确的合同价，有利于发包人对总造价的早期控制。若在施工过程中发生设计变更，则可能发生索赔。

（2）一般要等施工图设计全部结束后，才能进行施工总承包的招标，开工日期较迟，建设周期势必较长。这是施工总承包模式的最大缺点，限制了其在建设周期紧迫的项目上的应用。

（3）项目质量的好坏很大程度上取决于施工总承包人的选择，取决于施工总承包人的管理水平和技术水平。发包人对施工总承包人的依赖较大。

（4）发包人只要进行一次招标，与一家承包人签约，招标及合同管理工作量大大减小，对发包人有利。

在很多工程实践中，采用的并不是真正的施工总承包，而用所谓的"费率招标"，实质上是开口合同，对发包人的合同管理和投资控制十分不利。

（5）发包人只负责对施工总承包人的管理和组织协调，工作量大大减小，对发包人比较有利。

3. 施工总承包管理

施工总承包管理模式（又称为管理型承包），不同于施工总承包模式。采用该模式时，发包人与某个具有丰富施工管理经验的单位或联合体或者合作体签订施工总承包管理协议，负责整个项目的施工组织与管理。一般情况下，施工总承包管理人不参与具体工程的施工，而具体工程的施工需要再进行分包的招标与发包，把具体施工任务分包给分包人来完成。但有时也有另一种情况，即施工总承包管理人也想承担部分具体工程的施工，这时它也可以参加这一部分工程的投标，通过竞争取得任务。

施工总承包管理与施工总承包比较有以下不同：

（1）施工总承包管理模式与施工总承包模式不同，施工总承包模式的工作程序是：先进行项目的设计，待设计结束后再进行施工总承包招投标，然后再进行施工。从很多工程实践中可以看出，许多大型项目如果要等到设计图纸全部出齐再进行工程招标，显然是很困难的。而如果采用施工总承包管理模式，施工总承包管理人的招标可以不依赖完整的施工图，换句话说，施工总承包管理模式招标可以在项目尚处于设计阶段进行。另外，工程实体由施工总承包管理化整为零，分别进行分包的发包，即每完成一部分施工图就招标一部分，从而使该部分工程的施工提前到整个项目设计阶段尚未完全结束之前进行，因此，施工总承包管理模式可以在很大程度上缩短建设周期。

（2）施工总承包管理模式的合同关系有两种可能，即发包人与分包人直接签订合同或者由施工总承包管理人与分包签订合同。

（3）发包人通常通过招标选择分包人。一般情况下，分包合同由发包人与分包人直接签订，但每一个分包人的选择和每一个分包合同的签订都要经过施工总承包管理人的认可，因为施工总承包管理人要承担施工总体管理和目标控制的任务和责任。如果施工总承包管理人认为发包人选定的某个分包人确实没有能力完成分包任务，而发包人执意不肯更换分包人，施工总承包管理人也可以拒绝认可该份合同，并且不承担该分包人所负责工程的管理责任。

有时，在发包人要求下并且在施工总承包管理人同意的情况下，分包合同也可以由施工总承包管理人与分包人签订。

（4）对各个分包人各种款项可以通过施工总承包管理人支付，也可以由发包人直接支付。

(5) 施工总承包管理人既要负责对现场施工的总体管理与协调，也要向分包人提供相应的服务。当然，对于施工总承包人提供的某些设施条件，如搭设的脚手架、临时用房等，如果分包人需要使用，应该收取一定的费用。

(6) 施工总承包管理合同中一般只确定总承包管理费（通常是按工程建安造价的一定百分比计取），而不需要确定建安工程造价，这也是施工总承包管理模式的招标可以不依赖于设计图纸出齐的原因之一。

分包合同价，由于是在该部分施工图出齐后再进行分包的招标，因此应该采用实价（即单价或总价合同）。由此可以看出，施工总承包管理模式与施工总承包模式相比具有以下优点：

1）合同总价不是一次确定，某一部分施工图设计完成以后，再进行该部分施工招标，确定该部分合同价，因此整个项目的合同总额的确定较有依据；

2）所有分包合同和分供货合同的发包，都通过招标获得有竞争力的投标报价，对发包人节约投资有利；

3）施工总承包管理人只收取总包管理费，不赚总包与分包之间的差价。

在国内，普遍对施工总承包管理存在误解，认为仅仅做管理与协调工作，而对项目目标控制不承担责任，实际上，每一个分包合同都要经过施工总承包管理人的确认，施工总承包管理人有责任对分包人的质量、进度进行控制，并负责审核和控制分包合同的费用支付，负责协调各个分包的关系，负责各个分包合同的管理。因此，在组织结构和人员配备上，施工总承包管理人仍然要有费用控制、进度控制、质量控制、合同管理、信息管理、组织与协调的组织和人员。

第二节 施工合同类型及选择

施工合同可以按照不同的标准加以分类，按照承包合同的计价方式可以分为总价合同、单价合同和成本加酬金合同三大类。

1. 总价合同

所谓总价合同，是指根据合同规定的工程施工内容和有关条件，发包人应付给承包人的款项是一个规定的金额，即总价。显然，采用这种合同时，对发包承包工程的内容及其各种条件都应基本清楚、明确，否则，发包承包双方都有蒙受损失的风险。因此，一般是在施工图完成施工任务和范围比较明确，发包人的目标、要求和条件都清楚的条件下才采用总价合同。

总价合同有以下特点：

1）发包人可以在报价竞争状态下确定项目的总造价，可以较早确定或者预测工程成本；

 2）承包人将承担较多的风险；

 3）评标时易于迅速确定最低报价的投标人；

 4）在施工进度上能极大地调动承包人的积极性；

 5）发包人能更容易、更有把握地对项目进行控制；

 6）必须完整而明确地规定承包人的工作；

 7）必须将设计和施工方面的变化控制在最小限度内。

总价合同可分为固定总价合同和变动总价合同两种。

（1）固定总价合同

固定总价合同的价格计算是以图纸及规定、规范为基础，工程任务和内容明确，发包人的要求和条件清楚，合同总价一次包死，固定不变，即不再因为环境的变化和工程量增减而变化。在这类合同中承包人承担了全部的工作量和价格的风险，因此，承包人在报价时对一切费用的价格变动因素都作了充分估计，并将其包含在价格之中。

对发包人而言，在合同签订时就可以基本确定项目的总投资额，对投资控制有利；在双方都无法预测的风险条件下和可能有工程变更的情况下，承包人承担了较大的风险，发包人的风险较小。但是，工程变更和不可预见的困难也常常引起合同双方的纠纷或者诉讼，最终导致其他费用的增加。

当然，在固定总价合同中可以约定，在发生重大设计变更时或者其他特殊条件下可以对合同价格进行调整。因此，需要定义重大设计变更的含义和什么特殊条件才能调整以及如何调整合同价格。

这种合同，双方结算比较简单，但是由于承包人承担较大风险，因此报价中不可避免地要增加一笔较高的不可预见风险费。承包人的风险主要有两个方面：一是价格风险，二是工作量风险。价格风险有报价计算错误、漏报项目、物价和人工费上涨等；工作量风险有工程量计算错误、工程范围不确定或者设计深度不够所造成的误差等。

固定总价合同适用于以下情况：

 1）工程量小、工期短，估计在施工过程中环境因素变化小，工程条件稳定并合理；

 2）工程设计详细，图纸完整、清楚，工程任务和范围明确；

 3）工程结构和技术简单，风险小；

 4）投标期相对宽裕，承包人可以有充足的时间详细考察现场、复核工程量，分析招标文件，拟订施工计划；

 5）合同条件中双方的权利和义务十分清楚，合同条件完备。

（2）变动总价合同

变动总价合同又称可调总价合同，合同价格是以图纸及规定、规范为基础，按照时价进行计算，得到包括全部工程任务和内容的暂定合同价格。它是一种相对固定的价格，在合同执行过程中，由于通货膨胀等原因而使所使用的工、料成本增加时，可以按照合同约定对合同总价进行相应的调整。当然，一般由于设计变更、工程量变化和其他工程条件变化所引起的费用变化也可以进行调整。因此，对承包人而言，其风险相对较小，但对发包人而言，不利于其进行投资控制，突破投资的风险就增大了。

2. 单价合同

当发包工程的内容和工程量一时尚不能明确具体规定时，则可以采用单价合同形式，即根据计划工程内容和估算工程量，合同中明确每项工程内容的单位价格，实际支付时则根据实际完成的工程量乘以合同单价计算应付工程款。

由于单价合同允许随工程量变化而调整总价，即不存在工程量方面的风险，因此对合同双方都比较公平。另外，在招标前，发包人无需对工程范围作出完整的、详尽的规定，从而可以缩短招标准备时间，投标人也只需对所列工程内容报出自己的单价，从而缩短投标时间。

单价合同又分为固定单价合同和变动单价合同两种。

在固定单价合同条件下，无论发生哪些影响价格的因素都不对单价进行调整，因而对承包人而言就存在一定的风险。

当采用变动单价合同时，合同双方可以约定一个估计的工程量，当实际工程量发生较大变化时单价如何调整；也可以约定当通货膨胀达到一定水平或者国家政策发生变化时可以对哪些工程内容的单价进行调整以及如何调整等。因此，承包人的风险就相对较小。固定单价合同适用于工期较短、工程量变化幅度不会太大的项目。在工程实践中，采用单价合同有时也会根据估算的工程量计算一个初步的合同总价，以方便付款。但是，当总价与单价发生矛盾时则肯定以单价为准，即所谓的单价优先。实际工程款的支付也将以实际完成工程量乘以合同单价进行计算。

3. 成本加酬金合同

成本加酬金合同也称为成本补偿合同，这是与固定总价合同正好相反的合同，工程施工的最终合同价格是按照工程的实际成本再加上一定的酬金计算。在合同签订时，工程实际成本往往不能确定，只能确定酬金的取值比例或者计算原则。

采用这种合同，承包人不承担任何价格变化或工程量变化的风险，这些风险主要由发包人承担，对发包人的投资控制很不利，而承包人则往往缺乏控制成本的积极性，常常不仅不愿意控制成本，甚至还会期望提高成本以提高自己的经济效益，因此这种合同容易被那些不道德、不称职的承包人滥用，从而损害工程的整体效益，所以，应该尽量避免采用这种合同。

成本加酬金合同适用于以下情况：

1) 工程特别复杂，工程技术、结构方案不能预先确定，或者尽管可以确定工程技术和结构方案但是不可能进行竞争性的招标活动以总价合同形式确定承包人，如研究开发性质的工程项目；

2) 时间特别紧迫，如抢险、救灾工程，来不及进行详细的计划和商谈。

对承包人来说，这种合同比固定总价的风险低，利润比较有保证，因而比较有积极性。

为了克服成本加酬金合同的缺点，人们对其进行了许多改进，比如：事先商定一个目标成本，实际成本低于目标成本，则按照实际成本的比例支付酬金，当实际成本超过目标成本时，超过目标成本部分的实际成本不再按比例计算酬金，即酬金不再增加；如果实际成本低于目标成本，除了支付合同规定的酬金以外，将另外给承包人一定比例的奖励；也可以采取成本加固定额度酬金的办法，即规定固定的酬金，酬金不随实际成本的变化而调整。

第三节　合同的签订

一、合同签订的原则

合同签订是指招标人与中标人在规定的期限内（中标通知书发出后的30天内）签订施工合同。

合同是影响利润最主要的因素，而合同谈判和合同签订是获得尽可能多利润的最好机会。如何利用这个机会，签订一份有利的合同，是每个承包商都十分关心的问题。

在合同签订前，合同当事人可以利用法律赋予的平等权利，进行对等谈判，充分协商，可以自由地修改合同，一切都可以商量。

但合同一经签订，只要它合法有效，即具有法律约束力，受到法律保护，它即成为工程项目中合同双方的最高法律。双方的权利和义务就被限制在合同上。首先双方必须严格履行合同，任何人无权单方修改或撤销合同，如果一方违约，造成对方损失，违约方必须承担经济损失的赔偿责任，如果合同执行中遇到问题，发生争执，也首先按合同规定解决。所以合同不利，常常连法律专家和合同管理专家也无能为力。作为一个承包商必须十分重视合同签订前的合同管理工作。

施工合同的签订，对承包商，应注意如下基本原则：

（一）符合承包商的基本目标

承包商的基本目标是取得工程利润，所以"合于利而动，不合于利而止"（孙子兵法，火攻篇）。这个"利"可能是该工程的盈利，也可能为承包商的长远利益。合同谈判和签订应服从企业的整个经营战略。"不合不利"，即使丧失工程承包资格，失去合同，也不能接受责权利不平衡、明显导致亏损的合同，这应作为基本方针。

承包商在签订施工合同中常常会犯这样的错误：

（1）由于长期承接不到工程，急于使工程成交，而盲目签订合同；

（2）初到一个地方，急于打开局面，承接工程，而草率签订合同；

（3）由于竞争激烈，怕丧失承包资格而接受条件苛刻的合同。

上述这些情况很少有不失败的。

所以，作为承包商应牢固地确立：宁可不承接工程，也不能签订不利于自己、明显导致亏损的合同。"利益原则"不仅是合同谈判和签订的基本原则，而且是整个合同管理和工程项目管理的基本原则。

（二）尽可能使用标准的施工合同文本

现在，无论在国际工程中或在国内工程中都有通用的、标准的施工合同文本。由于标准的合同文本内容完整、条款齐全；双方责权利关系明确，而且比较平衡；风险较小，而且易于分析；承包商能得到一个合理的工作条件。所以方便合同的签订和合同的实施控制，对双方都有利。作为承包商，应力争尽可能采用标准的施工合同文本。

（三）积极地争取自己的正当权益

合同法和其他经济法规赋予合同双方以平等的法律地位和权利。任何一方得到的利益应与支付给对方的代价平衡。但在实际经济活动中，这个地位和权利还需靠承包商自己争取。如果合同一方自己放弃这个权利，盲目地、草率地签订合同，致使自己处于不利地位，受到损失，则法律对他难以提供帮助和保护。所以在合同签订过程中放弃自己的正当权益、草率地签订合同对自己是极为不利的。

承包商在合同谈判中应积极地争取自己的正当权益，争取主动。如有可能，应争取合同文本的拟稿权。对发包人提出的合同文本，双方应对每一条款作出具体的商讨，争取修改对自己不利的苛刻的条款，增加承包商权益的保护条款。对重大问题不能让步和客气，而要针锋相对。承包商在观念上切不可把自己放在被动地位上，处处受发包人的制约。

（四）重视合同的法律性质

分析国内外承包工程的许多案例可以看出，许多施工合同失误是由于承包商不了解或忽视合同的法律性质，没有合同意识造成的。

合同一经签订，即成为合同双方的最高法律，它不是道德规范，合同中的每一条都与双方利害相关，合同签订是一个法律行为，所以在合同谈判和签订中，既不能用道德观念和标准要求和指望对方，也不能用它们来束缚自己。这里要注意如下几点：

（1）一切问题，必须事先商定好，用合同来约束。对各种可能发生的情况和各个细节问题都要考虑到，并作明确的规定，不能有侥幸心理。

尽管从取得招标文件到投标截止时间很短，承包商也应将招标文件内容，包括投标人须知、合同条件、图纸、规范等弄清楚，并详细地了解合同签订前的环境，切不可期望到合同签订后再做这些工作，不能为将来合同实施留下麻烦和"后遗症"。这方面的失误由承包商自己负责。

（2）一切都应明确地、具体地、详细地规定。对方已"原则上同意"，"双方有这个意向"常常是不算数的，也不能指望。在合同文件中一般只有确认性、肯定性语言才有法律约束力，而商讨性、意向性用语很难具有约束力。

（3）在合同的签订和实施过程中，不要轻易相信任何口头承诺和保证，少说多写。双方商讨的结果、作出的决定或对方的承诺，只有写入合同，或双方文字签署才算确定，不要相信"一诺千金"，而要相信"一字千金"。

（4）对在标前会议上和合同签订的澄清会议上的说明、允诺、解释和一些合同外要求，都应以书面的形式确认，如签署附加协议、会议纪要、备忘录等，或直接修改合同

195

文件，写入合同中。这些书面文件也作为合同的一部分，具有法律效力，常常可以作为索赔的理由。

（五）重视合同的审查和风险分析

在合同签订前，承包商应认真地、全面地进行合同审查和风险分析，弄清楚自己的权益和责任，完不成合同责任的法律后果，对每一条款的利弊得失都应清楚了解。不计后果地签订合同是危险的，也很少有不失败的。

二、合同签订的程序

（一）合同谈判准备

开始谈判之前，一定要做好各方面的谈判准备工作。对于一个工程施工合同而言，一般都具有投资数额大，实施时间长，而合同内容涉及技术、经济、管理、法律等领域。因此在开始谈判之前，必须细致地做好以下几方面的工作：

1. 谈判的组织准备

谈判的组织准备包括谈判组的成员组成和谈判组长的人选。

（1）谈判组成员的组成。选择谈判组成员要考虑的问题有：充分发挥每个成员的作用，避免由于人员过多而有些人不能发挥作用或意见不易集中；组长便于在组内协调，每个成员的专业知识面组合在一起能满足谈判要求；国际工程谈判时还要配备业务能力强，特别是外语写作能力强的翻译。

谈判组成员以 3～5 人为宜，在谈判的各个阶段所需人员的知识结构不同。如施工合同前期谈判时技术问题和经济问题较多，需要有工程师和经济师，后期谈判涉及合同条款以及准备合同和备忘录文稿，则需要律师、造价工程师和合同专家参加。要根据谈判需要调换谈判组成员。

（2）谈判组长的人选。选择谈判组长最主要的条件是具有较强的业务能力和应变能力，即要精通专业知识和具有工程经验，最好还具有合同经验，对于合同谈判中出现的问题能够及时作出判断，主动找出对策。根据这些要求，谈判组长不一定都要由职位高的人员担任，而可由 35～50 岁的人员担任。

2. 谈判的方案准备和思想准备

谈判前要对谈判时自己一方想解决的问题和解决问题的方案做好准备。同时要确定对谈判组长的授权范围。要整理出谈判大纲，将希望解决的问题按轻重缓急排队，对要解决的主要问题和次要问题拟定要达到的目标。

谈判组的成员要进行训练，一方面要分析我方和对方的有利、不利条件，制定谈判策略等；另一方面要确定主谈人员、组内成员分工和明确注意事项。

如果是国际工程项目，有翻译参加，则应让翻译参加全部准备工作，了解谈判意图和方案，特别是有关技术问题和合同条款问题，以便做好准备。

3. 谈判的资料准备

谈判前要准备好自己一方谈判使用的各种参考资料，准备提交给对方的文件资料以及计划向对方索取的各种文件资料清单。准备提供给对方的资料一定要经谈判组长审查，以防与谈判时的口径不一致，造成被动。如有可能，可以在谈判前向对方索取有关文件和资料，以便分析和准备。

4. 谈判的议程安排

谈判的议程安排一般由建设单位一方提出，征求对方意见后再确定，根据拟讨论的问题来安排议程可以避免遗漏要谈判的重要问题。

议程要松紧适宜，既不能拖得太长，也不宜过于紧张。一般在谈判中后期安排一定的调节性活动，以便缓和气氛，进行必要的请示以及修改合同文稿等。

（二）合同谈判的内容

1. 关于工程范围

承包商所承担的工作范围，包括施工、设备采购、安装和调试等。在签订合同时要做到明确具体、范围清楚、责任明确，否则将导致报价漏项。

（1）有的合同条件规定："除另有规定外的一切工程"、"承包商可以合理推知需要提供的为本工程服务所需的一切辅助工程"等，其中不确定的内容，可作无限制的解释的，应该在合同中加以明确，或争取写明"未列入本合同中的工程量表和价格清单的工程内容，不包括在合同总价内"。

（2）对于"可供选择的项目"，应力争在签订合同前予以明确，究竟选择与否。如果确实难以在签订合同时明确，则应当确定一个具体的期限来选定这些项目是否需要施工。应当注意，如果这些项目的确定时间太晚，可能影响材料设备的订货，承包商可能会受到不应有的损失。

（3）对于现场监理工程师的办公建筑、家具设备、车辆和各项服务，如果已包括在投标价格中，而且招标书规定得比较明确和具体，则应当在签订合同时予以审定和确认。

2. 关于合同文件

（1）应使建设单位同意将双方一致同意的修改和补充意见整理为正式的"补遗"或"附录"，并由双方签字作为合同的组成部分。

（2）应当由双方同意将投标前建设单位对各投标人质疑的书面答复和通知，作为合同的组成部分，因为这些答复或通知，既是标价计算的依据，也可能是今后索赔的依据。

（3）承包商提供的施工图纸是正式的合同文件内容。不能只认为"建设单位提交的图纸属于合同文件"。应该表明"与合同协议同时由双方签字确认的图纸属于合同文件"。以防止建设单位借补图纸的机会增加工程内容。

（4）对于作为付款和结算工程价款的工程量及价格清单，已经核实审定确认，并经双方签字。

（5）尽管采用的是标准合同文本，在签字前都必须全面检查，对于关键词语和数字更应该反复核对，不得有任何差错。必要时，最后的合同文件，包括"补遗"、"附录"都应请律师或咨询机构咨询，使其正确无误。对当事人而言，合同文件就是法律文书，应该使用严谨、周密的法律语言，不能使用日常通俗语言或"工程语言"，以防一旦发生争端而影响合同的履行。

3. 关于双方的一般义务

（1）关于"工作必须使监理工程师满意"的条款，这是在合同条件中常常见到的。应该载明"使监理工程师满意"只能是施工技术规范和合同条件范围内的满意，而不是其他。合同条件中还常常规定："应该遵守并执行监理工程师的指示"。对此，承包商常常是书面记录下他对该指示的不同意见和理由，以作为日后付诸索赔的依据。

（2）关于履约保证。应该争取建设单位接受由中国银行直接开出的履约保证函。有些国家的建设单位一般不接受外国银行开出的履约担保，因此，在合同签订前，应与建设单位商选一家既与中国银行有直接往来关系，又能被对方接受的当地银行开具保函，并事先与该当地银行、中国银行协商同意。

（3）关于工程保险。应争取建设单位接受由中国人民保险公司出具的工程保险单。如果建设单位不同意接受，可由一家当地有信誉的保险公司与中国人民保险公司联合出具保险单。

（4）关于工人的伤亡事故保险和其他社会保险，应力争向承包商本国的保险公司投保。有些国家往往有强制性社会保险的规定，对于外籍工人，由于是短期居留性质，应争取免除在当地进行社会保险。否则，这笔保险金应计入在合同价格之内。

（5）关于不可预见的自然条件和人为障碍问题，一般合同条件中虽有"可取得合理费用"的条款，但由于其措词含糊，容易在实施中引起争执，必须在合同中明确界定"不可预见的自然条件和人为障碍"的内容。对于招标文件中提供的气象、地质、水文资料与实际情况有出入，则应争取列为"非正常气象和水文情况"，此时由建设单位提供额外补偿费用的条款。

4. 关于工程的开工和工期

（1）区别工期与合同（终止）期的概念。合同期，表明一份合同的有效期，即从合同生效之日至合同终止之日的一段时间，而工期是对承包商完成其工作所规定的时间。在工程承包合同中，通常是施工期虽已结束，但合同期并未终止。因为该工程价款酬金尚未结清，工程缺陷维修期尚未结束，合同仍然有效。

（2）应明确规定保证开工的措施。要保证工程按期竣工，首先要保证按时开工。对于建设单位影响开工的因素应列入合同条件之中。如果由于建设单位的原因导致承包商不能如期开工，则工期应顺延。

（3）必须要求建设单位按时验收工程，以免拖延付款，影响承包人的资金周转和工期。

（4）施工中，如因变更设计造成工程量增加或修改原设计方案，或工程师不能按时验收工程，承包商有权要求延长工期。

（5）考虑到我国公司一般动员准备时间较长，应争取适当延长工程准备时间，并规定工期应由正式开工之日算起。

（6）建设单位向承包商提交的现场应包括施工临时用地，并写明其占用土地的一切补偿费用均由建设单位承担。

（7）应规定现场移交的时间和移交的内容。所谓移交现场应包括场地测量图纸、文件和各种测量标志的移交。

（8）单项工程较多的工程，应争取分批竣工，并提交工程师验收，发给竣工证明。工程全部具备验收条件而建设单位无故拖延检验时，应规定建设单位向承包商支付工程费用。

（9）承包商应有由于工程变更、恶劣气候影响，或其他由于建设单位的原因要求延长竣工时间的正当权利。

5. 关于劳务

（1）有些合同条件规定："不管什么原因，建设单位发现施工进度缓慢，不能按期完成本工程量，有权自行增加必要的劳动力以加快工程进度，而支付这些劳动力的费用应当在支付给承包商的工程价款中扣除"。这一条需要承包商注意两点：

1）如当地有限制外籍劳务的规定，则须同建设单位商定取得入境、临时居住和工作的许可手续，并在合同中明确建设单位协助取得各种许可手续的责任的规定；

2）因劳务短缺而延误工期，如果是由于建设单位未能取得劳务入境、居留和工作许可，当地又不能招聘到价格合理和技术较好的劳动力，则应归咎为建设单位的延误，而非承包商造成的延误。

因此，应该争取修改这种不分析原因的惩罚性条款。

（2）为提高工效和缩短工期，应争取建设单位同意允许加班，至少对于非隐蔽工程允许加班。由于加班而应额外增加的工资可按当地劳工法的规定，由承包商支付。

（3）对于限制外籍劳务的国家，应争取列入"当公开招聘和当地劳动人事部门协助下仍不能获得足够的当地的熟练劳务时，允许外籍劳务入境实施该项目工程"条款。

（4）应当拒绝列入对外籍人员和劳务有侮辱性和歧视性条款，但劳务人员必须遵守法律、尊重当地风俗习惯、禁酒、禁止出售和使用麻醉毒品和武器弹药、不得扰乱社会治安等。

（5）争取列入允许外籍劳务享受其本国节假日的规定。

6. 关于材料和操作工艺

（1）对于报送材料样品给监理工程师或建设单位审批和认可，应规定答复期限。建设单位或监理工程师在规定答复期限不予答复，即视作"默许"。经"默许"后再提出更换，应该由建设单位承担因工程延误施工期和原报批的材料已订货而造成的损失。

（2）对于应向监理工程师提供的现场测量和试验的仪器设备，应在合同中列出清单，写明型号、规格、数量等。如果超出清单内容，则应由建设单位承担超出的费用。

（3）争取在合同或"补遗"中写明材料化验和试验的权威机构，以防止对化验结果的权威性产生争执。

（4）如果发生材料代用、更换型号及其标准问题时，承包商应注意两点：

1）将这些问题载入合同"补遗"中去。

2）如有可能，可趁建设单位在议标时压价而提出材料代用的意见，更换那些招标文件中规定的高价而难以采购的材料，用承包商熟悉货源并可获得优惠价格的材料代替。

（5）关于工序质量检查问题。如果监理工程师延误了上道工序的检查时间，往往使承包商无法按期进行下一道工序，而使工程进度受到严重影响。因此，应对工序检验制度作出具体规定，不得简单地规定"不得无理拖延"了事。特别是对及时安排检验要有时间限制，超出限制，监理工程师未予检查，则承包商可认为该工序已被接受，可进行下一道工序施工。

7. 关于施工机具、设备和材料的进口

（1）承包商应争取用本国的机具、设备和材料去承包涉外工程。许多国家允许承包商从国外运入施工机具、设备和材料为该工程专用，工程结束后再将机具和设备运出国境。如有此规定，应列入合同"补遗"中。

（2）应要求建设单位协助承包商取得施工机具、设备和材料进口许可。

8. 关于工程的变更和增加

（1）工程变更应有一个合适的限额，超过限额，承包商有权修改单价。

（2）对于单项工程的大幅度变更，应在工程施工初期提出，并争取规定限期。超过限期大幅度增加单项工程，由建设单位承担材料、工资价格上涨而引起的额外费用；大幅度减少单项工程，建设单位应承担因材料已经订货而造成的损失。

9. 关于不可抗力的特殊风险

在 FIDIC 条款中有规定，可参照。

10. 关于争端、法律依据及其他

（1）应争取用和解和调解的方法解决双方争端。因为和解灵活性比较大，有利于双方经济关系的进一步发展。如果和解不成，需调解，则争取由中国的涉外调解机构调解；如果调解不成，需仲裁解决，则争取由"中国国际经济贸易仲裁委员会"仲裁。

（2）合同规定管辖的法律通常是当地法律，因此，应对当地有关法律有相当的了解。

（3）应注意税收条款。在投标之前应对当地税收进行调查，将可能发生的各种税收计入报价中，并应在合同中规定，对合同价格确定以后由于当地法令变更而导致税收或其他费用的增加，应由建设单位按票据进行补偿。

11. 关于付款

承包商最为关心的问题就是付款问题。经验告诉我们，建设单位和承包商发生的争议，多数集中在付款问题上。付款问题可归纳为三个方面，即价格问题、货币问题、支付方式问题。

（1）国际承包工程的合同计价方式有三类。如果是固定总价合同，承包商应争取订立"增价条款"，保证在特殊情况下，允许对合同价格进行自动调整。这样，就将全部或部分成本增高的风险转移至建设单位承担。如果是固定单价合同，合同总价的风险将由建设单位和承包商共同承担。其中，由于工程数量方面的变更而引起的预算价格的超出，将由建设单位负担，而单位工程价格中的成本增加，则由承包商承担。对固定单价合同，也可带有"增价条款"。如果是成本加酬金合同，成本提高的全部风险由建设单位承担。但是承包商一定要在合同中明确哪些费用列为成本，哪些费用列为酬金。

（2）货币问题。主要是货币兑换限制、货币汇率浮动、货币支付问题。货币支付条款主要有：固定货币支付条款，即合同中规定支付货币的种类和各种货币的数额，今后按此付款，而不受货币价值浮动的影响；选择性货币条款，即可在几种不同的货币中选择支付，并在合同中用不同的货币标明价格。这种方式也不受货币价值浮动的影响，但关键在于选择权属于谁的问题，承包商应争取主动权。

（3）支付问题。主要有时间、支付方式和支付保证金等问题。在支付时间上，承包商越早得到付款越好。支付的方法有：预付款、工程进度付款、最终付款和退还保证金。对于承包商来说，一定要争取到预付款，而且，预付款的偿还按预付款与合同总价的同一比例每次在工程进度款中扣除为好。对于工程进度付款，应争取它不仅包括当月已完成的工程价款，还包括运到现场合格材料与设备费用。最终付款，意味着工程的竣工，承包商有权取得全部工程的合同价款中一切尚未付清的款项。承包商应争取将工程竣工结算和保修责任予以区分，可以用一份保修工程的银行担保函来担保自己的保修责任，并争取早日得到全部工程价款。关于退还保留金的问题，承包商争取降低扣留金额的数额，使之不超过合同总价的 5%，并争取工程竣工验收合格后全部退还，或者用保修保函代替扣留的应付工程款。

12. 关于工程质量保修

（1）应当明确工程质量保修范围和内容、保修期限、保修责任、保修金的支付和保修金的返还，并双方共同签署工程质量保修书。

（2）一般工程保修期届满应退还保修金。承包商应争取以保修保函替代工程价款的保留金。因为保修保函具有保函有效期的规定，可以保障承包商在保修期满时自行撤销其保修责任。

总之，需要谈判的内容非常多，而且，双方均以维护自身利益为核心进行谈判，更加使得谈判复杂化、艰难化。因此，需要精明强干的投标班子或者谈判班子施行仔细、具体的谋划。

（三）合同审查

1. 合同审查的目的

承包商在获得建设单位的招标文件后，应立即指令工程造价和合同管理者对招标文件中的合同文本进行审查。审查的主要目的有：

（1）将合同文本"解剖"开来，使它"透明"和易于理解，使承包商和合同主谈人对合同有一个全面的了解。

这个工作非常需要，因为合同条文常常不易读懂，连贯性差，对某一问题可能会在几个文件或条款中予以定义或说明。

所以首先必须将它归纳整理，进行结构分析。

（2）检查合同内容上的完整性，用标准的合同结构对照该合同文本，即可发现它缺少哪些必需条款。

（3）分析评价每一合同条文执行的法律后果，将给承包商带来的风险，为合同谈判和签订提供决策依据。

（4）通过审查还可以发现：

1）合同条款之间的矛盾性，即不同条款对同一具体问题规定或要求不一致；

2）对承包商不利，甚至有害的条款，如过于苛刻、责权利不平衡、单方面约束性条款；

3）隐含着较大风险的条款；

4）内容含糊，概念不清或自己未能完全理解的条款。

所有这些均应向建设单位提出，要求解释和澄清。

对于一些重大的工程或合同关系和合同文本很复杂的工程，合同审查的结果应经律师或合同法律专家校对评价，或在他们的直接指导下进行审查。这会减少合同中的风险，减少合同谈判和签订中的失误。

2. 合同审查表

合同审查是通过合同审查表进行的。要达到合同审查的目的，审查表至少应具备以下功能：

（1）完整的审查项目和审查内容。通过审查表可以直接检查合同条文的完整性。

（2）对应审查项目的具体条款和具体合同内容。

（3）对合同内容的分析评价，即合同中有什么样的问题和风险。

（4）针对分析出来的问题提出建议或对策。

三、合同谈判技巧

（一）研究好合同谈判的目的

1. 建设单位参加谈判的目的

（1）通过谈判，了解投标者报价的构成，进一步审核和压低报价。

（2）进一步了解和审查投标者的施工规划和各项技术措施是否合理，以及负责项目实施的班子力量是否足够雄厚，能否保证工程的质量和进度。

（3）根据参加谈判的投标者的建议和要求，也可吸收其他投标者的建议，对设计方案、图纸、技术规范进行某些修改后，估计可能对工程报价和工程质量产生的影响。

2. 投标者参加谈判的目的

（1）争取中标。即通过谈判宣传自己的优势，包括技术方案的先进性，报价的合理性，所提建议方案的特点，许诺优惠条件等，以争取中标。

（2）争取合理的价格，既要准备应付建设单位的压价，又要准备当建设单位拟增加项目、修改设计或提高标准时适当增加报价。

（3）争取改善合同条款，包括争取修改过于苛刻的和不合理的条款，澄清模糊的条款和增加有利于保护承包商利益的条款。

虽然双方的目的看起来是对立的，矛盾的，但在为工程选择一家合格的承包商这一点上则是建设单位的基本意图，参加竞争的投标者中，谁能掌握建设单位心理，充分利用谈判的技巧争取中标，谁就是强者。

（二）掌握好合同谈判的规则

在谈判中，如果注意掌握好合同谈判的规则，将使谈判富有成效。

（1）谈判前应作好充分准备，如备齐文件和资料，拟好谈判的内容和方案，对谈判对方的性格、年龄、嗜好、资历、职务均应有所了解，以便派出合适人选参加谈判。在谈判中，要统一口径，不得将内部矛盾暴露在对方面前。

（2）谈判的重要负责人不宜急于表态，应先让副手主谈，主要负责人在旁视听，从中找出问题的症结，以备进攻。

（3）谈判中要抓住实质性问题，不要在枝节问题上争论不休。实质性问题不轻易让步，枝节问题要表现宽宏大量的风度。

（4）谈判要有礼貌，态度要诚恳、友好，平易近人；发言要稳重，当意见不一致时不能急躁，更不能感情冲动，甚至使用侮辱性语言。一旦出现僵局时，可暂时休会。

（5）少说空话、大话，但偶尔赞扬自己在国内、甚至国外的业绩是必不可少的。

（6）对等让步的原则。当对方已作出一定让步时，自己也应考虑作出相应的让步。

（7）谈判时必须记录，但不宜录音，否则对方情绪紧张，影响谈判效果。

（三）运用好合同谈判策略和技巧

灵活运用好合同谈判策略和技巧是极为重要的。通常，在决标前，即承包商需要与几个对手竞争时，必须慎重，处于守势，尽量少提出对合同文本作大的修改。在中标后，即建设单位已选定承包商作为中标人，应积极争取修改风险型条款和过于苛刻的条款，对原则问题不能退让和客气。

合同谈判时既要坚持自己的原则，又要善于寻求多种解决办法，不使谈判破裂。有时由于发包人条件过于苛刻而不能达成协议，也要寻求适当的理由，把其原因归于对方。

合同谈判是多次才能完成的，所以不要急于求成，谈判时对合同中含混不清的词句，应在谈判中加以明确。如合同中不能笼统地写上"发包人提交的图纸属于合同文件"，只能承认"由双方签字确认的图纸属于合同文件"，应防发包人借补充图纸的机会增加内容。

合同谈判双方达成一致协议后，即可由双方法人代表签字，签字后的合同文件即成为工程正式发包承包的法律依据。至此，建设单位和中标人即建立了受法律保护的合作关系，招标投标工作即告完成。

第四节　合同的履约管理

合同的履行是指工程建设项目的发包人和承包人根据合同规定的时间、地点、方式、内容和标准等要求，各自完成合同义务的行为。合同的履行，是合同当事人双方都应尽的义务。任何一方违反合同，不履行合同义务，或者未完全履行合同义务，给对方造成损失时，都应当承担赔偿责任。

合同签订以后，当事人必须认真分析合同条款，向参与项目实施的有关责任人做好合同交底工作，在合同履行过程中进行跟踪与控制，并加强合同的变更管理，保证合同的顺利履行。

一、合同履行管理

在合同履行过程中，为确保合同各项指标的顺利实现，承包人需建立一套完整的施工合同管理制度。其内容主要有：

1. 工作岗位责任制度

这是承包人的基本管理制度。它具体规定承包人内部具有施工合同管理任务的部门和有关管理人员的工作范围，履行合同中应负的责任，以及拥有的职权，只有建立工作岗位责任制度，才能使分工明确，责任落实，促进承包人施工合同管理工作正常开展，保证合同指标顺利实现。

2. 检查制度

承包人应建立施工合同履行的监督检查制度，通过检查发现问题，督促有关部门和人员改进工作。

3. 统计考核制度

这是运用科学的方法，利用统计数字，反馈施工合同的履行情况。通过对统计数据的分析，为经营决策提供重要依据。

4. 奖惩制度

奖优罚劣是奖惩制度的基本内容。建立奖惩制度有利于增强有关部门和人员在履行施工合同中的责任。

二、合同跟踪与控制

合同签订以后，合同中各项任务的执行要落实到具体的项目经理部或具体的项目参与人员身上，承包人作为履行合同义务的主体，必须对合同执行者(项目经理部或项目参与人)的履行情况进行跟踪、监督和控制，确保合同义务的完全履行。

（一）合同跟踪

合同跟踪有两个方面的含义：一是承包人的合同管理职能部门对合同执行者(项目经理部或项目参与人)的履行情况进行的跟踪、监督和检查；二是合同执行者(项目经理部或项目参与人)本身对合同计划的执行情况进行的跟踪、检查与对比。在合同实施过程中二者缺一不可。

对合同执行者而言，应该掌握合同跟踪的以下方面：

1. 合同跟踪的依据

合同跟踪的重要依据是合同以及依据合同而编制的各种计划文件；其次还要依据各种实际工程文件，如原始记录、报表、验收报告等；另外，还要依据管理人员对现场情况的直观了解，如现场巡视、交谈、会议、质量检查等。

2. 合同跟踪的对象

（1）承包的任务

1）工程施工的质量，包括材料、构件、制品和设备等的质量，以及施工或安装质量，是否符合合同要求等等；

2）工程进度，是否在预定期限内施工，工期有无延长，延长的原因是什么等等；

3）工程数量，是否按合同要求完成全部施工任务，有无合同规定以外的施工任务等等；

4）成本的增加和减少。

（2）工程小组或分包人的工程和工作

可以将工程施工任务分解交由不同的工程小组或发包给专业分包完成，必须对这些工程小组或分包人及其所负责的工程进行跟踪检查，协调关系，提出意见、建议或警告，保证工程总体质量和进度。

对专业分包人的工作和负责的工程，总承包人负有协调和管理的责任，并承担由此造成的损失，所以专业分包人的工作和负责的工程必须纳入总承包工程的计划和控制中，防止因分包人工程管理失误而影响全局。

（3）发包人和其委托的工程师的工作

1）是否及时、完整提供了工程施工的实施条件，如场地、图纸、资料等；

2）发包人和工程师是否及时给予了指令、答复和确认等；

3）发包人是否及时并足额地支付了应付的工程款项。

（二）合同实施的偏差分析

通过合同跟踪，可能会发现合同实施中存在着偏差，即工程实施实际情况偏离了工程计划和工程目标，应该及时分析原因，采取措施，纠正偏差，避免损失。

合同实施偏差分析的内容包括以下几个方面：

1. 产生偏差的原因分析

通过对合同执行实际情况与实施计划的对比分析，不仅可以发现合同实施的偏差，而且可以探索引起差异的原因。原因分析可以采用鱼刺图、因果关系分析图（表）、成本量差、价差、效率差分析等方法定性或定量地进行。

2. 合同实施偏差的责任分析

即分析产生合同偏差的原因是由谁引起的，应该由谁承担责任。

责任分析必须以合同为依据，按合同规定落实双方的责任。

3. 合同实施趋势分析

针对合同实施偏差情况，可以采取不同的措施，应分析在不同措施下合同执行的结果与趋势，包括：

（1）最终的工程状况，包括总工期的延误、总成本的超支、质量标准、所能达到的生产能力（或功能要求）等；

（2）承包人将承担什么样的后果，如被罚款、被清算，甚至被起诉，对承包人资信、企业形象、经营战略的影响等；

（3）最终工程经济效益（利润）水平。

（三）合同实施偏差处理

根据合同实施偏差分析的结果，承包人应该采取相应的调整措施，调整措施可以分为：

（1）组织措施，如增加人员投入，调整人员安排，调整工作流程和工作计划等；

（2）技术措施，如变更技术方案，采用新的高效率的施工方案等；

（3）经济措施，如增加投入，采取经济激励措施等；

（4）合同措施，如进行合同变更，签订附加协议，采取索赔手段等。

三、合同变更管理

工程变更一般是指在工程施工过程中，根据合同约定对施工的程序、工程的内容、数量、质量要求及标准等作出的变更。

1. 工程变更的原因

工程变更一般主要有以下几个方面的原因：

（1）发包人新的变更指令，对建筑的新要求。如发包人有新的意图，发包人修改项目计划，削减项目预算等。

（2）由于设计人员、监理方人员、承包人事先没有很好地理解发包人的意图，或设计的错误，导致图纸修改。

（3）工程环境的变化，预定的工程条件不准确，要求实施方案或实施计划变更。

（4）由于新技术的应用，有必要改变原设计、原实施方案或实施计划，或由于发包人指令及发包人责任的原因造成承包人施工方案的改变。

（5）政府部门对工程新的要求，如国家计划变化、环境保护要求、城市规划变动等。

（6）由于合同实施出现问题，必须调整合同目标或修改合同条款。

2. 工程变更的范围

根据 FIDIC 施工合同条件，工程变更的内容可能包括以下几个方面：

（1）改变合同中所包括的任何工作的数量；

（2）改变任何工作的质量和性质；

（3）改变工程任何部分的标高、基线、位置和尺寸；

（4）删减任何工作；

（5）任何永久工程需要的附加工作、工程设备、材料或服务；

（6）改动工程的施工顺序或时间安排。

根据我国施工合同示范文本，工程变更包括设计变更和工程质量标准等其他实质性内容的变更，其中设计变更包括：

1）更改工程有关部分的标高、基线、位置和尺寸；

2）增减合同中约定的工程量；

3）改变有关工程的施工时间和顺序；

4）其他有关工程变更需要的附加工作。

3. 工程变更的程序

根据统计，工程变更是索赔的主要起因。由于工程变更对工程施工过程影响很大，会造成工期的拖延和费用的增加，容易引起双方的争执，所以要十分重视工程变更管理问题。

一般工程施工承包合同中都有关于工程变更的具体规定。工程变更一般按照如下程序。

根据工程实施的实际情况，承包人、发包人、监理方、设计方都可能根据需要提出工程变更。

承包人提出的工程变更，应该交予工程师审查并批准；由设计方提出的工程变更应该与发包人协商或经发包人审查并批准；由发包人提出的工程变更，涉及设计修改的应该与设计单位协商，并一般通过工程师发出。监理方发出工程变更的权力，一般会在施工合同中明确约定，通常在发出变更通知前应征得发包人批准。

《标准施工招标文件》的合同条款及格式一章中规定：

在合同履行过程中，发生或可能发生合同约定情形的，监理人可向承包人发出变更意向书。变更意向书应说明变更的具体内容和发包人对变更的时间要求，并附必要的图纸和相关资料。变更意向书应要求承包人提交包括拟实施变更工作的计划、措施和竣工时间等内容的实施方案。发包人同意承包人根据变更意向书要求提交的变更实施方案的，由监理人按合同约定发出变更指示。

承包人收到监理人按合同约定发出的图纸和文件，经检查认为其中存在合同约定情形的，可向监理人提出书面变更建议。变更建议应阐明要求变更的依据，并附必要的图纸和说明。监理人收到承包人书面建议后，应与发包人共同研究，确认存在变更的，应在收到承包人书面建议后的 14 天内作出变更指示。经研究后不同意作为变更的，应由监理人书面答复承包人。

若承包人收到监理人的变更意向书后认为难以实施此项变更，应立即通知监理人，说明原因并附详细依据。监理人与承包人和发包人协商后确定撤销、改变或不改变原变更意向书。

4. 工程变更的责任分析

根据工程变更的具体情况可以分析确定工程变更的责任和费用补偿。

（1）由于发包人要求、政府部门要求、环境变化、不可抗力、原设计错误等导致的设计修改，应该由发包人承担责任；由此所造成的施工方案的变更以及工期的延长和费用的增加应该向发包人索赔。

（2）由于承包人的施工过程、施工方案出现错误、疏忽而导致设计的修改，应该由承包人承担责任。

（3）施工方案变更要经过工程师的批准，不论这种变更是否会对发包人带来好处（如工期缩短，节约费用）。

由于承包人的施工过程、施工方案本身的缺陷而导致了施工方案的变更，由此所引起的费用增加和工期延长应该由承包人承担责任。

发包人与承包人签订合同前，可以要求承包人对施工方案进行补充、修改或作出说明，以便符合发包人的要求。签订合同后发包人为了加快工期、提高质量等要求变更施工方案，由此所引起的费用增加可以向发包人索赔。

四、合同信息管理

施工合同管理是对工程承包合同的签订、履行、变更和解除等进行筹划和控制的过程。为了确保各方利益，保证合同的顺利履行，必须重视合同信息管理工作，即对合同执行过程中的各种信息进行收集、整理、处理、存储、传递和应用，使有关部门和人员能及时准确地获取相应的信息，便于及时作出有关决策。

施工合同信息管理的任务包括对有关施工合同信息进行分类和编码，确定合同信息收集与处理工作流程图，确定信息管理任务分工表，确定各种报表和报告的内容和格式，进行合同信息的文档管理，建立信息管理制度和文档管理制度等。

1. 信息分类与编码

建设项目中的发包人与承包人是一种合同关系，双方均应该以合同为核心展开相关工作，而项目实施过程中的多数信息都是与合同有关的，如有关质量、进度和费用等的信息都是合同信息，设计变更、材料采购与供应、有关试验和检验报告等都与合同的履行有关。因此项目施工中的信息种类多，数量大，必须对其进行分类和编码，才能有效地进行管理。

一个项目有不同类型和不同用途的信息，可以从不同角度对其进行分类，如可以按项目的分解结构进行分类，如子项目1、子项目2、子项目 n 等进行信息分类；也可以按项目管理工作的任务进行分类，如成本控制、进度控制、质量控制等进行信息分类。

施工合同履行过程中可能产生的各种信息有：

(1) 补充签订的协议；

(2) 发包人或工程师的工作指令、工程签证、信件、会谈纪要等；

(3) 各种变更指令、申请、变更记录；

(4) 各种检查验收报告、鉴定报告；

(5) 施工中的各种记录、施工日记等；

(6) 官方的各种批文、文件；

(7) 反映工程实施情况的各种报表、报告、图片等。

为了有组织地存储信息，方便信息检索和加工整理，必须对施工项目的合同信息进行编码，如合同编码、项目结构编码、函件编码、进度报告编码、成本项编码等等。这些编码可以为不同的用途而编制，如成本项编码服务于成本控制。

但是有些编码并不仅仅是对某一项管理工作而编制，如成本控制、进度控制、质量控制等都要用到项目的结构编码，因此，需要进行编码的组合，如某合同中某部位(或某子项目)的进度信息可以用组合编码的方式表示为：

合同号/部位或子项目号/类别信息号/流水号。

2. 明确责任分工

为保证信息管理任务的落实，必须从组织上予以保证，明确信息管理的人员、分工和责任，建立信息管理任务分工表和职能分工表，明确哪些信息由谁负责收集、谁负责处理、职能分工是什么等等。比如，文件的收发由某一专人负责，但不同文件的签发权可能属于不同的管理人员，而收到的质量或费用的信息又可能由不同的管理人员处理，等等。因此，必须落实具体管理岗位和人员，并进行任务分工和职能分工。

3. 建立合同信息管理制度

要建立合同信息的采集、处理、存储和应用的工作制度，确定各种信息的处理工作流程，从制度上保证信息管理工作的有序、顺畅。对施工管理中的各种文档，要建立文档管理工作制度，对归档资料进行分类、登记和编码，建立合理的借阅制度和保密制度。

承包人应做好施工合同的文件管理，不但应做好施工合同的归档工作，还应以此指导生产，安排计划，使其发挥重要作用。承包人应当由项目经理组织管理人员，特别是总工程师、总会计师、负责设计和施工的工程师、测量及计算工程量的造价工程师、负责财务的人员等认真学习和研究合同条件，只有熟悉理解合同条件，才能自觉执行和运用合同文件，保证合同的顺利实施，保护自己权益，避免不必要的损失。

五、合同纠纷处理

根据《中华人民共和国民法通则》、《中华人民共和国合同法》、《中华人民共和国招标投标法》、《中华人民共和国民事诉讼法》等法律规定，结合民事审判实际，就审理建设工程施工合同纠纷案件适应法律的问题，制定了《最高人民法院关于审理建设工程施工合同纠纷案件适用法律问题的解释》（法释〔2004〕14 号），已从 2005 年 1 月 1 日起施行，工作中以本解释为准。

1. 施工合同争议的解决方式

根据《中华人民共和国合同法》规定，合同争议的解决方式主要有和解、调解、仲裁和诉讼等。

合同当事人在履行施工合同时发生争议，可以和解或者要求合同管理及其他有关主管部门调解。和解或调解不成的，双方可以在专用条款内约定以下一种方式解决争议：

（1）双方达成仲裁协议，向约定的仲裁委员会申请仲裁；

（2）向有管辖权的人民法院起诉。

如果当事人选择仲裁的，应当在专用条款中明确的内容有：请求仲裁的意思表示；仲裁事项；选定的仲裁委员会。在施工合同中直接约定仲裁的，关键是要指明仲裁委员会。

因为仲裁没有法定管辖，而是依据当事人的约定由哪一个仲裁委员会仲裁。而选择仲裁的意思表示和仲裁事项，则可用专用条款的方式实现。当事人选择仲裁的，仲裁机构作出的裁决是终局的，具有法律效力，当事人必须执行。如果一方不执行的，另一方可向有管辖权的人民法院申请强制执行。

如果当事人选择诉讼的，则施工合同的纠纷一般应由工程所在地的人民法院管辖。当事人只能向有管辖权的人民法院起诉作为解决争议的最终方式。

2. 争议发生后允许停止履行合同的情况

发生争议后，在一般情况下，双方都应继续履行合同，保证施工连续，保护好已完工程，只有出现下列情况时，当事人方可停止履行施工合同：

（1）单方违约导致合同确已无法履行，双方协议停止施工；

（2）明确要求停止施工，且为双方接受；

（3）仲裁机关要求停止施工；

（4）法院要求停止施工。

210

第五节 合同风险的防范

一、风险管理的基本概念

（一）风险和风险量的基本概念

（1）风险指的是损失的不确定性，对于工程项目管理而言，风险是指可能出现的影响项目目标实现的不确定因素。

（2）风险量指的是不确定的损失程度和损失发生的概率。

$$风险量＝风险概率×风险损失量$$

风险一般有四种情况（图7-1）：

1）A区，可能发生的事件其可能的损失程度和发生的概率都很大，则其风险量就很大。

2）B区，可能发生的事件的可能的损失量很大，但发生的概率却很小。

3）C区，可能发生的事件的可能的损失量较小，但发生的概率却很大。

4）D区，可能发生的事件的可能的损失量较小，且发生的概率也很小。

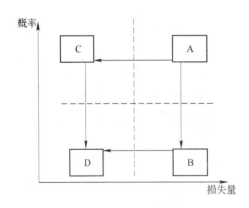

图7-1 风险的四种情况

（3）根据历史资料的统计和分析，若某事件经过风险评估，它处于风险1)时，则应采取措施，降低其概率；或采取措施降低其损失量。当它处于风险2)和3)时，则应采取措施，使其损失量较小，且发包的概率也很小。

（4）国际上有一些专门从事风险管理的咨询公司，在项目决策阶段和实施阶段对工程的风险进行评估，它们通过大量已发生的工程事故的调查，积累了许多事故的统计资料。风险管理的咨询公司不仅对工程的风险进行评估，并对风险管理的措施提出咨询建议等。

（二）风险管理的工作流程

1. 风险管理的概念

风险管理是为了达到一个组织的既定目标，而对组织所承担的各种风险进行管理的系统过程，其采取的方法应符合公众利益、人身安全、环境保护以及有关的法规的要求。

风险管理包括策划、组织、领导、协调和控制等方面的工作。

2. 风险管理的工作流程

（1）风险辨识，分析存在哪些风险；

（2）风险分析，对各种风险衡量其风险量；

（3）风险控制，制定风险管理方案，采取措施降低风险量；

（4）风险转移，如对难以控制的风险进行投保等。

二、风险的辨识

所谓"风险"是指客观存在能导致损失，但发生与否又不能确定的现象。在市场经济中，不确定因素，也就是风险，总是存在的。而工程承包的风险往往比其他行业更大，但风险和利润是并存的，它们是矛盾和对立的统一体。在实践中，既没有零风险和百分之百获利的机会，也没有百分之百风险和零利润的可能，关键在于承包人能不能在投标和经营过程中，善于分析风险因素，正确估计风险大小，认真研究风险防范措施以避免和减轻风险，把风险造成的损失控制至最低限度，甚至学会利用风险，把风险转为机遇，利用风险盈利。

研究风险，首先应该了解和辨识可能产生的风险因素，并结合将要投标和实施的工程进行具体的、细致的研究和分析，才谈得上风险管理。所以风险的辨识是进行风险管理的首要工作。

（一）风险因素分类

风险因素是指可能发生风险的各类问题和原因。风险因素范围广、内容多，从不同的角度划分，大致有以下几种分类：

1. 从风险的来源性质分类

可分为政治风险、经济风险、技术风险、商务及公共关系风险和管理方面风险五大类。

2. 从工程实施不同阶段分类

可分为投标阶段的风险、合同谈判阶段的风险、合同实施阶段的风险三大类，这是为了从工程项目实施全过程角度来分析和管理风险。

3. 从风险严峻程度分类

可分为两类：一是特殊风险，也称之为非常风险，这主要是指发包人所在国的政治风险，即由于内战、军事政变等原因，引起了政权更迭，从而有可能使合同作废，甚至没收承包人的财产等。虽然在合同条件中一般都规定这类风险属于发包人应承担的风险，但政权更迭后，原有的政府被推翻，由原政府签订的一切合同等均有可能被废除，因而承包人无处索赔。二是特殊风险以外的各类风险，这些风险因素尽管有的也可能造成较严重的危害，有的可能造成一般危害，但只要善于管理，采取必要的防范措施，有一些风险是可以转移或避免的。

4. 从研究工程风险的范围分类

可分为项目风险、国别风险和地区风险三大类。这是指对于一个国际承包商而言，他所面临的风险不仅仅是具体项目的风险，而且范围更广泛，具有国家特征以至地区特征的重大风险。

5. 从建设工程项目构成风险的因素分类

建设工程项目的风险包括项目决策的风险和项目实施的风险，项目实施的风险主要包括设计的风险、施工的风险以及材料、设备和其他建设物资的风险等。建设工程项目的风险类型有多种分类方法，以下就构成风险的因素进行分类：

（1）组织风险

1）设计人员和监理工程师的知识、经验和能力；

2）承包管理人员和一般技工的知识、经验和能力；

3）施工机械操作人员的知识、经验和能力；

4）损失控制和安全管理人员的知识、经验和能力等。

（2）经济与管理风险

1）工程资金供应条件；

2）合同风险；

3）现场与公用防火设施的可用性及其数量；

4）事故防范措施和计划；

5）人身安全控制计划；

6）信息安全控制计划等。

（3）工程环境风险

1）自然灾害；

2）岩土地质条件和水文地质条件；

3）气象条件；

4）引起火灾和爆炸的因素等。

（4）技术风险

1）工程设计文件；

2）工程施工方案；

3）工程物资；

4）工程机械等。

6. 从承包人在承包工程中可能面临的风险分类

可分为决策错误风险、缔约和履约风险、责任风险三大类。

承包人作为工程施工合同的一方当事人，所面临的风险贯穿于项目的始终。随着建筑市场竞争越来越激烈，承包人面临的风险也越来越大。承包人要求生存、图发展，必须对面临的风险有深刻的认识。

（二）风险因素辨识与估计

1. 风险因素辨识

一个公司的领导班子、一个工程的项目经理或是一个投标小组，在研究招标文件（或合同文件)时以及在合同实施过程中，必须有强烈的风险意识，也就是要用风险分析与管理的眼光研究他接触到的每一个问题，并思考这个问题是否有风险？程度如何？一个善于驾驭风险的管理者必须对可能遇到的因素有一个比较全面而深刻的了解。下面按风险来源分类并辨识风险因素：

（1）政治风险

它是指承包市场所处的政治背景可能给承包人带来的风险，属于来自投标大环境的风险因素，并不是工程项目本身所发生的，可是一旦发生，往往会给承包人带来难以估量的损失。属于这一类的风险因素有：对外战争或内战，国有化或低价收购甚至没收外资，政权更迭，国际经济制裁和封锁，发包人国家社会管理、社会风气等。

（2）经济风险

它是指承包市场所处的经济形势和项目发包国的经济政策变化可能给承包人造成损失的因素，也属于来自投标大环境的风险，而且往往与政治风险相关联。这一类风险因素有：通货膨胀，货币贬值，外汇汇率变化，保护主义政策，发包人支付能力差，拖延付款等。

（3）技术风险

它是指工程所在地的自然条件和技术条件给工程和承包人的财产造成损失的可能性。这一类风险因素有：

1）工程所在地自然条件的影响，主要表现于工程地质资料不完备，异常的酷暑或严寒、暴雨、台风、洪水等。

2）工程承包过程中技术条件的变化，此类情况比较复杂，常见的问题主要有：材料供应问题，设备供应问题，工程变更，技术规范要求不合理或过于苛刻，工程量表中项目说明不明确而投标时未发现等。

（4）商务及公共关系风险

它是指不是来自工程所在国政治形势、经济状况或经济政策等投标大环境的风险，而是来自发包人、监理工程师或其他第三方以及承包人自身的风险因素，主要有：发包人支付能力和信誉差，监理工程师效率低，分包人或器材供应商不能履行合同，承包人自身的失误，联营体内部各方的关系，与工程所在国地方部门的关系。

（5）管理方面风险

它是指承包人在生产经营过程中因不能适应客观形势的变化，或因主观判断失误，或对已发生的事件处理欠妥而构成的威胁，这一类风险的因素有：工地领导班子及项目经理工作能力，工人效率，开工时的准备工作，施工机械维修条件，不了解的国家和地区可能引起的麻烦等。

2. 风险因素估计

一个工程在投标时可能会发现许多类似风险的因素和问题，究竟哪一些是属于风险因素？哪一些不属于风险因素？这是进行风险分析时必须首先研究解决的问题。

风险因素是指那些有可能发生的潜在危险，从而可能导致经济损失和时间损失的因素。正确估计和确认风险因素的方法主要有：

（1）深入细致地调查研究，不论在投标决策或是在投标前准备工作，都应十分注意调查研究，包括对项目所在国和地区的政治形势、经济形势、发包人资信、物资供应、交通运输、自然条件等方面的调查研究。

（2）依赖投标人员的实践经验和知识面。因为一个项目投标牵涉到招标单位、工程技术、物资管理、合同、法律、金融、保险、贸易等许多方面的问题，因此，要由各方面的有经验的专家来参加分析确定。国外一些公司，对重要项目的风险评估，都要在由总经理主持的公司专门委员会上审议、讨论、确定是否投标。

在项目投标阶段会发现许多不确定因素，凡是通过调查研究可以排除的或是根据合同条款有可能在问题发生后通过索赔解决的，一般都不列为风险因素，例如图纸变更、工作范围变更引起的费用增加，都是可以根据合同条件向发包人提出索赔的，一般不应列为风险因素。

三、风险的评估

风险管理是分析处理由不确定性产生的各种问题的一整套方法，包括风险的识别、风险的估计和风险的控制与管理。风险评估的特点是广泛应用各门学科的理论和方法。比较适用于风险评估的方法主要有专家评分比较法和改进的专家评分法。

（一）专家评分比较法

该方法主要找出各种潜在的风险并对风险后果作出定性评估。对那些风险后果很难在较短时间内用统计方法、实验分析方法或因果关系论证得出的情形特别适用。

在投标时采用"专家评分比较法"分析风险的具体步骤如下：

（1）由投标小组成员、有投标和工程施工经验的、最好去过该国或该地区工作的工程师，以及负责该项目的成员组成专家小组，共同就某一项目可能遇到的风险因素进行分类、排序，并分别为各个因素确定权数，以表示其对项目风险的影响程度。

（2）评估每种风险发生的可能性，按很大、较大、中等、较小、很小5个等级分别赋予发生概率权数 B：1.0、0.8、0.6、0.4、0.2。

（3）以影响程度权数 W 与风险发生的概率权数 B 相乘，求出该项目风险因素的得分（表7-1）。若干项风险因素得分之和即为此工程项目风险因素的总分 ΣWB。这个数值越大说明风险越大。

专家评分比较法 表 7-1

可能发生的风险因素	权数 W	风险因素发生的可能性 B					W×B
		很大 1.0	较大 0.8	中等 0.6	较小 0.4	很小 0.2	
1. 物价上涨	0.50		✓				0.40
2. 建设单位支付能力	0.10			✓			0.06
⋮							
10. 海洋运输问题	0.10			✓			0.06

$$\Sigma WB = 0.52$$

表 7-1 为用专家评分比较法对风险因素进行评估的示例，表中假设有 10 个风险因素，未一一列出。ΣWB 叫风险度，表示一个项目的风险程度。由 $\Sigma WB = 0.52$，说明该项目的风险属于中等水平，是一个可以投标的项目，而且在报价中的风险费也可以取中等水平。

（二）改进的"专家评分法"

改进的"专家评分法"就是在专家评分比较法的基础上，进一步考虑专家的权威程度，并对他们的评定结果的重要性、权威性予以评价。其具体步骤如下：

（1）按专家评分比较法的具体要求，各位专家对项目的风险因素综合评分，得出 ΣWB。

（2）由公司的少数领导和权威人士对参与评分的专家参照以下几个方面，确定专家权威性权数的大小：

1）有国内外进行工程承包工作的经验；

2）对投标项目所在国及项目情况的了解程度；

3）是否参加了投标准备工作；

4）知识领域（单一学科或综合性学科）；

5）在投标项目风险分析讨论会上发言的水平。

该权威性权数的取值建议在 0.5～1.0 之间，1.0 代表专家的最高水平，对于其他专家，权威性取值可相应减少。最后的风险度值为各位专家评定的风险度乘以各位专家的权威性权数的和除以全部专家权威性权数的总和。

四、风险的防范

（一）风险的全过程防范管理

风险的分析和防范要贯彻在从递交投标文件、合同谈判阶段开始，到工程项目实施完成合同为止。

1. 投标阶段

这一阶段如果细分可分为资格预审阶段、研究投标报价阶段和递送投标文件阶段。

（1）资格预审阶段：只能根据资格预审文件的一般介绍和对该国、该地区、该项目的粗略了解，对风险因素进行初步分析。将一些不清楚的风险因素作为投标时要重点调查研究的问题。

215

（2）研究投标报价阶段：应该对所有可能出现的风险因素进行深入调研和探讨，以确定各项风险因素的加权值，同时将风险因素的分析送交项目投标决策人，以便研究决定是否递送投标文件。

（3）递送投标文件阶段：在决定投标后，根据风险因素的分析，确定工程估价中风险系数的高低，以便确定风险费和其他费用，从而决定总报价。

2. 合同谈判阶段

要力争将风险因素发生的可能性减小，增加限制建设单位的条款，并且采用保险、分散风险等方法来减少风险。

3. 合同实施阶段

项目经理及主要领导干部要经常对投标时所列的风险因素进行分析，特别是权数大、发生可能性大的因素，以主动防范风险的发生，同时注意研究投标时未估计到的，可能产生的风险，不断提高本公司风险的分析和防范的水平。

4. 合同实施结束阶段

要专门对风险问题进行总结，以便不断提高本公司风险分析和防范的水平。

（二）风险的防范对策

1. 风险回避

风险回避主要是中断风险源，使其不致发生或遏制其发展。这种手段主要包括：

（1）拒绝承担风险。采取这种手段有时可能不得不做出一些必要的牺牲，但较之承担风险，这些牺牲可能造成的损失要小得多，甚至微不足道。

（2）放弃已经承担的风险以避免更大的损失。事实证明这是紧急自救的最佳办法。作为工程承包商，在投标决策阶段难免会因为某些失误而铸成大错。如果不及时采取措施，就有可能一败涂地。

回避风险是一种消极的防范手段。因为回避风险虽然避免损失，但同时也失去了获利的机会。如果企业想生存图发展，又想回避其预测的某种风险，最好的办法是采用除回避以外的其他方法。

2. 风险转移

风险转移包括相互转移风险和向第三方转移风险。转移工程项目风险有如下几种措施：

（1）利用索赔制度，相互转移风险

对于预测到的工程项目风险，在谈判和签订施工合同时，采取双方合理分担的方法，对一个风险来讲，是最公平合理的处理方法。由于一些不可预测的风险总是存在的，不会有不承担风险、绝对完美和双方责权利关系绝对平衡的合同。因此，不可预测风险事件的发生，是造成经济损失或时间损失的根源，合同双方都希望转嫁风险，所以在合同履行中，推行索赔制度是相互转移风险的有效方法。因为在实际工程中，索赔是双向的。承包商可以向建设单位索赔；建设单位也可能向承包商索赔。但建设单位向承包商索赔处理比较方便，它可以通过扣拨工程款及时解决索赔问题。而最常见、最有代表性、处理比较困难的是承包商向建设单位转移风险，提出索赔。所以通常将它作为处理风险和进行索赔管理的重点和主要对象。这也是国际承包工程中一种普遍的做法。工程索赔制度在我国尚未普遍推行，发包承包双方对索赔的认识还很不足，索赔和反索赔具体作法也还十分生疏。因此，发包承包双方要不断了解索赔制度转移风险的意义，学会索赔方法，使转移工程风险的合理合法的索赔制度健康地开展起来，逐步与国际工程惯例接轨。

（2）向第三方转移风险

包括推行担保制度、保险制度和向分包商转移风险。

1）实行担保。推行担保制度是向第三方转移风险的一种有法律有保证的作法。我国《担保法》内规定有五种担保方式。在建筑工程施工阶段以推行保证和抵押两种方式为宜。

a. 保证。是指保证人和债权人约定，当债务人不履行债务时，保证人按照约定履行债务或者承担责任的行为。当前我国可以逐步推行银行保证或企业保证。

银行保证。国际上通行作法是在工程招标和合同履约过程中，实行银行保函制。由发包承包双方开户银行，根据被保证人（即承包人或发包人）在银行存款情况和资信，开具保函，承担代偿责任。我国当前银行保函制度，因为没有相应法规或规章，尚未普遍推行。要推行这一制度，国家建设行政主管部门和金融主管部门应当依据《担保法》、《银行法》、《建筑法》等法律，制定《商业银行为建筑工程出具保函的管理规定》，对银行出具保函的原则、条件、责任和管理等作出详细规定以利在我国逐渐推行银行保函制度。

企业保证。除推行银行保函制外，也可以推行有实力的大型企业做为工程承包人或发包人的保证人，由其出具保函，承担代偿责任。推行这种担保制度，也需有相应法规或规章作为依据。

推行保证制度，不仅可以转移合同当事人的风险，还可以对那些资信程度不高，实力不足的工程发包人或承包人，发包工程或承包工程有着很大的遏制作用，从根本上控制工程风险。

b. 抵押。是指债务人或者第三人不转移抵押财产的占有，将该财产作为债权的担保。债务人不履行债务时，债权人有权依据《担保法》规定，以该财产折价或者拍卖、变卖该财产的价款优先受偿。当然债务人抵押财产不属于向第三方转移风险范畴，但以第三人抵押财产，实行代偿则属于向第三方转移风险。推行这一制度，要在发包承包双方签订工程承包合同的同时，由发包承包双方或其任何一方与第三方抵押人订立抵押合同，并依法进行抵押物登记。建筑工程推行抵押制度转移工程风险，也需有相应法规或规章加以规范。

2）实行保险。保险是指投保人根据合同约定，向保险人支付保险费，保险人对于合同约定的可能发生的事故（风险），因其发生所造成的财产损失承担保险金责任；或者当被保险人死亡、伤残、疾病或者达到合同约定的年龄、期限时承担给付保险金责任的商业保险行为。上述保险概念，前者为财产保险，后者为人身保险。工程保险是工程发包人和承包人转移风险的一种重要手段。当出现保险范围内的风险，造成经济损失时，工程发包人或承包人才可以向保险公司索赔，以获得相应的赔偿。一般在招标文件中，特别是在投标报价说明中都要求承包人作出保险的承诺。在我国建筑工程保险工作尚未与国际惯例接轨，但在《建筑工程施工合同（示范文本）》（GF—1999—0201）内也对工程一切险、第三方责任险、人身伤亡险和施工机械设备险等设置了相应条款。为了把工程保险制度逐渐推开，一方面要在修改施工合同示范文本时，向国际惯例接轨，另一个重要方面是要制定建筑工程保险章程和必要的法规或规章，以保证建筑工程保险制度的全面推行。

3）向分包商转移风险。有时有些条款建设单位不会作出让步，但承包商又必须接受，否则会失去承包工程资格。对此可采取其他措施予以补救，如在分包合同中，通常要求分包商接受建设单位合同文件中的各项合同条款，使分包商分担一部分风险。有的承包商直接把风险比较大的部分分包出去，将建设单位规定的误期损害赔偿费如数订入分包合同，将这些风险转移给分包商，从而减轻自身的风险压力。

3. 风险分离

风险分离是指将各风险单位分离间隔，以避免发生连锁反应或互相牵连。这种处理可以将风险局限在一定的范围内，从而达到减少损失的目的。为了尽量减少因汇率波动而招致的汇率风险，承包商可在若干不同的国家采购设备，付款采用多种货币。

4. 风险分散

风险分散与风险分离不一样，后者是对风险单位进行分离，限制以避免互相波及，从而发生连锁反应，而风险分散则是通过增加风险单位以减轻总体风险的压力，达到共同分摊集体风险的目的。对于工程承包商，多揽项目，广种薄收即可避免单一项目的过大风险。

5. 风险控制

风险控制是指使风险发生的概率和导致的损失降到最低程度。控制工程项目风险有如下几种主要措施：

（1）熟悉和掌握有关工程施工阶段的法律法规

涉及施工阶段的法律法规是保护工程发包承包双方利益的法定根据。发包承包双方只有熟悉和掌握这些法律法规，才能依据法律法规办事。政府主管建设的行政部门和相关的中介机构，不断地向工程发包承包双方宣传、讲解有关法律法规，提高发包承包双方用法律保护自己利益的意识，才能有效地依法控制工程风险。

（2）深入研究和全面分析招标文件

承包商取得招标文件后，应当深入研究和全面分析，正确理解招标文件，吃透建设单位的意图和要求。要全面分析投标人须知，详细审查图纸，复核工程量，分析合同文本，研究投标策略，以减少合同签订后的风险。政府主管部门或中介机构，要提供或及时修订招标文件范本，以规范建筑工程交易行为，保证施工招标竞争的公平性，利于发包承包双方控制风险。

（3）签订完善的施工合同

基于"利益原则"，作为承包人宁可不承包工程，也不能签订不利的、独立承担过多风险的合同。在工程施工过程中存在很多风险，问题是由谁来承担。减少或避免风险是施工合同谈判的重点。通过合同谈判，对合同条款拾遗补缺，尽量完整，防止不必要的风险；通过合同谈判，使合同能体现双方责权利关系的平衡和公平，对不可避免的风险，由双方合理分担。使用合同示范文本（或称标准文本）签订合同是使施工合同趋于完善的有效途径。由于合同示范文本内容完整，条款齐全，双方责权利明确、平衡，从而风险较小，对一些不可避免的风险，分担也比较公正合理。政府主管部门或中介机构，要提供不同类型工程施工合同示范文本，并不断修订和完善条款内容，对发包承包签订合同和控制风险都是十分有利的。

（4）掌握要素市场价格动态

要素市场价格变动是经常遇到的风险。在投标报价时，必须及时掌握要素市场价格，使报价准确合理，减少风险的潜在因素。但是在投标报价时往往对要素市场价格变化预测不周、考虑不足，特别是可调价格合同，要控制风险，必须随时掌握要素市场价格变化，及时按照合同约定调整合同价格，以减少风险。

（5）管理分包商，减少风险事件

对分包商的工程和工作，总包商负有协调和管理的责任，并承担由此造成的损失。所以对分包商的承包工程和其工作，要严格管理，督促分包商认真履行分包合同，把总、分包之间可能发生的风险，减少到最低程度。依据政府主管部门制定的建筑工程总分包管理办法，规范总、分包之间的行为，改变总、分包之间的无序现象。

（6）在履行合同中分析工程风险

虽然在合同谈判和签订过程中，对工程风险已经发现，但是合同中还会存在词语含糊、约定不具体、不全面、责任不明确，甚至矛盾的条款。因此，任何建筑工程施工合同履行过程中都要加强合同管理，分析不可避免的风险，如果不能及时、透彻地分析出风险，就不可能对风险有充分的准备，则在合同履行中很难进行有效的控制。特别是对风险大的工程更要强化合同分析工作，预防和减少损失的发生。

6. 风险自留

风险自留又称自留风险。这是指当风险不能避免或因风险有可能获利时，由自己承担风险的一种作法。风险自留分为有意识和无意识自留风险两种。无意识风险自留是指不知风险的存在而未作处理，或风险已经发生，但没有意识到而未作处理。有意识风险自留是指虽然明知风险事件已经发生，但经分析由自己承担风险更为方便，或者风险较小自己有能力承担，从而决定自己承担风险。也有采取设立风险基金的方法，损失发生后用基金弥补。在建筑工程固定价格合同中考虑一定比例的风险金，以前通常叫做不可预见费，就是对合同中明确的潜在风险的处理基金。风险基金的比例，取决于合同风险范围和对风险分析的结果。一旦出现风险，发生经济损失，由风险基金支付。

7. 风险综合管理

风险综合管理是指在施工合同的实施过程中，采取技术的、经济的和管理的措施，以提高应变能力和对风险的抵抗能力。对风险大的工程派遣最得力的项目经理、技术人员、合同管理人员等，组成精干的项目管理小组；在技术力量、机械设备、材料供应、资金供应、劳务安排等方面予以特殊对待，全力保证合同实施；做周密的计划，采取有效的检查、监督和控制手段。

风险综合管理的主要防范措施要注意落实到具体的分部分项工程上，例如：

（1）土方工程风险防范措施

土方开挖属建筑工程施工中高风险工程，应认真针对其风险源作好防范，积极采取有效对策。基本要求为：取得一切资料，全面掌握有关情况，积极采取防范措施。

1）塌方防范措施。防止开挖后塌方的关键是保证土坡的稳定。如严格按照规定放足边坡；控制坑（槽）周边的弃土、堆料及施工机械的开行和振动等。

2）滑坡防范措施。滑坡既有内因也有外因，内因是土体或岩体内层的方向与坡向角一致；外因是水和人工活动的影响，如填土、堆土、停放机具设备的影响，促使滑坡的发生。滑坡风险防范主要从控制外因着手，减少滑坡的诱发因素。

3）基底扰动防范措施。防止基底土壤扰动的关键是按规范要求挖土和排、降水，如分层分段依次开挖；开挖至设计基底标高时，应及时铺设基础垫层和进行基础工程。否则应留保护层，等基础工程施工前挖至规定标高。

4）流沙防范措施。产生流沙的主要原因是水，因此防水是首要防范措施。如合理选择施工时间，在地下水位低的枯水期施工；采用井点降水，使水位降低至规定要求等。

5）填方工程风险防范措施。填方工程的主要风险事故实际上是由于土的密实度不足所引起的，因此填方达到设计的密实度，就可以降低填方工程中的许多风险，避免许多事故的产生。

（2）钢筋混凝土结构工程风险防范措施

防止或减少各种工程质量事故或质量问题的发生，避免或减少由于事故而引起的财产损失和人员伤亡。

（3）钢结构工程风险防范措施

为了控制和减少风险，减少和避免事故的发生，保证工程质量，应该从设计、材料、制作和安装等方面采取必要的措施。

（4）建筑幕墙工程风险防范措施

为了控制和减少风险，保证幕墙工程质量，应该从设计、材料、制作和安装等方面采取必要的措施。如在幕墙安装施工时，应采取必要的安全措施。

（5）脚手架工程风险防范措施

脚手架质量检查，是风险防范及控制的最主要手段，脚手架的一般检查主要包括：脚手架搭设检查，特殊情况下的检查，使用阶段的检查，拆除阶段的检查。

总之，在对风险进行识别分析和评价之后，承包商应根据招标文件要求和自身实际情况，决定是否参加投标，一般而言，对于风险极其严重的项目，多数承包商会主动放弃；对于潜伏严重风险的项目，除非能找到有效的回避措施，应采取谨慎的态度；而对于存在一般风险的项目，承包商应从工程实施全过程，全面地、认真地研究风险因素和可以采用的减轻风险、转移风险、控制损失的防范对策。

复习思考题

1. 工程发包承包模式有哪些？

2. 按计价方式分类的施工合同类型有哪些？

3. 施工合同签订的原则有哪些？

4. 合同谈判准备有哪些？

5. 合同谈判的技巧有哪些？

6. 规定合同的工程范围应注意哪些问题？

7. 规定合同的合同文件应注意哪些问题？

8. 规定合同双方的一般义务应注意哪些问题？

9. 风险因素有哪几种分类方法？

10. 风险因素按风险来源有哪几种分类方法？

11. 风险评估的方法有哪些？

12. 举出工程施工中风险回避的两个例子。

13. 简述风险转移的具体方法。

14. 风险分离与风险分散有什么不同？

15. 简述风险控制的具体方法。

16. 合同实施偏差处理的措施有哪些？

第八章

施工索赔

【学习重点】

了解索赔的分类、原因，熟悉索赔的依据和程序，掌握索赔报告的内容、要求和索赔的计算，了解索赔的技巧和防范反索赔，掌握索赔案例的分析方法。

第一节　索赔概述

一、索赔的原因

索赔是在合同实施过程中，合同当事人一方因对方违约，或其他过错，或无法防止的外因而受到损失时，要求对方给予赔偿或补偿的活动。

广义地讲，索赔应当是双向的，既可以是承包人向发包人的索赔，也可以是发包人向承包人提出的索赔。一般称后者为反索赔。

施工索赔是在施工过程中，承包人根据合同和法律的规定，对并非由于自己的过错所造成的损失，或承担了合同规定之外的工作所付的额外支出，承包人向发包人提出在经济或时间上要求补偿的活动，我们讲的施工索赔是广义的索赔，还包括发包人对承包人的反索赔。施工索赔的性质属于经济补偿行为，而不是惩罚。索赔的损失结果与被索赔人的行为并不一定存在法律上的因果关系。索赔工作是承发包双方之间经常发生的管理业务，是双方合作的方式，而不是对立的。

据国外资料统计，施工索赔无论在数量或金额上，都在稳步增长。如在美国有人统计了由政府管理的 22 项工程，发生施工索赔的次数达 427 次，平均每项工程索赔约 20 次，索赔金额约占总合同额的 6％左右，索赔成功率占 93％。因此，承包人应当树立起索赔意识，重视索赔，善于索赔。

施工索赔发生的主要原因有以下八个方面：

（一）建筑过程的难度和复杂性增大

随着社会的发展，出现了越来越多的新技术、新工艺，发包人对项目建设的质量和功能要求越来越高，越来越完善。因而使设计难度不断增大，另一方面施工过程也变得更加复杂。由于设计难度加大，要求设计人在设计时，使用规范不出差错。尽善尽美是不可能的，因而往往在施工过程中随时发现问题，随时解决，需要进行设计变更，这就会导致施工费用的变化。

（二）建筑业经济效益的影响

有人说索赔是发包人和承包人之间经济效益"对立"关系的结果，这种认识是不对的，如果双方能够很好履约或得到了满意的收益，那么都不愿意计较另一方给自己造成的经济损失。反过来讲，假如双方都不能很好地履约，或得不到预期的经济效益，那么双方就容易为索赔的事件发生争议。基于这个前提，索赔与建筑业的经济效益低下有关。在投标报价中，承包人常采用"靠低标争标，靠索赔盈利"的策略，而发包人也常由于建筑成本的不断增加，预算常处于紧张状态。因此，合同双方都不愿承担义务或作出让步。所以工程施工索赔与建筑成本的增长及建筑业经济效益低下有着一定的联系。

（三）项目及管理模式的变化

在建筑市场中，工程建设项目采用招标投标制。有总承包、专业分包、劳务分包、材料设备供应分包等。这些单位会在整个项目的建设中发生经济方面、技术方面、工作方面的联系和影响。在工程实施过程中，管理上的失误往往是难免的。若一方失误，不仅会对自己造成损失，也会连累与此有关系的单位。特别是如果处于关键路线上的工程的延期，会对整个工程产生连锁反应。对此若不能采取有效措施及时解决，可能会产生一系列重大索赔。特别是采用边勘测边设计边施工的建设管理模式的尤为明显。

（四）发包人违约

发包人违约主要有以下 14 种情况：

（1）发包人未按合同规定交付施工场地。发包人应当按合同规定的时间、大小等交付施工场地，否则，承包人即可提出索赔要求。

（2）发包人交付的施工场地没有完全具备施工条件。发包人未在合同规定的期限内办理土地征用、青苗树木赔偿、房屋拆迁、清除地面和地下障碍等工作，施工场地没有或者没有完全具备施工条件。

（3）发包人未保证施工所用对水电及电信的需要。发包人未按合同规定将施工所需水、电、电信或线路从施工场地外部接至约定地点，或虽接至约定地点，但却没有保证施工期间的需要。

（4）发包人未保证施工期间运输的畅通。发包人没有按合同规定开通施工场地与城乡公共道路的通道，施工场地内的主要交通干道，没有满足施工运输的需要，不能保证施工期间运输的畅通。

（5）发包人未及时提供工地工程地质和地下管网线路资料。发包人没有按合同约定及时向承包人提供施工场地的工程地质和地下管网线路资料，或者提供的数据不符合真实准确的要求。

（6）发包人未及时办理施工所需各种证件。发包人未及时办理施工所需各种证件、批件和临时用地、占道及铁路专用线的申报批准手续，影响施工。

（7）发包人未及时交付水准点与坐标控制点。发包人未及时将水准点与坐标控制点以书面形式交给承包人。

（8）发包人未及时进行图纸会审及设计交底。发包人未及时组织设计单位和承包人进行图纸会审，未及时向承包人进行设计交底。

（9）发包人没有协调好工地周围建筑物等的保护。发包人没有妥善协调处理好施工现场周围地下管线和邻接建筑物、构筑物的保护，影响施工顺利进行。

（10）发包人没有提供应供的材料设备。发包人没有按合同的规定提供应由发包人提供的建筑材料、机械设备，影响施工正常进行的。

（11）发包人拖延合同规定的责任。例如拖延图纸的批准、拖延隐蔽工程的验收、拖延对承包人提问的答复，造成施工的延误。

（12）发包人未按合同规定支付工程款。发包人未按合同规定的时间和数量支付工程款，给承包人造成损失的，承包人有权提出索赔。

（13）发包人要求赶工，一般会引起承包人加大支出，也可导致承包人提出索赔。

（14）发包人提前占用部分永久工程，会给施工造成不利影响，也可引起承包人提出索赔。

（五）不可预见因素

（1）不可预见因素是指承包人在开工前，根据发包人所提供的工程地质勘探报告及现场资料，并经过现场调查，都无法发现的地下自然或人工障碍。如古井、墓坑、断层、溶洞及其他人工构筑物类障碍等。

不可预见因素在实际工程中，表现为不确定性障碍的情况更为常见。所谓不确定性障碍，是指承包人根据发包人所提供的工程地质勘探报告及现场资料，或经现场调查可以发现地下自然的或人工的障碍有存在，但因资料描述与实际情况存在较大差异，而这些差异导致承包人不能预先准确地作出处理方案及处置费用的障碍。

（2）其他第三方原因。其他第三方原因是指与工程有关的其他第三方所发生的问题对本工程的影响。其表现的情况是复杂多样的，难于划定某些范围。如下述情况：

1）正在按合同供应材料的单位因故被停止营业，使正需用的材料供应中断。

2）因铁路紧急调运救灾物资繁忙，正常物资运输造成压站，使工程设备迟于安装日期到场或不能配套到场。

3）进场设备运输必经桥梁因故断塌，使绕道运输费大增。

4）由于邮路原因，使发包人工程款没有按合同要求向对方付出应付款项等。

（六）国家政策、法规的变更

国家政策、法规的变更，通常是指直接影响到工程造价的某些政策及法规。我国正处在改革开放的发展阶段，新的经济法规、建设法规与标准不断出台和完善，价格管理逐步向市场调节过渡，对于这些变化因素，双方在签订合同时必须引起重视，具体如下：

（1）由工程造价管理部门发布的建筑工程材料预算价格调整。

（2）国家调整关于建设银行贷款利率的规定。

（3）国家有关部门关于在工程中停止使用某种设备、某种材料的通知。

（4）国家有关部门关于在工程中推广某些设备、施工技术的规定。

（5）国家对某种设备、建筑材料限制进口、提高关税的规定等。

显然，上述有关政策、法规对建筑工程的造价必然产生影响，一方可依据这些政策、法规的规定向另一方提出补偿要求。

（七）合同变更与合同缺陷

1. 对合同变更的影响分析

合同变更是索赔机会，应在合同规定的索赔有效期内完成对它的索赔处理。在合同变更过程中就应记录、收集、整理所涉及的各种文件，如图纸、各种计划、技术说明、规范和发包人的变更指令，以作为进一步分析的依据和索赔的证据。

由于合同中有索赔有效期的规定，在实际工作中，合同变更必须与提出索赔同步进行，甚至先进行索赔谈判，待达成一致后，再进行合同变更。在这里赔偿协议是关于合同变更的处理结果，也作为合同的一部分。

由于合同变更对工程施工过程的影响大，会造成工期的拖延和费用的增加，容易引起双方的争执。所以合同双方都应十分慎重地对待合同变更问题。

一个工程，合同变更的次数、范围和影响的大小与该工程招标文件（特别是合同条件）的完备性、技术设计的正确性，以及实施方案和实施计划的科学性直接相关。

2. 合同缺陷

合同缺陷是指所签订的施工合同进入实施阶段才发现的、合同本身存在的（合同签订时没有预料的）现时已不能再作修改或补充的问题。

大量的工程合同管理经验证明，合同在实施过程中，常发现有如下缺陷：

（1）合同条款规定用语含糊、不够准确，难以分清承发包双方的责任和权益。

（2）合同条款中存在着漏洞。对实际可能发生的情况未做预料和规定，缺少某些必不可少的条款。

（3）合同条款之间存在矛盾。在不同的条款中，对同一问题的规定或要求不一致。

（4）双方对某些条款理解不一致。由于合同签订前没有把各方对合同条款的理解进行沟通，发生合同争执。

（5）合同的某些条款中隐含着较大风险，即对单方面要求过于苛刻、约束不平衡，甚至发现条文是一种圈套。

（八）合同中止与解除

实际工作中，任何事物的发展都不可能像人们预先想象的那样完善、顺利。由于国家政治的变化，不可抗力以及承发包双方之外的原因导致工程停建或缓建的情况时有发生，必然造成合同中止。另外，由于在合同履行中，承发包双方在工作合作中不协调、不配合甚至矛盾激化，使合同履行不能再维持下去的情况；或承包人严重违约，发包人行使驱除权解除合同等，都会产生合同的解除。由于合同的中止或解除是在施工合同还没有履行完而发生的，必然对施工工程双方产生经济损失，发生索赔是难免的。但引起合同中止与解除的原因不同，索赔方的要求及解决过程也大不一样。

二、索赔的分类

工程施工过程中发生索赔所涉及的内容是广泛的，施工索赔分类的方法很多，从不同的角度，有不同的分类方法。

（一）按索赔事件所处合同状态分类

1. 正常施工索赔

它是指在正常履行合同中发生的各种违约、变更、不可预见因素、加速施工、政策变化等引起的索赔。

2. 工程停、缓建索赔

它是指已经履行合同的工程因不可抗力、政府法令、资金或其他原因必须中途停止施工所引起的索赔。

3. 解除合同索赔

它是指因合同中的一方严重违约，致使合同无法正常履行的情况下，合同的另一方行使解除合同的权力所产生的索赔。

（二）按索赔发生的原因分类

（1）发包人违约索赔；

（2）工程量增加索赔；

（3）不可预见因素索赔；

（4）不可抗力损失索赔；

（5）加速施工索赔；

（6）工程停建、缓建索赔；

（7）解除合同索赔；

（8）第三方因素索赔；

（9）国家政策、法规变更索赔。

（三）按索赔的目的分类

1. 工期延长索赔

它是指承包人对施工中发生的非承包人直接或间接责任事件造成计划工期延误后向发包人提出的赔偿要求。

2. 费用索赔

它是指承包人对施工中发生的非承包人直接或间接责任事件造成的合同价外费用支出向发包人提出的赔偿要求。

（四）按索赔依据的范围分类

1. 合同内索赔

它是指索赔涉及的内容在合同文件中能够找到依据，发包人或承包人可以据此提出赔偿要求的索赔。如工期延误，工程变更，工程师给出错误数据导致放线的差错，发包人不按合同规定支付进度款等。这种在合同文件中有明文规定的条款，常称为"明示条款"。这类索赔不大容易发生争议，往往容易索赔成功。

2. 合同外索赔

它是指难于直接从合同的某条款中找到依据，但可以从对合同条件的合理推断或同其他的有关条款联系起来论证该索赔是合同规定的索赔。这种隐含在合同条款中的要求，国际上常称为"默示条款"。它包含合同明示条款中没有写入，但符合合同双方签订合同时设想的愿望和当时的环境条件的一切条款。这些默示条款，都成为合同文件的有效条款，要求合同双方遵照执行。例如：在一些国际工程的合同条件中，对于外汇汇率变化给承包人带来的经济损失，并无明示条款规定；但是，由于承包人确实受到了汇率变化的损失。有些汇率变化与工程所在国政府的外汇政策有关。承包人因而有权提出汇率变化损失索赔。这虽然属于非合同规定的索赔，但亦能得到合理的经济补偿。

3. 道义索赔

它是指通情达理的发包人看到承包人为圆满成功的完成某项困难的施工，承受了额外费用损失，甚至承受重大亏损，承包人提出索赔要求时，发包人出于善良意愿给承包人以适当的经济补偿，因在合同条款中没有此项索赔的规定，所以也称为"额外支付"，这往往是合同双方友好信任的表现，但较为罕见。

（五）按索赔的有关当事人分类

（1）承包人同发包人之间的索赔；

（2）总承包人同分包人之间的索赔；

（3）承包人同供货商之间的索赔；

（4）承包人向保险公司、运输公司索赔等。

（六）按索赔的业务性质分类

1. 工程索赔

它是指涉及工程项目建设中施工条件或施工技术、施工范围等变化引起的索赔，一般发生频率高，索赔费用大，这是本章论述的重点。

2. 商务索赔

它是指实施工程项目过程中的物资采购、运输、保管等方面活动引起的索赔事项。由于供货商、运输公司等在物资数量上短缺，质量上不符合要求，运输损坏或不能按期交货等原因，给承包人造成经济损失时，承包人向供货商、运输商等提出索赔要求；反之，当承包商不按合同规定付款时，则供货商或运输商向承包人提出索赔等。

（七）按索赔中合同主从关系分类

（1）工程承包合同索赔；

（2）工程承包合同索赔可能涉及的其他从属合同的索赔。发包人或承包人为工程建设而签订的从属合同有：借款合同、技术协作合同、加工合同、运输合同、材料供应合同等。

（八）按索赔的处理方式分类

1. 单项索赔

它是指采取一事一索赔的方式，即在每一件索赔事项发生后，报送索赔通知书，编报索赔报告，要求单项解决支付，不与其他的索赔事项混在一起。这是工程索赔通常采用的方式，它避免了多项索赔的相互影响和制约，解决起来较容易。

2. 总索赔

它又称综合索赔、一揽子索赔，是指承包人在工程竣工结算前，将施工过程中未得到解决的或承包人对发包人答复不满意的单项索赔集中起来，综合提出一份索赔报告，综合在一起索赔。采取这种方式进行索赔，是在特定的情况下被迫采用的一种索赔方法。有时候，在施工过程中受到非常严重的干扰，以致承包人的全部施工活动与原来的计划大不相同，原合同规定的工作与变更后的工作相互混淆，承包人无法为索赔保持准确而详细的成本记录资料，无法分辨哪些费用是原定的，哪些费用是新增的，在这种条件下，无法采用单项索赔的方式。但注意总索赔方式应尽量避免采用，因为它涉及的因素十分复杂，且纵横交错，不太容易索赔成功。

（九）按索赔管理策略上的主动性分类

1. 索赔

主动寻找索赔机会，分析合同缺陷，抓住对方的失误，研究索赔的方法，总结索赔经验，提高索赔的成功率，把索赔管理作为工程及合同管理的重要组成部分。

2. 反索赔

在索赔管理策略上表现为防止被索赔，不给对方留有进行索赔的漏洞。使对方找不到索赔机会，在工程管理中体现为签订严密的合同条款，避免自方违约，当对方向自己提出索赔时，对索赔理由进行反驳，以达到减少索赔额度甚至否定对方索赔要求之目的。

三、索赔的依据

任何索赔事件的确立，其前提条件是必须有正当的索赔依据。对正当索赔依据的说明必须具有证据，因为索赔的进行主要是靠证据说话。没有证据或证据不足，索赔是难以成功的。这正如建设工程施工合同中所规定的，当一方向另一方提出索赔时，要有正当索赔理由，且有索赔事件发生时的有效证据。

（一）对索赔证据的要求

（1）真实性，索赔证据必须是在实施合同过程中确实存在和发生的，必须完全反映实际情况，能经得住推敲；

（2）全面性，所提供的证据应能说明事件的全过程。索赔报告中涉及的索赔理由、事件过程、影响、索赔值等都应有相应证据，不能零乱和支离破碎；

（3）关联性，索赔的证据应当能够互相说明，相互具有关联性，不能互相矛盾；

（4）及时性，索赔证据的取得及提出应当及时；

（5）具有法律证明效力，一般要求证据必须是书面文件、有关记录、协议、纪要，工程中重大事件、特殊情况的记录、统计必须由工程师签证认可。

（二）索赔证据的种类

（1）招标文件、工程合同及附件、发包人认可的施工组织设计、工程图纸、技术规范等；

（2）工程各项有关设计交底记录、变更图纸、变更施工指令等；

（3）工程各项经发包人或监理工程师签认的签证；

（4）工程各项往来信件、指令、信函、通知、答复等；

（5）工程各项会议纪要；

（6）施工计划及现场实施情况记录；

（7）施工日志及工长工作日志、备忘录；

（8）工程送电、送水，道路开通、封闭的日期及数量记录；

（9）工程停电、停水和干扰事件影响的日期及恢复施工的日期；

（10）工程预付款、进度款拨付的数额及日期记录；

（11）图纸变更、交底记录的送达份数及日期记录；

（12）工程有关施工部位的照片及录像等；

（13）工程现场气候记录，有关天气的温度、风力、雨雪等；

（14）工程验收报告及各项技术鉴定报告等；

（15）工程材料采购、订货、运输、进场、验收、使用等方面的凭据；

（16）工程会计、核算资料；

（17）国家、省、自治区、市有关影响工程造价、工期的文件、规定等。

第二节　索赔的程序

要搞好索赔，不仅要善于发现和把握住索赔的机会，更重要的是要会处理索赔，施工索赔的程序如下：

一、索赔意向通知

发现索赔或意识到存在索赔机会后，承包人要做的第一件事就是要将自己的索赔意向书面通知给监理工程师发包人。这种意向通知是非常重要的，它标志着一项索赔的开始，FIDIC《土木工程施工合同条件》第53条规定："在引起索赔事件第一次发生之后的28天内，承包人将他的索赔意向以书面形式通知工程师，同时将1份副本呈交发包人"。事先向监理工程师（发包人）通知索赔意向，这不仅是承包人要取得补偿的必须首先遵守的基本要求之一，也是承包人在整个合同实施期间保持良好的索赔意识的最好方法。

索赔意向通知，通常包括以下四个方面的内容：

（1）事件发生的时间和情况的简单描述；

（2）合同依据的条款和理由；

（3）有关后续资料的提供，包括及时记录和提供事件发展的动态；

（4）对工程成本和工期产生的不利影响的严重程度，以期引起监理工程师（发包人）的注意。

一般索赔意向通知仅仅是表明意向，应简明扼要，涉及索赔内容但不涉及索赔金额。

二、索赔报告提交

承包人应在承包合同规定的期限内（一般为突出索赔意向的28天内），或监理工程师可能同意的其他合理时间内递送正式的费用索赔报告。索赔报告的内容应包括：索赔的合同依据、索赔的详细理由、索赔事件发生的经过、索赔的要求（金额或工程延期的天数)及计算方法，并要附相应的证明材料。如果索赔事件的影响持续存在，在合同规定的期限内还不能算出索赔额和工期展延天数时，承包人应按监理工程师合理要求的时间间隔，定期陆续报出每一个时间段内的索赔证据资料和索赔要求。在该项索赔事件的影响结束后，报出最终详细报告，提出索赔论证资料和累计索赔额。

索赔的关键问题在于"索"，承包人不积极主动去"索"，发包人没有任何义务去"赔"，因此，提交索赔报告本身就是"索"，但要让建设单位"赔"，提交索赔报告，还只是刚刚开始，承包人还有许多更艰难的工作。

三、索赔报告的评审

监理工程师(承包人)接到承包的索赔报告后，应该马上仔细阅读报告，并对不合理的索赔进行反驳或提出疑问，监理工程师将自己掌握的资料和处理索赔的工作经验可能就以下问题提出质疑：

(1) 索赔事件不属于发包人和监理工程师的责任，而是第三方的责任；

(2) 事实和合同依据不足；

(3) 承包人未能遵守索赔意向通知的要求；

(4) 合同中的开脱责任条款已经免除了发包人补偿的责任；

(5) 索赔是由不可抗力引起的，承包人没有划分和证明双方责任的大小；

(6) 承包人没有采取适当措施避免或减少损失；

(7) 承包人必须提供进一步的证据；

(8) 损失计算夸大；

(9) 承包人以前已明示或暗示放弃了此次索赔的要求等等。

在评审过程中，承包人应对监理工程师提出的各种质疑作出圆满的答复。

四、索赔谈判

经过监理工程师对索赔报告的评审，与承包人进行了较充分的讨论后，监理工程师应提出索赔处理决定的初步意见，并参加发包人和承包人进行的索赔谈判，通过谈判，作出索赔的最后决定。

第三节　索　赔　报　告

一、索赔报告的内容

索赔报告是承包人向监理工程师(建设单位)提交的一份要求发包人给予一定经济(费用)补偿和(或)延长工期的正式报告。

（一）索赔报告的基本内容

（1）题目。高度概括索赔的核心内容，如"关于×××事件的索赔"。

（2）事件。陈述事件发生的过程，如工程变更情况，施工期间监理工程师的指令，双方往来信函、会谈的经过及纪要，着重指出发包人(监理工程师)应承担的责任。

（3）理由。提出作为索赔依据的具体合同条款、法律、法规依据。

（4）结论。指出索赔事件给承包人造成的影响和带来的损失。

（5）计算。列出费用损失或工程延期的计算公式(方法)、数据、表格和计算结果，并依此提出索赔要求。

（6）总索赔。总索赔应在上述各分项索赔的基础上提出索赔总金额或工程总延期天数的要求。

（7）附录。各种证据材料，即索赔证据。

（二）索赔报告的报送时间和方式

索赔报告一定要在索赔事件发生后的有效期(一般为28天)内报送，过期索赔无效。对于新增的工程量、附加工作等应一次性提出索赔要求，并在该项工程进行到一定程度，能计算出索赔额时，提交索赔报告；对于已征得监理工程师同意的合同外工作项目的索赔，可以在每月上报完成工程量结算单的同时报送。

二、索赔报告编写的要求

需要特别注意的是索赔报告的表述方式对索赔的解决有重大影响。一般要注意以下几方面：

（1）索赔事件要真实、证据确凿。索赔针对的事件必须实事求是，有确凿的证据，令对方无可推卸和辩驳。对事件叙述要清楚明确，避免使用"可能"、"也许"等估计猜测性语言，造成索赔说服力不强。

（2）责任分析应清楚、准确。在报告中所提出索赔的事件的责任是对方引起的。应把全部或主要责任推给对方，不能有责任含混不清和自我批评式的语言，这样会丧失自己在索赔中的有利地位，使索赔失败。

（3）索赔值的计算依据要正确，计算结果要准确。计算依据要用文件规定的公认合理的计算方法，并加以适当的分析。数字计算上不要有差错，一个小的计算错误可能影响到整个计算结果，容易给人在索赔的可信度上造成不好的印象。

（4）在索赔报告中，要强调事件的不可预见性和突发性，说明承包人对它不可能有准备，也无法预防，并且承包人为了避免和减轻该事件的影响和损失已尽了最大的努力，采取了能够采取的措施，从而使索赔理由更加充分，更易于对方接受。

（5）明确阐述由于干扰事件的影响，使承包人的工程施工受到严重干扰，并为此增加了支出，拖延了工期，表明干扰事件与索赔有直接的因果关系。

（6）索赔报告书写用语要婉转和恰当，避免使用强硬、不客气的抗拒式的语言，不能因语言而伤害了和气及双方的感情。切忌断章取义、牵强附会、夸大其词，否则会给索赔带来不利的影响。

第四节 索赔的计算

一、工期索赔计算

工期索赔的目的是取得发包人对于合理延长工期的合法性的确认。

在工期索赔中，首先要确定索赔事件发生对施工活动的影响及引起的变化，其次再分析施工活动变化对总工期的影响。常用的计算工期索赔的方法有如下四种：

1. 网络图分析法

网络图分析法是利用进度计划的网络图，分析其关键线路，如果延误的工作为关键工作，则延误的时间为索赔的工期；如果延误的工作为非关键工作，当该工作由于延误超过时差限制而成为关键工作时，可以索赔延误时间与时差的差值；若该工作延误后仍为非关键工作，则不存在工期索赔的问题。

可以看出，网络图分析法要求承包人切实使用网络技术进行进度控制，才能依据网络计划提出工期索赔。这是一种科学合理的计算方法，容易得到认可，适用于各类工期索赔。

2. 对比分析法

对比分析法比较简单，适用于索赔事件仅影响单位工程或分部分项工程的工期，需由此而计算对总工期的影响。计算公式为：

$$总工期索赔 = 原合同总工期 \times \frac{额外或新增工程量价格}{原合同总价} \tag{8-1}$$

3. 劳动生产率降低计算法

在索赔事件干扰正常施工导致劳动生产率降低，而使工期拖延时，可按下式计算：

$$索赔工期 = 计划工期 \times \frac{(预期劳动生产率 - 实际劳动生产率)}{预期劳动生产力} \tag{8-2}$$

4. 简单累加法

在施工过程中，由于恶劣气候、停电、停水及意外风险造成全面停工而导致工期拖延时，可以一一列举各种原因引起的停工天数，累加结果，即可作为索赔天数。应该注意的是由多项索赔事件引起的总工期索赔，最好用网络图分析法计算索赔工期。

二、费用索赔计算

（一）经济损失索赔及其费用项目构成

经济损失索赔是施工索赔的主要内容。承包人通过费用损失索赔，要求发包人对索赔事件引起的直接损失和间接损失给予合理的经济补偿。费用项目构成、计算方法与合同报价中基本相同，但具体的费用构成内容却因索赔事件性质不同而有所不同。

（二）经济损失索赔额的计算

1. 总费用法和修正的总费用法

总费用法又称总成本法，就是计算出该项工程的总费用，再从这个已实际开支的总费用中减去投标报价时的成本费用，即为要求补偿的索赔费用额。

总费用法并不十分科学，但仍被经常采用，原因是对于某些索赔事件，难于精确地确定它们导致的各项费用增加额。

一般认为在具备以下条件时采用总费用法是合理的：

（1）已开支的实际总费用经过审核，认为是比较合理的；

（2）承包人的原始报价是比较合理的；

（3）费用的增加是由于对方原因造成的，其中没有承包人管理不善的责任；

（4）由于该项索赔事件的性质和现场记录的不足，难于采用更精确的计算方法。

修正总费用是指对难于用实际总费用进行审核的，可以考虑是否能计算出与索赔事件有关的单项工程的实际总费用和该单项工程的投标报价。若可行，可按其单项工程的实际费用与报价的差值来计算其索赔的金额。

2. 分项法

分项法是将索赔的损失费用分项进行计算，其内容如下：

（1）人工费索赔

人工费索赔包括额外雇佣劳务人员、加班工作、工资上涨、人员闲置和劳动生产率降低的工时所花费的费用。

对于额外雇佣劳务人员和加班工作，用投标时人工单价乘以工时数即可，对于人员闲置费用，发包人通常认为不应计算闲置人员奖金、福利等报酬，所以折扣余数一般为0.75，工资上涨是指由于工程变更，使承包人的大量人力资源的使用从前期推到后期，而后期工资水平上调，因此应得到相应的补偿。

有时监理工程师指令进行计日工，则人工费按计日工表中的人工单价计算。

对于劳动生产率降低导致的人工费索赔，一般有以下两种计算方法：

1）实际成本和预算成本比较法。这种方法是对受干扰影响工作的实际成本进行比较，索赔其差额。这种方法需要有正确合理的估价体系和详细的施工记录。这样索赔，只要预算成本和实际成本计算合理，成本的增加确属发包人的原因，其索赔成功的把握性是很大的。

2）正常施工期与受影响期比较法。这种方法是在承包人的正常施工受到干扰，生产率下降，通过比较正常条件下的生产率和干扰状态下的生产率，得出生产率降低值，以此为基础进行索赔。

（2）材料费索赔

材料费索赔主要包括材料消耗量和材料价格的增加而增加的费用。追加额外工作、变更工程性质、改变施工方案等，都可能造成材料用量的增加或使用不同的材料。材料价格增加的原因包括材料价格上涨，手续费增加，运输费用增加可能是运距加长，二次倒运等原因。仓储费增加可能是因为工作延误，使材料储存的时间延长导致费用增加。

材料费索赔需要提供准确的数据和充分的证据。

（3）施工机械费索赔

机械费索赔包括增加台班数量、机械闲置或工作效率降低、台班费率上涨等费用。通常有以下两种方法：

1）采用公布的行业标准的租赁费率。承包人采用租赁费率是基于以下两种考虑：一是如果承包商的自有设备不用于施工，他可将设备出租而获利；二是虽然设备是承包人自有，他却要为该设备的使用支出一笔费用，这费用应与租用某种设备所付出的代价相等。因此在索赔计算中，施工机械的索赔费用的计算表达如下：

$$\text{机械索赔费}＝\text{设备额外增加工时（包括闲置）}×\text{设备租赁费率} \qquad (8-3)$$

这种计算，发包人往往会提出不同的意见，他认为承包人不应得到使用租赁费率中所得到的附加利润。因此一般将租赁费率打一折扣。

2）参考定额标准进行计算。在进行索赔计算中，采用标准定额中的费率或单价是一种能为双方所接受的方法。对于监理工程师指令实施的计日工作，应采用计日工作表中的机械设备单价进行计算。对于租赁的设备，均采用租赁费率。在处理设备闲置的单价时，一般都建议对设备标准费率中的不变费用和可变费用分别扣除 50% 和 25%。

（4）现场管理费索赔

现场管理费包括工地的临时设施费、通信费、办公费、现场管理人员和服务人员的工资等。

现场管理费索赔计算的方法一般公式为：

$$\text{现场管理费索赔值}＝\text{索赔的直接成本费用}×\text{现场管理费率} \qquad (8-4)$$

现场管理费率的确定选用下面的方法：

1）合同百分比法，即管理费比率在合同中规定。

2）行业平均水平法，即要采用公开认可的行业标准费率。

3）原始估价法，即采用承包报价时确定的费率。

4）历史数据法，即采用以往相似工程的管理费率。

（5）公司管理费索赔

公司管理费是承包人的上级部门提取的管理费，如公司总部办公楼折旧费，总部职员工资、交通差旅费，通信、广告费等。公司管理费是无法直接计入某具体合同或某项具体工作中，只能按一定比例进行分摊的费用。

公司管理费与现场管理费相比，数额较为固定。一般仅在工程延期和工程范围变更时才允许索赔公司管理费。目前在国外应用得最多的公司管理费索赔的计算方法是埃尺利（Eichialy）公式。该公式可分为两种形式，一是用于延期索赔计算的日费率分摊法，二是用于工作范围索赔的工程总直接费用分摊法。

1）日费率分摊法。在延期索赔中采用，计算公式为：

$$\begin{matrix}\text{延期合同应}\\\text{分摊的管理费}\end{matrix}(A)＝\frac{\text{延期合同额}}{\text{同期公司所有合同额之和}}×\begin{matrix}\text{同期公司总}\\\text{计划管理费}\end{matrix} \qquad (8-5)$$

$$\text{单位时间（日或周）管理费率}(B)＝\frac{(A)}{\text{计划合同工期（日或周）}} \qquad (8-6)$$

$$管理费索赔值(C)＝(B)×延期时间(日或周) \tag{8-7}$$

2）总直接费分摊法。在工作范围变更索赔中采用，计算公式为：

$$被索赔合同应分摊的管理费(A_1)＝\frac{被索赔合同原计划直接费}{同期公司所有合同直接费总和}×同期公司计划管理费总和 \tag{8-8}$$

$$每元直接费包含管理费率(B_1)＝\frac{(A_1)}{被索赔合同原计划直接费} \tag{8-9}$$

$$应索赔的公司管理费(C_1)＝(B_1)×工作范围变更索赔的直接费 \tag{8-10}$$

埃尺利(Eichialy)公式最适用的情况是：承包人应首先证明由于索赔事件出现确实引起管理费用的增加。在工程停工期间，确实无其他工程可干；对于工作范围索赔的额外工作的费用不包括管理费，只计算直接成本费。如果停工期间短，时间不长，工程变更的索赔费用中已包括了管理费，埃尺利公式将不再适用。

（6）融资成本、利润与机会利润损失的索赔

融资成本又称资金成本，即取得和使用资金所付出的代价，其中最主要的是支付资金供应者利息。

由于承包人只有在索赔事件处理完结以后一段时间内才能得到其索赔费用，所以承包人不得不从银行贷款或以自有资金垫付，这就产生了融资成本问题，主要表现在额外贷款利息的支付和自有资金的机会利润损失，可以索赔利息的有以下两种情况：

1）发包人推迟支付工程款和保留金，这种金额的利息通常以合同约定的利率计算。

2）承包人借款或动用自有资金来弥补合法索赔事项所引起的现金流量缺口。在这种情况下，可以参照有关金融机构的利率标准，或者假定把这些资金用于其他工程承包可得到的收益来计算索赔费用，后者实际上是机会利润损失。

利润是完成一定工程量的报酬，因此在工程量增加时可索赔利润。不同的国家和地区对利润的理解和规定不同，有的将利润归入公司管理费中，则不能单独索赔利润。

机会利润损失是由于工程延期或合同终止而使承包人失去承揽其他工程的机会而造成的损失。在某些国家和地区，是可以索赔机会利润损失的。

第五节　索赔的技巧

一、索赔的策略

工程索赔是一门涉及面广，融技术、经济、法律为一体的边缘学科，它不仅是一门科学，又是一门艺术。要想索赔成功，必须要有强有力的、稳定的索赔班子，正确的索赔战略和机动灵活的索赔技巧是取得索赔成功的关键。

（一）组建强有力的、稳定的索赔班子

索赔是一项复杂细致而艰巨的工作，组建一个知识全面、有丰富索赔经验、稳定的

索赔小组从事索赔工作是索赔成功的首要条件。索赔小组应由项目经理、合同法律专家、建造师、造价师、项目管理师、会计师、施工工程师和文秘公关人员组成。索赔人员要有良好的素质，需懂得索赔的战略和策略，工作要勤奋、务实、不好大喜功，头脑要清晰，思路要敏捷，懂逻辑，善推理，懂得搞好各方的公共关系。

索赔小组的人员一定要稳定，不仅各负其责，而且每个成员要积极配合，齐心协力，对内部讨论的战略和对策要保密。

（二）确定索赔目标

承包人的索赔目标是指承包商对索赔的基本要求，可对要达到的目标进行分解，按难易程度进行排队，并大致分析它们实现的可能性，从而确定最低、最高目标。

分析实现目标的风险，如能否抓住索赔机会，保证在索赔有效期内提出索赔，能否按期完成合同规定的工程量，执行发包人加速施工指令，能否保证工程质量，按期交付工作，工程中出现失误后的处理办法等等。总之要注意对风险的防范，否则，就会影响索赔目标的实现。

（三）对被索赔方的分析

分析对方的兴趣和利益所在，要让索赔在友好和谐的气氛中进行，处理好单项索赔和总索赔的关系，对于理由充分而重要的单项索赔应力争尽早解决，对于发包人坚持拖后解决的索赔，要按发包人意见认真积累有关资料，为总索赔解决准备充分的资料。需根据对方的利益所在，对双方感兴趣的地方，承包人就在不过多损害自己的利益的情况下作适当让步，打破问题的僵局。在责任分析和法律方面要适当，在对方愿意接受索赔的情况下，就不要得理不让人，否则反而达不到索赔目的。

（四）承包人的经营战略分析

承包人的经营战略直接制约着索赔的策略和计划，在分析发包人情况和工程所在地的情况以后，承包人应考虑有无可能与建设单位继续进行新的合作，是否在当地继续扩大业务，承包人与发包人之间的关系对当地开展业务有何影响等等。这些问题决定着承包人的整个索赔要求和解决的方法。

（五）相关关系分析

利用监理工程师、设计单位、发包人的上级主管部门对发包人施加影响，往往比同发包人直接谈判有效，承包人要同这些单位搞好关系，展开"公关"，取得他们的同情与支持，并与发包人沟通，这就要求承包人对这些单位的关键人物进行分析，同他们搞好关系，利用他们同发包人的微妙关系从中调解、调停，能使索赔达到十分理想的效果。

（六）谈判过程分析

索赔一般都在谈判桌上最终解决，索赔谈判是双方面对面的较量，是索赔能否取得成功的关键。一切索赔的计划和策略都是在谈判桌上体现和接受检验，因此，在谈判之前要做好充分准备，对谈判的可能过程要做好分析，如怎样保持谈判的友好和谐气氛，估计对方在谈判过程中会提什么问题，采取什么行动，我方应采取什么措施争取有利的时机等等。因为索赔谈判是承包人要求发包人承认自己的索赔，承包人处于很不利的地位，如果谈判一开始就气氛紧张、情绪对立，有可能导致发包人拒绝谈判，使谈判旷日持久，这是最不利索赔问题解决的，谈判应从发包人关心的议题入手，从发包人感兴趣的问题开谈，使谈判气氛保持友好和谐是很重要的。

谈判过程中要重事实、重证据，既要据理力争、坚持原则，又要适当让步、机动灵活，所谓索赔的"艺术"，常常在谈判桌上能得到充分的体现，所以，选择和组织好精明强干、有丰富的索赔知识及经验的谈判班子就显得极为重要。

二、索赔的技巧

索赔的技巧是为索赔的策略目标服务的，因此，在确定了索赔的策略目标之后，索赔技巧就显得格外重要，它是索赔策略的具体体现。索赔技巧应因人、因客观环境条件而异。

（一）要及早发现索赔机会

一个有经验的承包人，在投标报价时就应考虑将来可能要发生索赔的问题，要仔细研究招标文件中合同条款和规范，仔细查勘施工现场，探索可能索赔的机会，在报价时要考虑索赔的需要。在进行单价分析时，应列入生产效率，把工程成本与投入资源的效率结合起来，这样，在施工过程中论证索赔原因时，可引用效率降低来论证索赔的根据。

在索赔谈判中，如果没有生产效率降低的资料，则很难说服监理工程师和发包人，索赔无取胜可能。反而可能被认为，生产效率的降低是承包人施工组织不好，没有达到投标时的效率，应采取措施提高效率，赶上工期。

要论证效率降低，承包人应做好施工记录，记录好每天使用的设备、工时、材料和人工数量、完成的工程量和施工中遇到的问题。

（二）商签好合同协议

在商签合同过程中，承包人应对明显把重大风险转嫁给承包人的合同条件提出修改的要求，对其达成修改的协议应以"谈判纪要"的形式写出，作为该合同文件的有效组成部分。特别要对发包人开脱责任的条款特别注意，如：合同中不列索赔条款；拖期付款无时限，无利息；没有调价公式；发包人认为对某部分工程不够满意，即有权决定扣减工程款；发包人对不可预见的工程施工条件不承担责任等等。如果这些问题在签订合同协议时不谈判清楚，承包人就很难有索赔的机会。

（三）对口头变更指令要得到确认

监理工程师常常乐于用口头指令变更，如果承包人不对监理工程师的口头指令予以书面确认，就进行变更工程的施工，此后，有的监理工程师矢口否认，拒绝承包人的索赔要求，使承包人有苦难言，索赔无证据。

（四）及时发出"索赔通知书"

一般合同规定，索赔事件发生后的一定时间内，承包人必须送出"索赔通知书"，过期无效。

（五）索赔事件论证要充足

承包合同通常规定，承包人在发出"索赔通知书"后，每隔一定时间（28天），应报送一次证据资料，在索赔事件结束后的28天内报送总结性的索赔计算及索赔论证，提交索赔报告。索赔报告一定要令人信服，经得起推敲。

（六）索赔计价方法和款额要适当

索赔计算时采用"附加成本法"容易被对方接受，因为这种方法只计算索赔事件引起的计划外的附加开支，计价项目具体，使经济索赔能较快得到解决。另外索赔计价不能过高，要价过高容易让对方发生反感，使索赔报告束之高阁，长期得不到解决。另外还有可能让发包人准备周密的反索赔计价，以高额的反索赔对付高额的索赔，使索赔工作更加复杂化。

（七）力争单项索赔，避免总索赔

单项索赔事件简单，容易解决，而且能及时得到支付。总索赔问题复杂，金额大，不易解决，往往到工程结束后还得不到付款。

（八）坚持采取"清理账目法"

承包人往往只注意接受发包人对某项索赔的当月结算索赔款，而忽略了该项索赔款的余额部分，没有以文字的形式保留自己今后获得余额部分的权利，等于同意并承认了发包人对该项索赔的付款，以后对余额再无权追索。

因为在索赔支付过程中，承包人和监理工程师对确定新单价和工程量方面经常存在不同意见。按合同规定，监理工程师有决定单价的权力，如果承包人认为监理工程师的决定不尽合理，而坚持自己的要求时，可同意接受监理工程师决定的"临量单价"，或"临时价格"付款，先拿到一部分索赔款，对其余不足部分，则书面通知监理工程师和发包人，作为索赔款的余额，保留自己的索赔权利，否则，将失去将来要求付款的权利。

（九）力争友好解决，防止对立情绪

索赔争端是难免的，如果遇到争端不能理智协商讨论问题，会使一些本来可以解决的问题悬而未决。承包人尤其要头脑冷静，防止对立情绪，力争友好解决索赔争端。

（十）注意同监理工程师搞好关系

监理工程师是处理解决索赔问题的公正的第三方，注意同监理工程师搞好关系，争取监理工程师的公正裁决，竭力避免仲裁或诉讼。

第六节　反　索　赔

一、反索赔的概述

（一）反索赔的意义

反索赔对合同双方有同等重要的意义，主要表现在：

1. 减少和防止损失的发生

如果不能进行有效的反索赔，不能推卸自己对干扰事件的合同责任，则必须满足对方的索赔要求，支付赔偿费用，致使我方蒙受损失。由于合同双方利益不一致，索赔和反索赔又是一对矛盾，所以一个索赔成功的案例，常常又是反索赔不成功的案例。

2. 避免被动挨打的局面

不能进行有效的反索赔，处于被动挨打的局面，会影响工程管理人员的士气，进而影响整个工程的施工和管理。工程中常常有这种情况，由于不能进行有效的反索赔，自己会处于被动地位，在双方交往时丧失主动权。而许多承包人也常采用这个策略，在工程刚开始就抓住时机进行索赔，以打掉对方管理人员的锐气和信心，使他们受到心理上的挫折，这是应该防止的。对于苛刻的对手必须针锋相对，丝毫不让。

3. 不能进行有效的反索赔，同样也不能进行有效的索赔

承包人的工作漏洞百出，对对方的索赔无法反击，则无法避免损失的发生，也无力追回损失，索赔的谈判通常有许多回合，由于工程的复杂性，对干扰事件常常双方都有责任，所以索赔中有反索赔，反索赔中又有索赔，形成一种错综复杂的局面。不同时具备攻防本领是不能取胜的。这里不仅要对对方提出的索赔进行反驳，而且要反驳对方对己方索赔的反驳。

所以索赔和反索赔是不可分离的。人们必须同时具备这两个方面的本领。

(二) 反索赔的原则

反索赔的原则是，以事实为根据，以合同和法律为准绳，实事求是地认可合理的索赔要求，反驳、拒绝不合理的索赔要求，按合同法原则公平合理地解决索赔问题。

(三) 反索赔的主要步骤

在接到对方索赔报告后，就应着手进行分析、反驳。反索赔与索赔有相似的处理过程。通常对对方提出的重大的或总索赔的反驳处理过程，详见图 8-1。

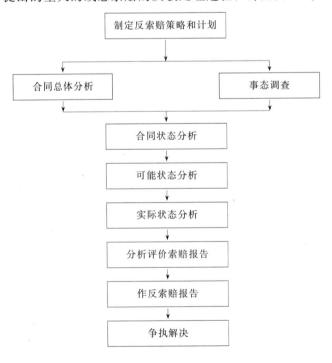

图 8-1　反索赔步骤

二、索赔防范

（一）防止对方提出索赔

在合同实施中进行积极防御，"先为不可胜"（《孙子兵法·形篇》），使自己处于不能被索赔的地位，这是合同管理的主要任务。积极防御通常表现在：防止自己违约，使自己完全按合同办事。但在实际工程中干扰事件常常双方都有责任，许多承包人采取先发制人的策略，首先提出索赔。

（二）反击对方的索赔要求

为了避免和减少损失，必须反击对方的索赔要求。对承包商而言，对方的索赔要求可能来自发包人、总（分）包商、合伙人、供应商等。最常见的反击对方索赔要求的措施有：

（1）用我方提出的索赔对抗（平衡）对方的索赔要求，最终双方都作让步，互不支付。

在工程过程中干扰事件的责任常常是双方面的，对方也有违约和失误的行为，也有薄弱的环节，抓住对方的失误，提出索赔，在最终索赔解决中双方都作让步。这是"攻"对"攻"，攻对方的薄弱环节。用索赔对索赔，是常用的反索赔手段。

在国际工程中发包人常常用这个措施对待承包人的索赔要求，如找出工程中的质量问题，承包人管理不善之处加重处罚，以对抗承包人的索赔要求，达到少支付或不付的目的。

（2）反驳对方的索赔报告，找出理由和证据，证明对方的索赔报告不符合事实，不符合合同规定，计算不准确，以推卸或减轻自己的赔偿责任，使自己不受或少受损失。

在实际工程中，这两种措施都很重要，常常同时使用，索赔和反索赔同时进行，即索赔报告中既有反索赔，也有索赔。攻守手段并用会达到很好的索赔效果。

三、索赔反驳

（一）索赔事件的真实性

不真实，不肯定，没有根据或仅出于猜测的事件是不能提出索赔的。事件的真实性可以从两个方面证实：

（1）对方索赔报告后面的证据。不管事实如何，只要对方索赔报告上未提出事件经过的有力证据，我方即可要求对方补充证据，或否定索赔要求。

（2）我方合同跟踪的结果。从其中寻找对对方不利的，构成否定对方索赔要求的证据。

（二）索赔理由分析

反索赔和索赔一样，要能找到对自己有利的法律条文，推卸自己的合同责任；或找到对对方不利的法律条文，使对方不能推卸或不能完全推卸自己的合同责任。这样可以从根本上否定对方的索赔要求。例如，对方未能在合同规定的索赔有效期内提出索赔，故该索赔无效。

（三）干扰事件责任分析

干扰事件和损失是存在的，但责任不在我方。通常有：

（1）责任在于索赔者自己，由于他疏忽大意、管理不善造成损失，或在干扰事件发生后未采取有效措施降低损失等，或未遵守监理工程师的指令、通知等。

（2）干扰事件是其他方面引起的，不应由我方赔偿。

（3）合同双方都有责任，则应按各自的责任分担损失。

（四）干扰事件的影响分析

分析索赔事件和影响之间是否存在因果关系。可通过网络计划分析和施工状态分析两方面得到其影响范围。如在某工程中，总承包人负责的某种安装设备配件未能及时运到工地，使分包人安装工程受到干扰而拖延，但拖延天数在该工程活动的时差范围内，不影响工期。且总包已事先通知分包，而施工计划又允许人力作调整，则不能对工期和劳动力损失作索赔。

（五）证据分析

（1）证据不足，即证据还不足以证明干扰事件的真相、全过程或证明事件的影响，需要重新补充。

（2）证据不当，即证据与本索赔事件无关或关系不大。证据的法律证明效力不足，使索赔不能成立。

（3）片面的证据，即索赔者仅出具对自己有利的证据，如合同双方在合同实施过程中，对某问题进行过两次会谈，作过两次不同决议，则按合同变更次序，第二次决议（备忘录或会谈纪要）的法律效力应优先于第一次决议。如果在该问题相关的索赔报告中仅出具第一次会谈纪要作为双方决议的证据，则它是片面的、不完全的，片面的证据，索赔是不成立的。

（4）尽管对某一具体问题合同双方有过书面协商，但未达成一致，或未最终确定，或未签署附加协议，则这些书面协商无法律约束力，不能作为证据。

（六）索赔值审核

如果经过上面的各种分析、评价仍不能从根本上否定该索赔要求，则必须对最终认可的合情合理合法的索赔要求进行认真细致的索赔值的审核。因为索赔值的审核工作量大，涉及资料多，过程复杂，要花费许多时间和精力，这里还包含许多技术性工作。

实质上，经过我方在事态调查和收集、整理工程资料的基础上进行合同状态、可能状态、实际状态分析，已经很清楚地得到对方有理由提出的索赔值，按干扰事件和各费用项目整理，即可对对方的索赔值计算进行对比、审查与分析，双方不一致的地方也一目了然。对比分析的重点在于：

1. 各数据的准确性

对索赔报告中所涉及的各个计算基础数据都必须作审查、核对，以找出其中的错误和不恰当的地方。例如：工程量增加或附加工程的实际量方结果；工地上劳动力、管理人员、材料、机械设备的实际使用量；支出凭据上的各种费用支出；各个项目的"计划—实际"量差分析；索赔报告中所引用的单价；各种价格指数等。

2. 计算方法的合情合理合法性

尽管通常都用分项法计算，但不同的计算方法对计算结果影响很大。在实际工程中，这方面争执常常很大，对于重大的索赔，须经过双方协商谈判才能对计算方法达到一致。例如：公司管理费的分摊方法；工期拖延的计算方法；双方都有责任的干扰事件，如何按责任大小分摊损失。

第七节　索　赔　案　例

一、施工合同类型案例分析

1. 背景

发包人为某市房地产开发公司，发出公开招标书，对该市一幢商住楼建设进行招标。按照公开招标的程序，通过严格的资格审查以及公开开标、评标后，某省建工集团第三工程公司被选中确定为该商住楼的承包人，同时进行了公证。随后双方签订了"建设工程施工合同"。合同约定建筑工程面积为 $6000m^2$，总造价 370 万元，签订变动总价合同，今后有关费用的变动，如由于设计变更、工程量变化和其他工程条件变化所引起的费用变化等可以进行调整；同时还约定了竣工期及工程款支付办法等款项。合同签订后，承包人按发包人提供的经规划部门批准的施工平面位置放线后，发现拟建工程南端应拆除的构筑物(水塔)影响正常施工。发包人察看现场后便作出将总平面进行修改的决定，通知承包人将平面位置向北平移 4m 后开工。正当承包人按平移后的位置挖完基槽时，规划监督工作人员进行检查发现了问题当即向发包人开具了 6 万元人民币罚款单，并要求仍按原位施工。承包人接到发包人仍按原平面位置施工后的书面通知后提出索赔如下：

××房地产开发公司工程部：

接到贵方仍按原平面图位置进行施工的通知后，我方将立即组织实施，但因平移 4m 使原已挖好的所有横墙及部分纵墙基槽作废，需要用土夯填并重新开挖新基槽，所发生的此类费用及停工损失应由贵方承担。

(1) 所有横墙基槽回填夯实费用 4.5 万元；

(2) 重新开挖新的横墙基槽费用 6.5 万元；

(3) 重新开挖新的纵墙基槽费用 1.4 万元；

(4) 90 人停工 25 天损失费 3.2 万元；

(5) 租赁机械工具费 1.8 万元；

(6) 其他应由发包人承担的费用 0.6 万元。

以上 6 项费用合计：18.00 万元。

(7) 顺延工期 25 天。

××建工集团第三工程公司

××年×月×日

2. 问题

(1) 建设工程施工合同按照承包工程计价方式不同分为哪几类？

(2) 承包人向发包人提出的费用和工期索赔的要求是否成立？为什么？

3. 分析

(1) 建设工程施工合同按照承包工程计价方式不同分为总价合同（又分为固定总价合同和变动总价合同两种）、单价合同和成本加酬金合同三类。

(2) 成立。因为本工程采用的是变动总价合同，这种合同的特点是，可调总价合同，在合同执行过程中，由于发包人修改总平面位置所发生的费用及停工损失应由发包人承担。因此承包人向发包人请求费用及工期索赔的理由是成立的，发包人审核后批准了承包人的索赔。此案是法制观念淡薄在建设工程方面的体现。许多人明明知道政府对建筑工程规划管理的要求，也清楚已经批准的位置不得随意改变，但执行中仍是我行我素，目无规章。此案中，发包人如按报批的平面位置提前拆除水塔，创造施工条件，或按保留水塔方案去报规划争取批准，都能避免 24 万元（其中规划部门罚款 6 万元，承包人索赔 18 万元）的损失。

二、施工合同文件的组成及解释顺序案例分析

1. 背景

某工程采用固定单价承包形式的合同，在施工合同专用条款中明确了组成本合同的文件及优先解释顺序如下：①本合同协议书；②中标通知书；③投标书及附件；④本合同专用条款；⑤本合同通用条款；⑥标准、规范及有关技术文件；⑦图纸；⑧工程量清单；⑨工程报价单或预算书。合同履行中，发包人、承包人有关工程的洽商、变更等书面协议或文件视为本合同的组成部分。在实际施工过程中发生了如下事件：

事件一：因发包人未按合同规定交付全部施工场地，致使承包人停工 10 天。承包人提出将工期延长 10 天及停工损失人工费、机械闲置费等 3.6 万元的索赔。

事件二：本工程开工后，钢筋价格由原来的 3600 元/t 上涨到 3900 元/t，承包人经过计算，认为中标的钢筋制作安装的综合单价每吨亏损 300 元，承包人在此情况下向发包人提出请求，希望发包人考虑市场因素，给予酌情补偿。

2. 问题

(1) 承包人就事件一对工期的延长和费用索赔的要求，是否符合本合同文件的内容约定？

(2) 承包人就事件二提出的要求能否成立？为什么？

3. 分析

(1) 符合。根据合同专用条款的约定，发包人未按合同规定交付全部施工场地，导

致工期延误和给承包人造成损失的，发包人应赔偿承包人有关损失，并顺延因此而延误的工期，所以，承包人提出对工期的延长和费用索赔是符合合同文件的约定的。

（2）不能成立。根据合同专用条款的有关约定，本工程属于固定单价包干合同，所有因素的单价调整将不予考虑。

三、施工索赔成立的条件案例分析

1. 背景

某工程基坑开挖后发现有古墓，须将古墓按文物管理部门的要求采取妥善保护措施，报请有关单位协同处置。为此，发包人以书面形式通知承包人停工15天，并同意合同工期顺延15天。为确保继续施工，要求工人、施工机械等不要撤离施工现场，但在通知中未涉及由此造成承包人停工损失如何处理。承包人认为对其损失过大，意欲索赔。

2. 问题

（1）施工索赔成立的条件有哪些？

（2）承包人的索赔能否成立，索赔证据是什么？

（3）由此引起的损失费用项目有哪些？

3. 分析

（1）施工索赔成立的条件如下：

1）与合同对照，事件已造成了承包人工程项目成本的额外支出，或直接工期损失；

2）造成费用增加或工期损失的原因，按合同约定不属于承包人的行为责任或风险责任；

3）承包人按合同规定的程序提交索赔意向通知和索赔报告。

（2）索赔成立。这是因发包人的原因（古墓的处置）造成的施工临时中断，从而导致承包人工期的拖延和费用支出的增加，因而承包人可提出索赔。

索赔证据为发包人以书面形式提出的要求停工通知书。

（3）此事项造成的后果是承包人的工人、施工机械等在施工现场窝工15天，给承包人造成的损失主要是现场窝工的损失，因此承包人的损失费用项目主要有：

15天的人工窝工费；15天的机械台班窝工费；由于15天的停工而增加的现场管理费。

四、施工索赔程序案例分析

1. 背景

承包人为某省建工集团第五工程公司（乙方），于2000年10月10日与某城建职业技术学院（甲方）签订了新建建筑面积20000m²综合教学楼的施工合同。乙方编制的施工方案和进度计划已获监理工程师的批准。该工程的基坑施工方案规定：土方工程采用租赁两台斗容量为1m³的反铲挖掘机施工。甲乙双方合同约定2000年11月6日开工，2002年7月6日竣工。在实际施工中发生如下几项事件：

(1) 2000 年 11 月 10 日，因租赁的两台挖掘机大修，致使承包人停工 10 天。承包人提出停工损失人工费、机械闲置费等 3.6 万元。

(2) 2001 年 5 月 9 日，因发包人供应的钢材经检验不合格，承包人等待钢材更换，使部分工程停工 20 天。承包人提出停工损失人工费、机械闲置费等 7.2 万元。

(3) 2001 年 7 月 10 日，因发包人提出对原设计局部修改引起部分工程停工 13 天，承包人提出停工损失费 6.3 万元。

(4) 2001 年 11 月 21 日，承包人书面通知发包人于当月 24 日组织主体结构验收。因发包人接收通知人员外出开会，使主体结构验收的组织推迟到当月 30 日才进行，也没有事先通知承包人。承包人提出装饰人员停工等待 6 天的费用损失 2.6 万元。

(5) 2002 年 7 月 28 日，该工程竣工验收通过。工程结算时，发包人提出反索赔应扣除承包人延误工期 22 天的罚金。按该合同"每提前或推后工期一天，奖励或扣罚 6000 元"的条款规定，延误工期罚金共计 13.2 万元人民币。

2. 问题

(1) 简述工程施工索赔的程序。

(2) 承包人对上述哪些事件可以向发包人要求索赔，哪些事件不可以要求索赔；发包人对上述哪些事件可以向承包人提出反索赔，并说明原因。

(3) 每项事件工期索赔和费用索赔各是多少？

(4) 本案例给人的启示意义？

3. 分析

(1) 我国《建设工程施工合同(示范文本)》规定的施工索赔程序如下：

1) 索赔事件发生后 28 天内，向工程师发出索赔意向通知；

2) 发出索赔意向通知后的 28 天内，向工程师提出补偿经济损失和(或)延长工期的索赔报告及有关资料；

3) 工程师在收到承包人送交的索赔报告和有关资料后，于 28 天内给予答复，或要求承包人进一步补充索赔理由和证据；

4) 工程师在收到承包人送交的索赔报告和有关资料后 28 天内未给予答复或未对承包人作进一步要求，视为该项索赔已经认可；

5) 当该索赔实践持续进行时，承包人应当阶段性向工程师发出索赔意向，在索赔事件终了后 28 天内，向工程师提出索赔的有关资料和最终索赔报告。

(2) 工程师对索赔是否成立的审查结论：

事件 1：索赔不成立。因此事件发生原因属承包人自身责任。

事件 2：索赔成立。因此事件发生原因属发包人自身责任。

事件 3：索赔成立。因此事件发生原因属发包人自身责任。

事件 4：索赔成立。因此事件发生原因属发包人自身责任。

事件 5：反索赔成立。因此事件发生原因属承包人的责任。

(3) 事件 2 至事件 4：由于停工时，承包人只提出了停工费用损失索赔，而没有同时提出延长工期索赔，工程竣工时，已超过索赔有效期，故工期索赔无效。

（4）事件5：甲乙双方代表进行了多次交涉后仍认定承包人工期索赔无效，最后承包人只好同意发包人的反索赔成立，被扣罚金，记做一大教训。

（5）本案例：承包人共计索赔费用为：7.2＋6.3＋2.6＝16.1（万元），工期索赔为零；发包人向承包人索赔延误工期罚金共计13.2万元人民币。

（6）本案例给人的启示意义：合同无戏言，索赔应认真、及时、全面和熟悉程序。此例若是事件2、事件3、事件4等三项停工费用损失索赔时，同时提出延长工期的要求被批准，合同竣工工期应延长至2002年8月14日，可以实现竣工日期提前17天。不仅避免工期罚金13.2万元的损失，按该合同条款的规定，还可以得到10.2万元的提前工期奖。由于索赔人员业务不熟悉或粗心，使本来名利双收的事却变成了泡影，有关人员应认真学习索赔知识，总结索赔工作中的成功经验和失败的教训。

复习思考题

1. 什么是施工索赔？

2. 发生索赔的原因有哪些？

3. 索赔的分类有哪些？

4. 简述索赔的程序。

5. 索赔报告的基本内容有哪些？

6. 常见的索赔证据有哪些？

7. 索赔的技巧有哪些？

8. 如何进行工期索赔的计算？

9. 如何进行费用索赔的计算？

10. 反索赔计算包括哪些内容？

11. 应如何进行索赔防范？

12. 索赔反驳应包括哪些内容？

附 录

课程设计指导书

一、目的和要求

通过本课程设计使学生达到：

（1）熟悉招标投标工作的程序；

（2）掌握投标书的编制技能；

（3）熟悉开标会议议程；

（4）掌握评标办法。

学生以六至八人为一组，要求每组完成一套完整的投标书，且按招标文件要求参加各项投标活动。

本课程设计尽量以真实工程项目为案例。为了让学生能全过程全方位地实践投标书的编制，项目最好不要太大，一般宜控制在 3000m² 以下。

本课程设计宜尽量与施工组织设计和施工图预算的课程设计合为一体。让学生根据一个实际工程实例，编制一个施工组织设计，并以此为基础形成技术标标书；编制一个施工图预算，并以此为基础运用报价技巧确定投标报价，进而形成商务标标书。这样既使对投标书的编制的训练具有完整性，同时也避免了与施工管理和概、预算课程在课程设计上的重复，这样在课程设计的时间上也会比较宽余。

二、设计内容和时间安排

本课程设计的工作内容和时间安排见附表1。

课程设计的工作内容及时间安排　　　　　　　　　　附表1

序号	活动名称	工　作　内　容	时间（天）
1	资格预审发放招标文件	根据教师提供的招标通告，各组模拟提交全套资格预审文件，然后发放招标文件	0.5
2	招标文件学习	学习招标文件，包括施工图	2（1）
3	招标预备会	提出对招标文件和施工图的疑问，教师予以解答，并形成会议纪要下发	0.5
4	编制标书	根据招标文件编制技术标和商务标，签章、包封	7（3）
5	开标	按时递交标书，参加开标会议。招标办、招标人代表、公证人员各组抽调	0.3
6	评标	各组抽调人员组成评委，按招标文件中的评标细则评标，确定中标人	0.5
7	总结	教师讲评	0.2

注：括弧内的课时数适用于不与施工组织设计和施工预算结合，课程设计时间为一周的情况。

三、资料准备

招标文件尽量采用真实工程的（包括施工图），否则由教师编制。若考虑由学生编制时应适当增加课时数。

四、评价标准

1. 小组成绩评价

（1）标书内容不符合招标文件和相关课程要求的不合格；

（2）标书内容符合招标文件和相关课程要求，但参加投标活动时违反有关程序或规定的为合格；

（3）标书内容符合招标文件和相关课程要求，且为有效标的为良好；

（4）最后中标的小组为优秀。

2. 个人成绩评价

个人成绩应根据学生在标书编制过程中实际承担的工作量和工作质量，在小组成绩的基础上进行增减确定。

主要参考文献

[1] 编写小组. 合同法及其配套规定. 北京：中国法制出版社，2002.

[2] 陆惠民，苏振民，王延树编. 工程项目管理. 南京：东南大学出版社，2002.

[3] 成虎编著. 建筑工程合同管理与索赔. 南京：东南大学出版社，2001.

[4] 财政部注册会计师考试委员会办公室编. 经济法. 北京：中国财政经济出版社，1998.

[5] 朱宏亮主编. 建设法规. 武汉：武汉工业大学出版社，2003.

[6] 成虎著. 工程项目管理. 第二版. 北京：中国建筑工业出版社，2001.

[7] 全国建筑业企业项目经理培训教材编写委员会. 工程招投标与合同管理. 修订版. 北京：中国建筑工业出版社，2001.

[8] 吴泽主编. 建筑企业管理. 北京：中国建筑工业出版社，1995 年.

[9] 常英主编. 国家司法考试复习指南. 北京：中国物价出版社，2001.

[10] 邓铁军. 现代建筑业企业管理. 长沙：湖南大学出版社，1996.

[11] 谷学良，孙波. 工程招标投标与合同. 哈尔滨：黑龙江科学技术出版社，2000.

[12] 陈惠玲等. 建设工程招标投标指南. 南京：江苏科学技术出版社，2000.

[13] 武育秦，赵彬. 建筑工程经济与管理. 第二版. 武汉理工大学出版社，2002.

[14] 全国一级建造师执行资格考试用书编写委员会. 建设工程法规及相关知识. 北京：中国建筑工业出版社，2004.

[15] 全国二级建造师执业资格考试用书编写委员会. 建设工程施工管理. 北京：中国建筑工业出版社，2004.

[16] 全国二级建造师执业资格考试用书编写委员会. 房屋建筑工程管理与实务. 北京：中国建筑工业出版社，2004.

[17] 刘亚臣，朱昊主编. 新编建设法规. 第二版. 北京：机械工业出版社，2009.

[18] 吴泽编著. 建筑经济. 第二版. 北京：机械工业出版社，2005.